人人都能学会的 Python 数据分析与可视化

DATA ANALYSIS AND VISUALIZATION USING PYTHON

Python 数据分析与可视化

吕云翔 李伊琳◎主编 张雅素 王肇一◎副主编

人民邮电出版社

北京

图书在版编目（CIP）数据

Python数据分析与可视化 / 吕云翔，李伊琳主编. -- 北京 ： 人民邮电出版社，2021.2
ISBN 978-7-115-54434-6

Ⅰ. ①P… Ⅱ. ①吕… ②李… Ⅲ. ①软件工具－程序设计 Ⅳ. ①TP311.561

中国版本图书馆CIP数据核字(2020)第124399号

内 容 提 要

使用Python进行数据分析与可视化是十分便利且高效的，因此Python被认为是最优秀的数据分析工具之一。本书采用理论分析和Python编程实战相结合的形式，按照数据分析与可视化的基本步骤，对数据分析与可视化的基本理论知识和相应的Python库进行了详细的介绍，让读者能够在了解基本理论知识的同时快速上手实现数据分析与可视化的程序。

本书适合Python初学者、数据分析从业人员，以及高等院校计算机、软件工程、大数据、人工智能等相关专业的师生阅读。

◆ 主　　编　吕云翔　李伊琳
副 主 编　张雅素　王肇一
责任编辑　刘　博
责任印制　王　郁　马振武

◆ 人民邮电出版社出版发行　　北京市丰台区成寿寺路11号
邮编　100164　　电子邮件　315@ptpress.com.cn
网址　https://www.ptpress.com.cn
固安县铭成印刷有限公司印刷

◆ 开本：787×1092　1/16
印张：13　　2021年2月第1版
字数：295千字　　2025年1月河北第6次印刷

定价：49.80元

读者服务热线：(010)81055256　印装质量热线：(010)81055316
反盗版热线：(010)81055315
广告经营许可证：京东市监广登字20170147号

前 言

本书是面向 Python 初学者的数据分析与可视化的入门指南。按照数据分析的数据预处理、数据分析与知识发现以及可视化 3 个主要步骤，本书逐步对数据分析与可视化涉及的理论进行了讲解，并对实现这些步骤所用到的 Python 库进行了详细的介绍。通过理论与实战结合的讲解方式，读者能够在了解数据分析与可视化的基本理论知识的同时快速上手实现一些简单的数据分析与可视化的程序。

全书共 14 章。通过阅读第 1～8 章的内容，读者可以对数据分析与可视化的主要流程有一定的认识，但可能对这些知识还未能形成系统的认识。因此，本书在第 9～14 章中引入了 6 个完整的数据分析与可视化的实战案例，以帮助读者厘清各个知识点之间的联系，形成对数据分析与可视化整个过程的清晰认知。读者在阅读实战相关章节时，可以跟随本书的介绍，自己动手尝试一下，从而发现数据分析和可视化的魅力所在。

作为一本数据分析与可视化入门书，本书着重基础知识的介绍，因此对前沿的内容涉及较少，这些内容留待读者在更进一步的学习中深入探索。对于 Python 的知识，本书仅对与数据分析与可视化相关的 Python 库进行了介绍。如果读者对 Python 感兴趣，可以参考 Python 工具书及官方文档等，详细了解 Python 的语法和底层原理。另外，本书所有的数据分析与可视化程序均是在单机的情况下实现的。本书没有介绍如何使用 Python 进行分布式数据分析，感兴趣的读者可以去了解 Python 分布式数据分析的相关库，如 PySpark 等。

本书由吕云翔、李伊琳担任主编，张雅素、王肇一担任副主编，闫坤、冯凯文、王志鹏、李红雨、陈唯、唐佳伟编写了部分章节，曾洪立参与了部分内容的编写并进行了素材整理及配套资源制作等。

由于编者的水平和能力有限，本书难免有疏漏之处。恳请各位同仁和广大读者给予批评指正，也希望各位能将实践过程中的经验和心得与我们分享交流（yunxianglu@hotmail.com）。

作者

2020 年 10 月

目　录

第1章 数据分析是什么

自古以来，人们都在通过观察世界中的对象，通过分析观察得到的数据，来发现各种规律和法则。例如，开普勒通过天体观测数据发现了开普勒定律。通过记录过去发生的事情，推导得到一些可能的规律，如果这些规律可以解释当前发生的事情，那么它们就可以用于预测未来。这个过程中，数据是十分宝贵的材料，其背后蕴藏着能够预测未来的知识。

随着计算机数据库技术的发展和计算机的普及，各行各业每天都在产生和收集大量数据。例如，社交网络媒体每天产生的数据量就十分惊人，2019 年的微博每日发送量高达 10 亿条，推特（Twitter）的数据量几乎每年都翻番增长。另外，各种商业领域、政府部门累计的数据量也令人惊叹。管理者们希望从数据中获得有价值的信息来帮助决策。例如，制造业中，管理者需要了解客户偏好，设计受欢迎的产品；需要制定合适的价格，确保利润的同时保证市场份额；需要了解市场需求，调整生产计划等。但是面对如此海量、无序的数据，管理者们却得不到想要的信息，这就造成了信息爆炸的问题。数据分析的任务则是尝试为这些数据赋予意义，并为决策提供参考。

1.1 数据分析与数据挖掘的关系

传统的统计分析是在已定假设、先验约束的情况下，对数据进行整理、筛选和加工，由此得到一些信息。这些信息需要进一步处理以获得认知，继而转为有效的预测和决策，这个过程则是数据挖掘。统计分析是把数据变成信息的工具，数据挖掘是把信息变成认知的工具。广义的数据分析是指整个过程，即从数据到认知。本书的数据分析指广义的数据分析，将统计分析部分放入数据预处理阶段，即数据整理、筛选、加工并转换为信息的过程；将数据挖掘部分放入数据分析与知识发现阶段，即将信息进一步处理来获得认知，并进行预测和决策的过程。

1.2 机器学习与数据分析的关系

机器学习是人工智能的核心研究领域之一，其最初的设计目的是让计算机具有学习能力，从而拥有智能。机器学习的定义是利用经验来改善计算机系统自身的性能。由于“经验”在计算机系统中主要以数据形式存在，因此机器学习需要对数据进行分析。

数据分析的定义是识别出海量数据中有效的、新颖的、潜在有用的、最终可理解的模式的非平凡过程，即从海量数据中找到有用的知识。它主要利用机器学习领域的技术来分析海量数据。

1.3 数据分析的基本步骤

数据分析的基本步骤包括：数据收集、数据预处理、数据分析与知识发现、数据后处理。

1. 数据收集

早期的数据收集的步骤包括：抽样、测量、编码、输入、核对。这是一种主动收集数据的方法。

但现有状况是，由于传感器、照相机等电子设备的普及，大量的数据会涌入，我们得到的往往是大量的、冗余的、信息量少的数据，而无法像传统的数据收集那样，得到的是少而精的数据。从这样的数据中得到所需要的信息是目前数据分析的重点和难点，也是本书主要关注的点。

2. 数据预处理

数据预处理是完成数据到信息的过程：首先对数据进行初步的统计分析，得到数据的基本档案；其次分析数据质量，从数据的一致性、完整性、准确性以及及时性这 4 个方面进行分析；接着根据发现的数据质量的问题对数据进行清洗，包括缺失值处理、噪声处理等；最后对其进行特征提取，为后续的数据分析工作做准备。

3. 数据分析与知识发现

数据分析与知识发现是对预处理后的数据进行进一步的分析，完成信息到认知的过程。从预处理后的数据中分析和发现知识，主要分为有监督的分析和无监督的分析。有监督的分析包括分类分析、关联分析和回归分析等，无监督的分析包括聚类分析、异常检测等。

4. 数据后处理

数据后处理主要包括给决策支撑系统提供数据、数据可视化等。本书主要关注数据可视化的相关内容。

1.4 Python 和数据分析

数据分析需要与数据进行大量的交互、探索性计算以及过程数据和结果的可视化等。过去，有很多专用于实验性数据分析领域的特定语言或工具，例如 R 语言、MATLAB、SAS、SPSS 等。相比于其他这些语言或工具，Python 有以下优点。

1. Python 是面向生产的

大部分数据分析过程都首先进行实验性的研究、原型构建，再将之移植到生产系统中。上述语言或工具都难以直接用于生产，大都需要使用 C/C++等对算法进行再次实现才能将其用于生产。而 Python 是多功能的，不仅适用于原型构建，还可以直接运用到生产系统。

2. 强大的第三方库的支持

Python 是多功能的语言，数据分析更多的是通过第三方库实现的。Python 中常用的库包括 NumPy、SciPy、pandas、scikit-learn（简称 sklearn）、Matplotlib 等，每个库的具体功能将在第 2 章中介绍。上述提到的语言中，只有 R 语言和 Python 是开源的，由很多人共同维护。对于新的需求，利用 Python 可以很快地将之付诸实践。

3. Python 的胶水语言特性

Python 的底层算法可以用 C 语言来实现，一些用 C 语言写的底层算法封装在 Python 库中后性能非常高效。例如 NumPy 的底层算法是用 C 语言实现的，所以对于很多运算，Python 的速度都比 R 语言等快。

1.5　本章小结

本章主要阐述了数据分析的基本概念和一些目前相关技术的关系以及数据分析基本的步骤。我们可以知道，数据分析对于当前信息爆炸的时代是十分必要且对决策有十分重要的价值。数据分析与数据挖掘、机器学习的概念有交叉又有不同。本书后续章节对于数据分析过程进行了分步讲解，并用 Python 给出了分析的示例。

第2章 Python——从了解 Python 开始

1989 年，来自荷兰的数学家、计算机学家吉多·范罗苏姆（Guido von Rossum）为了打发无聊的圣诞假期，着手设计了一门新的脚本解释型编程语言。他希望这门语言既能像 Shell 一样方便，又能像 C 语言一样可以调用众多系统接口。Guido 将这种介于 C 语言与 Shell 之间的语言命名为 Python，这个名称来源于他最爱的电视剧。

1991 年，Python 的第一个公开发行版问世。Python 的后续版本不断发行，其中最重大的升级出现于 2000 年 10 月发行的 Python 2.0 和 2008 年 12 月发行的 Python 3.0 中。Python 2.0 中添加了许多新特性，包括垃圾回收机制和对 Unicode 的支持；Python 3.0 中去掉了 Python 2.x 中冗余的关键字，使 Python 更加规范和简洁，并进一步完善了对 Unicode 的支持。值得注意的是，Python 3.x 不支持向下兼容。Python 2.x 的最新版本为 2010 年 7 月发行的 Python 2.7，官方将会在 2020 年停止对该版本的支持。

自 1991 年至今，经过了大大小小的多次升级和变革，Python 发展成了简洁优雅、人气颇高的编程语言，受到了众多编程人员的青睐，这与 Python 社区的支持与贡献是分不开的。社区人员贡献的大量模块能够支持 Python 方便地完成包括机器学习、图像处理、科学计算等多种多样的任务，这吸引越来越多的编程人员成为 Python 社区的一员。

2.1 Python 及 pandas、scikit-learn、Matplotlib 的安装

2.1.1 Windows 操作系统下 Python 的安装

在 Windows 操作系统下安装 Python 非常简单，只需要到 Python 官网上下载相应的安装程序即可。网页会自动识别计算机的操作系统，并在最醒目的位置提供该操作系统对应的最新版本安装程序的下载链接。需要注意的是，安装程序并未默认勾选类似“Add Python 3.6 to PATH”的复选框。如果安装时未勾选此复选框，用户需要在安装完毕后手动将安装路径加入环境变量 Path，否则操作系统将会无法找到“Python”命令。

2.1.2　macOS 下 Python 的安装

macOS 需要使用 Python，因此已经预装了某个版本的 Python。但通常情况下，用户需要一个更新版本的 Python，此时需要注意保留操作系统中原有的 Python 版本，否则可能会影响操作系统的稳定性。在 macOS 下安装 Python 有两种常见方法：使用 Homebrew 安装和使用官网的安装程序安装。使用 Homebrew 安装时，如果安装 Python 2.x，则可以直接在终端中输入如下命令。

```
brew install python
```

如果安装 Python 3.x，则需要输入如下命令。

```
brew install python3
```

如果需要查看上述 Python 的版本，则可以输入如下命令。

```
brew info python
```

使用 Homebrew 安装 Python 时，无法选择 Python 2.x 和 Python 3.x 的具体版本，所安装的版本也可能不是最新的。除此之外，对 macOS 不熟的用户可能会遇到一些意想不到的问题，因此这里推荐使用官网的安装程序进行安装。同 Windows 操作系统下的 Python 的安装类似，首先需要去 Python 官网找到并下载相应版本的安装程序，然后按照提示进行安装。

2.1.3　pandas、scikit-learn 和 Matplotlib 的安装

和其他第三方库相同，本书用到的 3 个主要的包 pandas、scikit-learn 和 Matplotlib 都可以使用 pip 进行安装。pip 是 Python 的第三方包管理器，在后文有更为详细的介绍。这里我们使用 pip 进行安装。如果计算机中已安装了 pip，在终端中依次输入如下命令即可完成安装。

```
pip install pandas
pip install scikit-learn
pip install matplotlib
```

自 Python 3.4 开始，安装 Python 的同时也会安装 pip。如果使用的是较旧版本的 Python，则需要手动安装 pip，但将 Python 升级到最新版本也许是一个更好的选择。

2.1.4　使用科学计算发行版 Python 进行快速安装

除了安装官方的标准版本的 Python 以及手动安装所需的各个 Python 包以外，还有一种更加简单的 Python 安装方法——使用第三方科学计算发行版 Python。这类发行版一般会将一个标准版本的 Python 和众多的包集成在一起，免去了手动安装科学计算库的步骤，其安装和使用都较为方便。现在流行的几款科学计算发行版 Python 包括以下几个。

Anaconda：Anaconda 包括一个标准版本的 Python（目前有 Python 2.7、Python 3.5 和 Python 3.6 3 个版本可供选择）、一个 Python 包管理器 Conda 和 100 多个科学计算包。Anaconda 包括 Jupyter、Spyder 和 Visual Studio 等多个开源开发环境，除此之外也支持 Sublime Text 2 和 PyCharm。Anaconda 目前发行了 Windows、macOS、Linux 这 3 个操作系统的版本，因此无论对于哪个操作系统的用户都是很好的选择。

WinPython：WinPython 是 Windows 操作系统上的一个科学计算发行版 Python。与 Anaconda

类似，它也包含一个标准版本的 Python、一个 Python 包管理器 WPPM（WinPython Package Manager）和众多科学计算包，内置 Spyder、Jupyter 和 IDLE 等编辑器。WinPython 最大的特点是便携。它是一个绿色软件，不会写入 Windows 注册表，所有的文件都位于一个文件夹，将这个文件夹放置到移动存储设备甚至其他设备，它也能够运行。

2.2 Python 基础知识

本节将会用一个功能较为简单的程序来简要介绍 Python 的基础知识，对 Python 有一定了解的读者可以跳过本节。如果基础较弱的读者无法看懂本节所介绍的知识点，可以阅读更多的 Python 基础教程。坚实的 Python 基础将会为接下来的数据分析实战做良好的铺垫。Code 2-1 所示为一个简单的 Python 程序，用于计算斐波那契数列的前 10 项，并将结果存入文件。

Code 2-1 计算斐波那契数列

```
1:  #Fibonacci sequence
2:  '''
3:  斐波那契数列
4:  输入：项数 n
5:  输出：前 n 项
6:  '''
7:  import os
8:
9:  def fibo(num):
10:         numbers=[1,1]
11:       for i in range(num-2):
12:                 numbers.append(numbers[i]+numbers[i+1])
13:       return numbers
14:
15:   answer=fibo(10)
16:   print(answer)
17:
18:   if not os.path.exists('result'):
19:         os.mkdir('result')
20:
21:   file=open('result/fibo.txt','w')
22:
23:   for num in answer:
24:         file.write(str(num)+' ')
25:
26:   file.close()
```

这个程序首先定义了一个函数 fibo，使用迭代的方法计算了斐波那契数列的前 *n* 项并将其存入一个数组。接下来，程序调用 fibo 函数计算斐波那契数列的前 10 项，将结果输出到控制台的同时也存入了文件。这个程序展示了 Python 的诸多特性，下面将逐一介绍。

2.2.1 缩进

在大多数程序设计语言中，缩进仅仅是一种增加代码可读性的措施，是否缩进、如何放置缩进符以及放置什么缩进符（制表符或者空格符）并不会影响程序的运行。但是在 Python 中，缩进符决定了程序的结构。例如，在 Code 2-1 的第 9 行定义了一个 fibo 函数，和其他编程语言不同，Python 并不需要在函数体外加上花括号，而是使用缩进来表示函数声明和函数体的关系，同时函数声明需要以冒号结束。除了函数的定义，条件判断语句（如第 18 行的 if 语句）和循环语句（如第 23 行的 for 语句）也需要遵守上述规定。这种规定看似很苛刻，但也正是由于严格的缩进，Python 代码才变得非常易读。

2.2.2　模块化的系统

Python 从诞生之初就非常注重语言的可扩展性。模块化增加了代码的可重用性，为编程带来了极大的便利。例如，Code2-1 的第 7 行中引入了标准库的 os 模块，它提供了操作系统的各类接口，提供了操作文件系统和管理线程等功能。在第 18 行中，程序使用 os 模块提供的接口对文件夹是否已存在进行了判断，如果不存在上述文件夹，第 19 行将会创建该文件夹。除了标准库，Python 拥有众多可引入的第三方库，例如科学计算库 Scipy、机器学习库 scikit-learn 等。这些第三方库极大地扩展了 Python 的功能，为使用者带来了诸多便利。第三方库可以从 PyPI 获得。PyPI 是一个 Python 第三方包库，其中已有超过 115 000 个包，可用 Python 的包管理器 pip 获得。

2.2.3　注释

许多编程语言都用双斜杠（//）来表示注释，而在 Python 中，单行注释使用井号（#）表示，多行注释可使用三引号（'''）表示。例如，Code 2-1 的第 1 行就是一个单行注释，第 2～6 行是多行注释。

2.2.4　语法

Python 和大多数程序设计语言的语法是非常相近的，因此，已经有任何其他程序设计语言基础的读者可以很快熟悉 Python。而对于没有接触过编程的读者而言，Python 的语法简单清晰，对初学者非常友好，因此国外的许多大学都将 Python 作为计算机/软件工程等相关专业的入门编程语言。本书将不再详细介绍 Python 的语法知识，读者可选择一些 Python 入门教程作为参考。

2.3　重要的 Python 库

2.3.1　pandas

pandas 是一个构建在 NumPy 之上的高性能数据分析库。它的基本数据结构包括 Series 和

DataFrame，分别处理一维和多维数据。pandas 能够对数据进行排序、分组、归并等操作，也能够进行包括求和、求极值、求标准差、求协方差矩阵等统计计算。除此之外，pandas 还可以利用 Matplotlib 进行简单的图标绘制、进行数据文件格式转换等。

2.3.2 scikit-learn

scikit-learn 是一个构建在 NumPy、SciPy 和 Matplotlib 上的机器学习库。它包括多种分类、回归、聚类、降维、模型选择和预处理的算法，例如支持向量机、最近邻、朴素贝叶斯、文档主题生成模型（Latent Dirichlet Allocation，LDA）、特征选择、*k* 均值（K-Means）、主成分分析、网格搜索、特征提取等。

2.3.3 Matplotlib

Matplotlib 是一个绘图库。Matplotlib 的功能非常强大，它可以绘制许多图形，包括直方图、折线图、饼图、散点图、函数图像等 2D、3D 图形，甚至动画。

2.3.4 其他

上述的 pandas、scikit-learn 和 Matplotlib 是本书用到的最主要的 3 个 Python 库。除此之外，我们还将介绍其他 5 个科学计算/数据分析常用库。

1. NumPy

NumPy 是一个基础的科学计算库，它是包括 SciPy、pandas、scikit-learn、Matplotlib 等许多科学计算库与数据分析库的基础。NumPy 的最大特点在于，它提供了一个多维数组对象的数据结构，可以用于数据量较大情况下的数组与矩阵的存储和计算。除此之外，它还提供了具有线性代数、傅里叶变换和随机数生成等功能的函数。

2. SciPy

SciPy 同样是一个科学计算库。相比于 NumPy，它包含统计计算、最优化、数值积分、信号处理、图像处理等多个功能模块，涵盖了更多的数学计算函数，是一个更加全面的 Python 科学计算库。

3. Scrapy

对于研究网络爬虫的读者来说，Scrapy 可能是再熟悉不过的了。Scrapy 是一个简单易用的网页数据提取框架，编写几行代码就能够快速构建一个网络爬虫。在进行数据分析时，Scrapy 可以用于自动化地从网页上获得需要分析的数据，而不需要人工进行数据的获取与整理。

4. NLTK

自然语言处理工具库（Natural Language Toolkit，NLTK）是一个强大的工具库。NLTK 能够用于进行分类、分词、相似度计算、词干提取、语义推理等多种自然语言处理任务，它提供了针对 WordNet、Brown 等超过 50 个语料库和词汇资源的接口。

5. statsmodels

statsmodels 是从 SciPy 独立出来的一个模块（原本为 scipy.stats），它是一个统计学计算库。

statsmodels 的主要功能包括线性回归、方差分析、时间序列分析、统计学分析等。

2.4　Jupyter

Jupyter 是一个交互式的数据科学与科学计算开发环境，在详细介绍 Jupyter 之前，另一个 Python 项目 IPython 是一定会提到的。和 Jupyter 类似，IPython 是一个关于 Python 的交互式开发环境。2014 年，将 IPython 项目中与其程序设计语言无关的部分（包括 Notebook 的 Web 应用程序、qtconsole 等）独立出来，使其成为一个新项目 Jupyter。与 IPython 不同的是，Jupyter 支持包括 Python、R、Scala 等 40 多种编程语言；而 IPython 一直专注于交互式 Python，为 Jupyter 项目提供了 Python kernel。

Jupyter 为 Python 开发带来了全新的体验。Jupyter Notebook 是一种基于 Web 的 Python 编辑器，它可以远程访问。这就意味着用户无须在本机安装 Python，而通过访问服务器上的 Jupyter Notebook 即可进行开发。同时，Jupyter 能够为交互式的开发提供支持，用户在编写代码的同时可以快速查看结果。除此之外，使用 Markdown，还能够轻松地将样式丰富的文字添加到 Notebook，实现代码、运行结果和文字的穿插展示，方便用户快速构建开发文档甚至是论文。Jupyter Notebook 的快捷键十分方便，能够极大地提高开发效率。

Jupyter 的安装非常简单，在命令提示符窗口或终端中输入如下命令即可。

```
pip install jupyter
```

如果是使用 Anaconda 或 WinPython 的用户，这些科学计算发行版 Python 已经安装了 Jupyter，因此不需要额外安装。输入如下命令即可在基于 Web 的 Notebook 上进行 Python 程序开发。

```
jupyter notebook
```

2.5　本章小结

本章介绍了 Python 的发展历史及利用 Python 进行数据分析的环境搭建方法。除此之外，本章还简要地介绍了 Python 的语法，并列举了一些重要的数据分析相关库。由于本书面向的是有一定 Python 基础的读者，初学 Python 的读者可以查阅更多 Python 的入门教材，为后续的数据分析任务打下坚实基础。

第3章 数据预处理——不了解数据，一切都是空谈

数据预处理是数据分析的第一个重要步骤，只有对数据充分了解，对数据质量进行了检验，并初步尝试解析数据间的关系后，才能为后续的数据分析提供有力支撑。了解数据，是对数据本身的重视。数据分析的目的是解决实际问题，数据往往源于实际生活，而直接收集到的数据总是存在着一些问题。例如，存在缺失值、噪声、数据不一致、数据冗余或者与分析目标不相关等问题。这样的问题十分普遍，所以说，不了解数据，一切都是空谈。

在过去的数据分析的过程中，首先需要观察统计数据的格式、内容、数量；然后分析数据质量，看是否存在缺失值、噪声、数据不一致等问题；最后分析数据相关性，看是否存在数据冗余或者与分析目标不相关等问题。而在现在的数据分析过程中，尤其是利用机器学习的算法进行数据分析的过程中，特征工程也是十分重要的一环。所以本章内容如下：3.1 节给出与数据相关的一些概念，便于后续理解；3.2 节给出解决数据质量问题的一系列数据校验的手段；3.3 节给出数据清洗的一系列方法；3.4 节讲述特征工程所需的步骤。

3.1 了解数据

我们所得到的数据分为定量数据和定性数据，如图 3-1 所示。定量数据包括离散变量和连续变量。定性数据包括两个基本层次，即定序（Ordinal）变量和名义（Nominal）变量。定序变量是指该变量只对某些特性的“多少”进行分级，但是各个等级之间的差别不确定。例如，对某一个事物进行评价，将其分为“好”“一般”“不好” 3 个等级，各个等级之间没有定量关系。名义变量则是指该变量只测量某种特征的出现或者不出现。例如，性别“男”和“女”，两者之间没有任何关系，不能排序或者刻度化。

每一个细致的数据分析者首先要考察每个变量的关键特征。这个过程可以让我们更好地感受数据。其中两个特征需要特别关注，集中趋势（Central Tendency）和离散程度（Disperasion）。考察各个变量间的关系是了解数据十分重要的一步，有一系列方法进行变量间相关性测量。关于数据本身的质量问题，我们需要了解数据缺失情况、噪声及离群点等，相关概念在下面内容中给出。

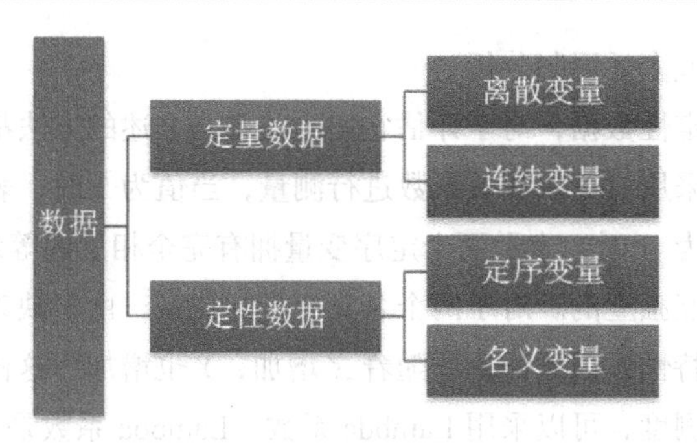

图 3-1　数据类别

1. 集中趋势

集中趋势的主要测度是均值、中位数和众数，对于这 3 个概念，大多数的读者应该都不陌生。对于定量数据，其均值、中位数和众数的度量都是有效的；对于定性数据，这 3 个指标所能提供的信息很少。对于定序变量，均值无意义，中位数和众数能反映一定的意义；对于名义变量，均值和中位数均无意义，仅众数有一定的意义，但仍需注意，众数仅代表对应的特征出现得最多，但不能代表该特征占多数。其中，需要特别注意的是，对于名义变量的二分变量，如果有合适的取值，均值就可以进行有意义的解释，详细的说明参见后文。

2. 离散程度

考虑变量的离散程度主要考虑变量各个取值之间的差异，常见的测度有极差、方差和标准差。另外，测度还包括四分位距、平均差和变异系数等。对于定量数据，极差代表数据所处范围的大小，方差、标准差和平均差等代表数据相对均值的偏离情况，但是方差、标准差和平均差等都是数值的绝对量，无法规避数值测量单位的影响。变异系数为了修正这个弊端，使用标准差除以均值得到的一个相对量来反映数据集的变异情况或者离散程度。对于定性数据，极差代表取值类别，相比于定量数据，定性数据的极差所表达的意义很有限。剩余的离散程度的测度对于定性数据的意义不大，尤其是名义变量。

3. 相关性测量

在进行真正的数据分析之前，可以通过一些简单的统计方法，计算变量之间的相关性。有以下一些方法。

（1）数据可视化处理

将想要分析的变量绘制成折线图或者散点图，做图表相关分析，变量之间的趋势和联系就会清晰浮现。虽然没有对相关关系进行准确度量，但是可以对相关关系有初步的探索和认识。

（2）计算变量间的协方差

协方差可以确定相关关系的正负，但没有任何关于关系强度的信息。如果变量的测量单位发生变化，这一统计量的值就会发生变化，但是实际变量间的相关关系并没有发生变化。

（3）计算变量间的相关系数

相关系数是一个不受测量单位影响的相关关系统计量，理论上限是+1（或-1），表示完全线性相关。

（4）进行一元回归或多元回归分析

假设两个变量都是定性数据，对于评估它们的关系，上述的方法都变得不适用，包括画散点图等。定序变量可以采用肯德尔相关系数进行测量，当值为 1 时，表示两个定序变量拥有一致的等级相关性；当值为-1 时，表示两个定序变量拥有完全相反的等级相关性；当值为 0 时，表示两个定序变量是相互独立的。对于两个名义变量的关系，由于缺乏定序变量的各个值之间的“多”或者“少”的特性，因此讨论“随着 *X* 增加，*Y* 也增加”这样的关系没有意义。我们需要一个概要性的相关测度，可以采用 Lambda 系数。Lambda 系数是一个预测性的相关测度，表示在预测 *Y* 时，如果知道 *X* 所能减少的误差。

4. 数据缺失

数据集中不含缺失值的变量称为完全变量，含有缺失值的变量称为不完全变量。产生缺失值的原因有多种。

- 数据本身被遗漏，由于数据采集设备的故障、存储介质的故障、传输媒体的故障、人为因素等而丢失了。
- 某些对象的一些属性或者特征是不存在的，所以导致空缺。
- 某些信息被认为不重要、与给定环境无关，所以被数据库设计者或者信息采集者忽略。

5. 噪声

噪声是指被观测的变量的随机误差或方差，用数学形式表示如下。

```
噪声（Noise）=观测量（Measurement）-真实数据（True Data）
```

6. 离群点

数据集中包含这样一些数据对象，它们与数据的一般行为或模型不一致，这样的对象被称为离群点。离群点属于观测变量。

3.2 数据质量

数据质量是数据分析结果的有效性和准确性的前提保障。从哪些方面评估数据质量是数据分析需要考虑的问题，典型的数据质量评估标准有 4 个要素：完整性、一致性、准确性和及时性。

3.2.1 完整性

完整性指的是数据信息是否存在缺失的情况。数据缺失的情况可能是整个数据记录缺失，也可能是数据中某个字段信息的记录缺失。不完整的数据所能借鉴的价值会大大降低，因此，完整性是数据质量最为基础的一项评估标准。

数据质量的完整性比较容易评估，一般我们可以通过数据统计中的记录值和唯一值进行评估。

我们从 3.1 节得到的数据统计信息里面看看哪些可以用来检验数据的完整性。首先是记录的完整性，一般使用统计的记录数和唯一值个数。例如，网站日志的日访问量就是一个记录值，平时的日访问量在 1000 左右，突然某一天降到 100 了，就需要检查一下数据是否存在缺失的情况。再例如，网站统计地域分布情况的每一个地区名就是一个唯一值，我国包括 34 个省级行政单位，如果统计得到的唯一值小于 34，则可以判断数据有可能存在缺失。

完整性的另一方面，是数据中某个字段信息的记录缺失，可以对统计信息中的空值个数进行检验。如果某个字段信息理论上必然存在，比如访问的页面地址、购买的商品 ID 等，那么这些字段的空值个数就应该是 0，此时我们可以使用非空约束来保证数据的完整性。对于某些允许为空值的字段，比如用户的 cookie 信息，它不一定存在（用户禁用 cookie），但空值的占比基本恒定（cookie 为空的用户比例通常在 2%～3%），我们同样可以使用统计的空值个数来计算空值占比。如果空值的占比明显增大，很有可能这个字段的记录出现了问题，信息出现了缺失。

3.2.2 一致性

一致性是指数据是否合乎规范，数据集内的数据是否保持统一的格式。

数据质量的一致性主要体现在数据记录的规范和数据是否符合逻辑。数据记录的规范主要体现在数据编码和格式。一项数据有它特定的格式，例如，手机号码一定是 11 位的数字，IP 地址是由 4 个 0～255 的数字加上 “.” 组成的；或者有一些预先定义的数据约束，比如完整性的非空约束、唯一值约束等。逻辑则是指多项数据间存在着固定的逻辑关系以及一些预先定义的数据约束。例如，页面浏览（Page View，PV）量一定是大于等于独立访客（Unique Visito，UV）量的，跳出率一定为 0～1。数据的一致性检验是数据质量检验中比较重要也是比较复杂的一项。

如果数据记录格式有标准的编码规则，那么对数据记录的一致性检验比较简单，只要验证所有的记录是否满足这个编码规则即可。最简单的就是将字段的长度、唯一值个数等统计量作为编码规则。例如，用户 ID 是 15 位数字，那么字段的最长和最短字符数都应该是 15；商品 ID 是 P 开始后面跟 10 位数字，可以用类似的方法检验。如果字段必须保证唯一，那么字段的唯一值个数跟记录数应该是一致的，比如用户的注册邮箱。省份、直辖市一定是统一编码的，数据记录的一定是“上海”而不是“上海市”，“浙江”而不是“浙江省”，我们可以把这些唯一值映射到有效的 34 个省级行政单位的列表，如果无法映射，那么字段无法通过一致性检验。

一致性中逻辑规则的验证相对比较复杂，很多时候指标的统计逻辑的一致性需要底层数据质量的保证，同时也要有非常规范和标准的统计逻辑的定义，所有指标的计算规则必须保证一致。我们经常犯的错误就是汇总数据和细分数据加起来的结果对不上，而导致这个问题最大的原因就是，我们在细分数据的时候，把那些无法明确归到某个细分项的数据给排除了。例如在细分访问来源的时候，如果我们无法将某些非直接进入的来源明确地归到外部链接、搜索引擎、广告等这些既定的来源分类，那么不应该直接过滤这些数据，而应该将其归到“未知来源”的分类，以保证根据访问来源细分之后的数据加起来可以与汇总的数据保持一致。如果需要检验这些数据逻辑的一致性，我们可以建立一些“有效性规则”。例如 A≥B，如果 C=B/A，那么 C 的值应该在[0,1]的范围内。如果数据无法满足有效性规则，就无法通过一致性检验。

3.2.3 准确性

准确性是指数据记录的信息是否存在异常或错误。和一致性不一样，导致一致性问题的原因可能是数据记录规则不同，但它不一定是错误的。而存在准确性问题的数据不仅仅是规则上的不一致。准确性关注数据中的错误，最为常见的数据准确性问题就是乱码。它还包括异常大或者小的数据以及不符合有效性规则的数据，如访问量一定是整数、年龄一般为 1～100、转化率一定是 0～1 的值等。

数据的准确性问题可能存在于整个数据集，也可能存在于个别记录。如果整个数据集的某个字段的数据存在错误，比如常见的数量级记录错误，这种错误很容易被发现，利用平均数和中位数就可以发现这类问题。当数据集中存在个别的异常记录时，可以使用最大值和最小值的统计量去检验，也可以使用箱线图让异常记录一目了然。

对于字符乱码的问题或者字符被截断的问题，可以使用分布来发现。一般的数据记录基本符合正态分布或者类正态分布，那么那些占比异常小的数据记录很可能存在问题。比如某个字符记录的占比只有 0.1%，而其他字符记录的占比都在 3%以上，那么很有可能这个字符记录有异常；一些 ETL 工具的数据质量检验会标识出这类占比异常小的数据记录。数值范围既定的数据，受到有效性的限制，超过数据有效范围的数据记录就是错误的。

数据并没有显著异常，仍然有可能是错误的，只是这些数据与正常的数据比较接近而已。这类准确性检验最困难，一般只能与其他来源的数据或者统计结果进行对比来发现问题。如果使用超过一套的数据收集系统或者网站分析工具，那么通过与不同来源的数据进行对比可以发现一些数据的准确性问题。

3.2.4 及时性

及时性是指数据从产生到可以查看的时间间隔，也叫数据的延时时长。及时性对于数据分析本身的要求并不高，但如果数据分析周期加上数据建立的时间过长，就可能导致分析得出的结论失去了借鉴意义。所以我们需要对数据的延时时长进行关注。例如，每周的数据分析报告要两周后才能出来，那么分析的结论可能已经失去及时性，分析师的工作只是徒劳。同时，某些实时分析和决策需要用到小时或者分钟级的数据，它们对数据的及时性要求极高。所以及时性也是数据质量的组成要素之一。

3.3 数据清洗

数据清洗的主要目的是对缺失值、噪声数据、不一致数据、异常数据进行处理，对 3.2 节数据质量分析时发现的问题进行处理，使得清洗后的数据格式符合标准、不存在异常数据等。

1. 缺失值的处理

对缺失值的处理方法有如下几种。

最简单的一种方法是忽略有缺失值的数据。如果某条记录存在缺失项，就删除该条记录。如果某个属性列缺失值过多，则在整个数据集中删除该属性；但有可能因此损失大量数据。

另一种方法是进行缺失值填补，可以填补某一固定值、平均值或者根据记录填充最有可能值。其中，最有可能值的确定可能会利用决策树、回归分析等。

2. 噪声数据的处理

（1）分箱技术

分箱技术是一种常用的数据预处理的方法，通过考察相邻数据来确定最终值，可以实现异常或者噪声数据的平滑处理。分箱操作是按照属性值划分子区间，如果数据的属性值属于某个子区间，就将其放入该子区间对应的“箱子”内。箱子的深度表示箱子中所含数据的条数，宽度表示对应属性值的取值范围。分箱后，考察每个箱子中的数据，按照某种方法对每个箱子中的数据进行处理，常用的方法有按照平均值、中值、边界值等进行平滑处理。在采用分箱技术时，需要确定的两个主要问题就是：如何分箱以及如何对每个箱子中的数据进行平滑处理。

（2）聚类技术

聚类技术是将数据集分组为由类似的数据组成的多个簇（或称为类）。聚类技术主要用于找出并清除那些落在簇之外的数据（孤立点）。这些数据被视为噪声，不适合于平滑数据。聚类技术也可用于数据分析，其分类及典型算法等在 6.3 节有详细说明。

（3）回归技术

回归技术是通过发现两个相关的变量之间的关系并寻找适合的两个变量之间的映射关系来平滑数据，即通过建立数学模型来预测下一个数据，其包括线性回归和非线性回归。具体的算法在 6.4 节中进行说明。

3. 不一致数据的处理

对于数据质量中提到的数据不一致问题，需要根据实际情况来给出处理方案。我们可以使用相关材料来人工修复数据，违反给定规则的数据可以用知识工程的工具进行修改。对于多个数据源集成处理时，不同数据源对某些含义相同的字段的编码规则会存在差异，此时需要对不同数据源的数据进行数据转化。

4. 异常数据的处理

异常数据在大部分情况下是很难被修正的，如字符编码等问题引起的乱码、字符被截断、异常的数值等，这些异常数据如果没有规律可循几乎不可能被还原，只能将其直接过滤。

有些异常数据可以被还原，如字符串中掺杂了一些无用的字符，可以使用取子串的方法，用 trim 函数去掉字符串前后的空格等来还原。对于字符被截断的情况，如果可以使用截断后的字符推导出原完整的字符串，那么它也可以被还原。对于记录中存在异常大或者异常小的数据，可以分析它是不是由数值单位的差异引起的，如克和千克。这样的异常数据可以通过转化进行处理。数值单位的差异可能被认为是数据的不一致。或者被认为是某些数值被错误地放大或缩小，如数值后面多加了几个 0。

3.4 特征工程

在很多应用中，所采集的原始数据维数很大，这些经过数据清洗后的数据成为原始特征。但并不是所有的原始特征对后续的分析都可以直接提供信息，有些需要经过一些处理，有些甚至是干扰项。特征工程利用领域知识来处理数据并创建一些特征，以便后续分析使用。特征工程包括特征选择、特征构建、特征提取。特征工程的目的是能够用尽量少的特征描述原始数据，同时保持原始数据与分析目标相关的特性。

3.4.1 特征选择

特征选择是指从特征集中挑选一组最具统计意义的特征子集，从而达到降维的效果。特征选择具体从以下几个方面进行考虑。

1. 特征是否发散

如果一个特征不发散，例如方差接近于 0，也就是说样本在这个特征上基本没有差异，那么这个特征对样本的区分并没有什么作用。

2. 特征是否与分析结果相关

相关特征是指其取值能够改变分析结果。显然，应当优先选择与目标相关性高的特征。

3. 特征是否冗余

特征中可能存在一些冗余特征，即两个特征本质上相同，也可以表示为两个特征的相关性比较高。

特征选择包含以下几种方法。

1. 过滤法

按照发散性或者相关性对各个特征进行评分，设定阈值或者待选择阈值的个数，以选择特征。

2. 包装法

根据目标函数（通常是预测效果评分），每次选择若干特征，或者排除若干特征。

3. 集成法

先使用特征对某些机器学习的算法和模型进行训练，得到各个特征的权值系数，根据系数从大到小选择特征。类似于过滤法，但它是通过训练来确定特征的优劣的。

3.4.2 特征构建

特征构建是指从原始数据中人工构建新的特征。特征构建需要很强的洞察力和分析能力，要求我们能够从原始数据中找出一些具有物理意义的特征。假设原始数据是表格数据，我们可以使用混合属性或者组合属性来创建新的特征，或是分解或切分原有的特征来创建新的特征。

3.4.3 特征提取

特征提取是在原始特征的基础上，自动构建新的特征，将原始特征转换为一组更具物理意义、统计意义或者核的特征。特征提取包括主成分分析、独立成分分析和线性判别分析等方法。

1. 主成分分析（Principal Component Analysis，PCA）

PCA 是通过坐标轴转换，寻找数据分布的最优子空间，从而达到降维、去除数据间相关性的目的。在数学上，PCA 先用原始数据协方差矩阵的前 N 个最大特征值对应的特征向量构成映射矩阵，然后将原始矩阵左乘映射矩阵，从而对原始数据降维。特征向量可以理解为坐标轴转换中的新坐标轴的方向，特征值表示矩阵在对应的特征向量上的方差，特征值越大，方差越大，信息量越大。

2. 独立成分分析（Independent Component Analysis，ICA）

PCA 对数据进行降维，提取的是不相关的部分，而 ICA 获得的是相互独立的部分。ICA 的本质是寻找一个线性变换 $\boldsymbol{z} = \boldsymbol{W}\boldsymbol{x}$，使得 $\boldsymbol{z}$ 的各个特征分量之间的独立性最强。相比于 PCA，ICA 更能刻画变量的随机统计特性，且能抑制噪声。ICA 认为观测的数据矩阵 $\boldsymbol{X}$ 可以由未知的独立元矩阵 $\boldsymbol{S}$ 与未知的矩阵 $\boldsymbol{A}$ 相乘得到。ICA 希望通过矩阵 $\boldsymbol{X}$ 求得一个分离矩阵 $\boldsymbol{W}$，使得 $\boldsymbol{W}$ 作用在 $\boldsymbol{X}$ 上所获得的矩阵 $\boldsymbol{Y}$ 能够逼近独立元矩阵 $\boldsymbol{S}$，最后通过独立元矩阵 $\boldsymbol{S}$ 表示矩阵 $\boldsymbol{X}$。所以说 ICA 提取出特征中的独立部分。

3. 线性判别分析（Linear Discriminant Analysis，LDA）

LDA 的原理是将有标签的数据（点），通过投影的方法，投影到维度更低的空间，使得投影后的点按类别区分。相同类别的点，将会在投影后更接近，不同类别的点距离较远。

3.5 本章小结

本章对于数据分析的第一个关键步骤——数据预处理进行了概念阐述，讲解了其基本方法和手段，并对特征工程的基本步骤进行了阐述。由本章内容我们可以知道，数据预处理是数据分析非常重要的一步，它帮助我们用科学的手段更好地观察理解我们手中的数据。

第4章 NumPy——数据分析基础工具

NumPy 是 Python 处理数组和矢量运算的库，是进行高性能计算和数据分析的基础，是本书中介绍的 pandas、scikit-learn 和 Matplotlib 的基础。NumPy 提供了对数组进行快速运算的标准数学函数，并且提供了简单易用的面向 C 语言的应用程序接口（Application Programming Interface，API）。NumPy 不仅对于矢量运算提供了很多方便的接口，而且比程序员自己手动用基础的 Python 语法实现数组运算的速度要快。虽然 NumPy 本身没有提供很多高级的数据分析功能，但是了解 NumPy 将有助于后续数据分析工具的使用，所以在此对 NumPy 进行简单的介绍。NumPy 的引入约定如 Code 4-1 所示。

Code 4-1　NumPy 的引入约定

```
In  [1]: import pandas as np
```

后文代码中如出现“np.”，其均指代 NumPy，不再赘述。这是 NumPy 比较通用的一个表达，因此建议读者也这样使用。

4.1　多维数组对象：ndarray 对象

NumPy 中一个很重要的对象就是多维数组对象：ndarray 对象。该对象保存同一类型的数据，访问方式类似于列表，通过整数下标进行索引。ndarray 对象有一些常用的描述对象特征的属性：shape、ndim、size、dtype 和 itemsize，其具体属性说明如表 4-1 所示，Code 4-2 中展示了每个属性的具体使用方法。

表 4-1　ndarray 对象的常用属性

属性	说明
shape	返回一个元组，用于表示 ndarray 对象各个维度的长度，元组的长度为数组的维度（与 ndim 相同），元组的每个元素的值代表了 ndarray 对象每个维度的长度
ndim	ndarray 对象的维度
size	ndarray 对象中元素的个数，相当于各个维度长度的乘积
dtype	ndarray 对象中存储的元素的数据类型
itemsize	ndarray 对象中每个元素的字节数

Code 4-2　ndarray 对象的常用属性的使用方法

```
In  [1]:  arr = np.array([[1,2,3],[4,5,6]])
In  [2]:  arr.shape
Out [2]:  (2, 3)
In  [3]:  arr.ndim
Out [3]:  2
In  [4]:  arr.size
Out [4]:  6
In  [5]:  arr.itemsize
Out [5]:  8
In  [6]:  arr.dtype
Out [6]:  dtype('int64')
```

4.1.1　ndarray 对象的创建

对于 ndarray 对象的创建，NumPy 提供了很多方式。首先，可以使用 array 函数，它接受一切序列类型对象，生成一个新的 ndarray 对象，通过这个函数可以将别的序列类型对象转换为 ndarray 对象，并且可以显式指定 dtype。其次，NumPy 提供了一些便利的初始化的函数，例如，通过 ones 函数，可以创建指定 shape 的全 1 数组；通过 zeros 函数，可以创建全 0 数组；通过 arange 函数，可以创建等间隔的数组等。表 4-2 列出了常用的一些创建 ndarray 对象的函数，Code 4-3～Code 4-6 展示了具体使用方法，表 4-3 列出了 ndarray 对象的数据类型说明。

表 4-2　创建 ndarray 对象的函数

函数	说明
array	将输入的序列类型数据（list、tuple、ndarray 等）转换为 ndarray 对象，并返回新的 ndarray 对象
asarray	将输入的序列类型数据（list、tuple 等）转换为 ndarray 对象，并返回新的 ndarray 对象。但当输入的序列类型数据是 ndarray 时，则不会生成新的 ndarray 对象，如 Code 4-4 所示
arange	根据输入的参数，返回等间隔的 ndarray 对象，如 Code 4-5 所示，第 1 行输入和第 2 行输入返回的 ndarray 对象是相同的，默认从 0 开始，间隔为 1，可以自己指定区间和间隔
ones	指定 shape，创建全 1 数组
ones_like	以另一个 ndarray 对象的 shape 为指定 shape，创建全 1 数组
zeros	指定 shape，创建全 0 数组
zeros_like	以另一个 ndarray 对象的 shape 为指定 shape，创建全 0 数组
empty	指定 shape，创建新数组，但只分配空间，不填充值，默认的 dtype 为 float64，如 Code 4-5 所示
empty_like	以另一个 ndarray 对象的 shape 为指定 shape，创建新数组，但只分配空间，不填充值，默认的 dtype 为 float64
eye、identity	创建 $n \times n$ 的单位矩阵，对角线元素为 1，其余为 0，如 Code 4-6 所示

Code 4-3　asarray 函数传入参数为 ndarray 对象时

```
In  [1]:  arr_1 = np.array([1,2,3])
```

```
In  [2]:  arr_2 = np.asarray(arr_1)
In  [3]:  arr_2[0] = 5
In  [4]:  arr_1[0]
Out [4]:  5
```

Code 4-4　通过 arange 函数创建 ndarray 对象

```
In  [1]:  np.arange(5)
Out [1]:  array([0, 1, 2, 3, 4])
In  [2]:  np.arange(0,5,1)
Out [2]:  array([0, 1, 2, 3, 4])
In  [3]:  np.arange(1,5,2)
Out [3]:  array([1, 3])
```

Code 4-5　通过 empty 函数创建 ndarray 对象

```
In  [1]:  arr_emp = np.empty((2,3))
In  [2]:  arr_emp
Out [2]:  array([[ -1.72723371e-077,  -1.72723371e-077,   2.25164165e-314],
                 [ 2.27146036e-314,  2.26750741e-314,   2.26752012e-314]])
In  [3]:  arr_emp.dtype
Out [3]:  dtype('float64')
```

Code 4-6　通过 eye 和 identity 函数创建 ndarray 对象

```
In  [1]:  np.eye(3)
Out [1]:  array([[ 1.,  0.,  0.],
               [ 0.,  1.,  0.],
               [ 0.,  0.,  1.]])
In  [2]:  np.identity (4)
Out [2]:  array([[ 1.,  0.,  0.,  0.],
                 [ 0.,  1.,  0.,  0.],
                 [ 0.,  0.,  1.,  0.],
                 [ 0.,  0.,  0.,  1.]])
```

表 4-3　ndarray 对象的数据类型说明

数据类型	类型命名	说明
整数	int8(i1)、uint8(u1); int16(i2)、uint16(u2); int32(i4)、uint32(u4); int64(i8)、uint64(u8)	有符号和无符号的 8 位、16 位、32 位、64 位整数
浮点数	float16(f2)、 float32（f4 或 f）、 float64（f8 或 d）、 float128（f16 或 g）	float16 为半精度浮点数，存储空间为 16 位，即 2 字节； float32 为单精度浮点数，存储空间为 32 位，即 4 字节，与 C 语言的 float 兼容； float64 为双精度浮点数，存储空间为 64 位，即 8 字节，与 C 语言的 double 及 Python 的 float 兼容； float128 为扩展精度浮点数，存储空间为 128 位，即 16 字节
复数	complex64(c8)、 complex128(c16)、 complex256(c32)	两个浮点数表示的复数。 complex64 使用两个单精度浮点数表示； complex128 使用两个双精度浮点数表示； complex256 使用两个扩展精度浮点数表示

续表

数据类型	类型命名	说明
布尔值	bool	存储 True 和 False，字节长度为 1
Python 对象	O	Python 对象类型
字符串	S10 U10	S 为固定长度的字符串类型，每个字符的字节长度为 1，S 后跟随的数字表示要创建的字符串的长度； U 为固定长度的 Unicode 类型，每个字符的字节长度由平台决定，U 后跟随的数字表示要创建的字符串的长度

4.1.2　ndarray 对象的数据类型

若查询某个 ndarray 对象的 dtype 属性，则会返回一个 dtype 类型的对象。dtype 类型是 NumPy 的一个特殊的类型，其对象含有 ndarray 对象将所在内存解释成特定数据类型所需的信息。dtype 类型的存在是 NumPy 强大和灵活的原因之一，可以将 ndarray 对象的数据类型直接映射到相应的机器表示。dtype 类型中数值型对象的命名规则为：类型名 + 元素所占位数。例如 int64。所有 NumPy 支持的数据类型如表 4-3 所示。我们无须全部记住 NumPy 支持的所有数据类型，只需通过 dtype 属性得知我们所处理的数据是浮点数、整数、复数、布尔值、Python 对象还是字符串即可。

4.2　ndarray 对象的索引、切片和迭代

一维的 ndarray 对象（一维数组）的索引（如 Code 4-7 所示）、切片和迭代类似于 Python 中对列表的操作。多维的 ndarray 对象（多维数组）则可以在每一个维度都有一个索引，每个索引可以是数值、数值的列表、切片或者布尔类型的列表。我们可以通过索引获得 ndarray 对象的一个切片。与 Python 的列表不同的是，我们获得的切片是原始 ndarray 对象的视图，所以对于切片的修改即对原始 ndarray 对象的修改。

Code 4-7　一维数组索引示例

```
In  [1]:  arr = np.arange(0,12)*4
In  [2]:  arr
Out [2]:  array([ 0,  4,  8, 12, 16, 20, 24, 28, 32, 36, 40, 44])
In  [3]:  arr.shape
Out [3]:  (12,)
In  [4]:  arr[0]
Out [4]:  0
In  [5]:  arr[2:5]
Out [5]:  array([ 8, 12, 16])
In  [6]:  arr[9:2:-1]
Out [6]:  array([36, 32, 28, 24, 20, 16, 12])
In  [7]:  arr[[3,2,4]]
Out [7]:  array([12,  8, 16])
```

在多维的 ndarray 对象中，可以对各个元素进行递归访问，也可以传入一个逗号隔开的列表来选取单个索引。如果对此感到迷惑，可以看 Code 4-8 的示例。如果省略了后面的索引，则返回对象是维度低一些的 ndarray 对象，如 Code 4-9 所示。若只是指定第一个维度的值，则得到的 ndarray 对象会少一个维度，但是 shape 与原来的 ndarray 对象后两个维度一致。

Code 4-8　多维数组索引示例 1

```
In  [1]: arr = (np.arange(0,12)*4).reshape(3,2,2)
In  [2]: arr
Out [2]: array([[[ 0,  4],
                 [ 8, 12]],

                [[16, 20],
                 [24, 28]],

                [[32, 36],
                 [40, 44]]])
In  [3]: arr.shape
Out [3]: (3, 2, 2)
In  [4]: arr[2][1][0]
Out [4]: 40
In  [5]: arr[2,1,0]
Out [5]: 40
```

Code 4-9　多维数组索引示例 2

```
In  [1]: arr = (np.arange(0,12)*4).reshape(3,2,2)
In  [2]: arr
Out [2]: array([[[ 0,  4],
                 [ 8, 12]],

                [[16, 20],
                 [24, 28]],

                [[32, 36],
                 [40, 44]]])
In  [3]: arr.shape
Out [3]: (3, 2, 2)
In  [4]: arr[1]
Out [4]: array([[16, 20],
               [24, 28]])
In  [5]: arr[1].shape
Out [5]: (2, 2)
In  [6]: arr[1,1]
Out [6]: array([24, 28])
In  [7]: arr[1,1,1]
Out [7]: 28
```

针对 ndarray 对象的迭代，一维数组与 Python 的列表相同，多维数组则针对第一个维度进行迭代。也可以通过 ndarray 对象的 flat 属性实现对 ndarray 对象的每个元素的迭代，如 Code 4-10 所示。

Code 4-10　多维数组索引示例 3

```
In  [1]: arr = np.arange(0,12,2).reshape(2,3)
In  [2]: arr
Out [2]: array([[ 0,  2,  4],
```

```
                  [ 6,  8, 10]])
In  [3]:  for item in arr:
                print "item:",item
Out [3]:  item: [0 2 4]
          item: [ 6  8 10]
In  [4]:  for item in arr.flat:
                print "item:",item
Out [4]:  item: 0
          item: 2
          item: 4
          item: 6
          item: 8
          item: 10
```

4.3　ndarray 对象的 shape 操作

ndarray 对象的 shape 可以通过多种命令来修改，修改的方式如表 4-4 所示。某些函数对 ndarray 对象本身进行改变，例如 resize 函数。有些函数/属性则返回一个新的 ndarray 对象，不改变原来的 ndarray 对象，例如 reshape 函数、reval 函数和 T 属性。

表 4-4　ndarray 对象的 shape 的修改方式

函数/属性	是否修改原 ndarray 对象	功能描述
reshape	否	将 ndarray 对象的 shape 按照传入的参数进行修改，返回一个新的 ndarray 对象
reval	否	将多维的 ndarray 对象的 shape 改为一维的，返回一个一维的 ndarray 的对象
T	否	返回原 ndarray 对象的转置
resize	是	将 ndarray 对象的 shape 按照传入的参数进行修改

4.4　ndarray 对象的基础操作

对于一些用于标量的算术运算，NumPy 可以通过广播的方式将其作用到 ndarray 对象的每个元素上，返回一个或者多个新的矢量，如 Code 4-11 所示。例如，对一个 ndarray 对象进行加一个标量的运算，会对 ndarray 对象的每一个元素进行与标量相加的操作，得到一个新的 ndarray 对象并返回。此外，可以通过通用函数对 ndarray 对象中的数据进行元素级的操作，它将一些本来运用于一个或者多个标量的操作，运用在一个或者多个矢量的每一个元素（即一个标量）上，得到一组结果，并返回一个或者多个新的矢量（多个的情况比较少见）。通用函数有一元通用函数（见 Code 4-12）和二元通用函数（见 Code 4-13）。本书列出了常用的通用函数并给出了一些示例，更深层次的应用请读者自己挖掘。

Code 4-11 元素级算术运算示例

```
In  [1]: arr_a = np.arange(0,12,2).reshape(3,2)
In  [2]: arr_a
Out [2]: array([[ 0,  2],
                [ 4,  6],
                [ 8, 10]])
In  [3]: arr_a +1
Out [3]: array([[ 1,  3],
                [ 5,  7],
                [ 9, 11]])
In  [4]: arr_b = np.ones((3,2),dtype='float64')
In  [5]: arr_b
Out [5]: array([[ 1.,  1.],
                 [ 1.,  1.],
                 [ 1.,  1.]])
In  [6]: arr_c = arr_a+arr_b
In  [7]: arr_c
Out [7]: array([[  1.,   3.],
                  [  5.,   7.],
                  [  9.,  11.]])
In  [8]: arr_c.dtype
Out [8]: dtype('float64')
```

Code 4-12 一元通用函数示例

```
In  [1]: arr = np.arange(0,12,2).reshape(3,2)
In  [2]: arr_exp = np.exp(arr)
In  [3]: arr_exp
Out [3]: array([[  1.00000000e+00,   7.38905610e+00],
                [  5.45981500e+01,   4.03428793e+02],
                [  2.98095799e+03,   2.20264658e+04]])
In  [4]: np.modf(arr_exp)
Out [4]: (array([[ 0.        ,  0.3890561 ],
                 [ 0.59815003,  0.42879349],
                 [ 0.95798704,  0.46579481]]),
          array([[  1.00000000e+00,   7.00000000e+00],
                 [  5.40000000e+01,   4.03000000e+02],
                 [  2.98000000e+03,   2.20260000e+04]]))
```

Code 4-13 二元通用函数示例

```
In  [1]: arr_a = np.arange(0,12,2).reshape(3,2)
In  [2]: arr_a
Out [2]: array([[ 0,  2],
                [ 4,  6],
                [ 8, 10]])
In  [3]: arr_b = np.ones((3,2),dtype='float64')
In  [4]: arr_b
Out [4]: array([[ 1.,  1.],
                 [ 1.,  1.],
                 [ 1.,  1.]])
In  [5]: np.multiply(arr_a,arr_b)
Out [5]: array([[  0.,   2.],
                 [  4.,   6.],
                 [  8.,  10.]])
```

4.5　本章小结

本章简单介绍了 Numpy，Numpy 作为 pandas、scikit-learn 和 Matplotlib 的基础，是用 Python 进行数据分析时一个非常重要的工具，它提供了大量对数组操作的标准数学函数，并且由于其底层用 C 语言实现，运算速度也较快，是一个不可或缺的基础工具。

本章对于 Numpy 的介绍仅供基础入门，为后续的 pandas、scikit-learn 和 Matplotlib 的介绍做铺垫，Numpy 更多的功能请读者自己探索。

第5章 pandas——处理结构化数据

pandas 是 Python 的一个开源库，为 Python 提供了高性能、简单易用的数据结构和数据分析工具。pandas 提供了方便的类似表格统计操作和 SQL 操作的操作，使之可以方便地做一些数据预处理工作。同时，pandas 提供了强大的缺失值处理等功能，使数据预处理工作更加便捷。

pandas 包括如下内容。

- Index 对象：包括简单的索引和多层次的索引。
- 引擎集成组合：用于汇总和转换数据集。
- 日期范围生成器以及自定义日期偏移（实现自定义频率）。
- 输入工具和输出工具：从各种格式的文件中（CSV、delimited、Excel 2003）加载表格数据，以及从快速高效的 PyTables/HDF5 格式中保存和加载 pandas 对象。
- 标准数据结构的“稀疏”形式：可以用于存储大量缺失或者大量一致的数据。
- 移动窗口统计（滚动平均值、滚动标准偏差等）。

5.1 基本数据结构

pandas 提供了两种主要的数据结构：Series 与 DataFrame。两者分别适用于一维和多维数据，是在 NumPy 的 ndarray 对象的基础上，加入了索引形成的高级数据结构。

方便起见，本书后文引入 pandas 的方式默认采用 Code 5-1 所示的方式。

Code 5-1　pandas 的引入约定

```
In  [1]:  import pandas as pd
In  [2]:  from pandas import DataFrame, Series
```

后文代码中如出现“pd.”，其均指代 pandas，不再赘述。

5.1.1 Series

Series 是 pandas 中重要的数据结构，类似于一维数组与字典的结合。它是一个有索引的一维数组，同时索引在 pandas 中有对应的参数“index”。

1. Series 对象的创建

创建 Series 对象时可以接受多种输入，包括列表、NumPy 的 ndarray 对象、字典，甚至标量。index 参数可以选择性地输入，如 Code 5-2 所示。

Code 5-2　创建简单的 Series 对象

```
In  [1]: obj_a = Series([1,2,3,4])
In  [2]: obj_a
Out [2]: 0   1
         1   2
         2   3
         3   4
         dtype: int64
```

Code 5-2 中，由于在定义 Series 对象时并没有指定索引，pandas 自动创建一个 0～$n-1$ 的序列作为索引（n 为序列长度）。在输出 Series 对象时，每一行为 Series 对象中的一个元素，左侧为索引，右侧为值。

Code 5-3 所示为通过字典创建 Series 对象的示例，其索引默认为字典的键，也可以通过 index 参数指定。

Code 5-3　通过字典创建 Series 对象

```
In  [1]: disc = {'a':1, 'b':2, 'c':3}
In  [2]: obj_c = Series(disc)
In  [3]: obj_c
Out [3]: a   1
         b   2
         c   3
         dtype: int64
```

从 Code 5-4 中可以看到，字典中与指定索引相匹配的值被放到了正确的位置上，而不能匹配的索引的对应值被标记为 NaN。这个过程叫作数据对齐，在后文中会讲到。NaN 即 Not a Number（非数字），在 pandas 中，这个标记被用来表示缺失值。

Code 5-4　指定一个用字典创建的 Series 对象的索引

```
In  [1]: disc = {'a':1, 'b':2, 'c':3}
In  [2]: obj_d = Series(disc, index = ['a', 'b', 'd'])
In  [3]: obj_d
Out [3]: a   1
         b   2
         d   NaN
         dtype: int64
```

2. Series 对象的访问

Series 既像一个 ndarray，对于大多数 NumPy 函数，它是类似 ndarray 的可用的参数；同时它又像一个固定大小的字典。所以可以通过 iloc 函数和 loc 函数对 Series 对象进行访问。此外，还可以直接通过类似数组和属性的方式对其进行访问。Code 5-5 给出了一个简单的示例，具体的访问细节可以看 5.2 节。

Code 5-5　利用索引值筛选 Series 对象中的值

```
In  [3]: obj_b['a']
Out [3]: 1
In  [4]: obj_b[['a', 'b', 'c']]
Out [4]: a   1
         b   2
         c   3
```

```
        dtype: Int64
In  [5]: obj_b['d'] = 100
In  [6]: obj_b['d']
Out [6]: 100
In  [7]: obj_b.d
Out [7]: 100
```

至此，我们可以发现，Series 与 Python 基本数据结构中的字典十分类似。严格来讲，Series 可以理解为一个定长、有序的字典，一些需要字典的地方也可以使用 Series。

3. Series 对象的操作

在进行数据分析工作时，通常像数组一样对 Series 对象的每个值进行循环的操作是没有必要的。NumPy 对 ndarray 对象可以进行的操作，对 Series 对象同样可以进行。同时，由于索引的存在，在操作时存在数组对齐的问题。

4. Series 对象的属性

Series 对象的索引与值可以分别通过 index 与 values 属性获取。对于 Code 5-2 中的对象 obj_a，其 index、values 属性的具体值如 Code 5-6 所示。

Code 5-6 Series 对象的 index 与 values 属性

```
In  [3]: obj_a.index
Out [3]: Int64Index([0,1,2,3])
In  [4]: obj_a.values
Out [4]: array([1,2,3,4])
```

5.1.2 DataFrame

DataFrame 是有索引的二维数组，类似于表格或者 SQL 中的 table，或 Series 对象的字典，是 pandas 中最常用的数据结构之一。DataFrame 有行索引（index）和列索引（columns）。

1. DataFrame 对象的创建

创建 DataFrame 对象时可以接受多种输入，包括值为一维的 ndarray 对象、列表、字典、Series 对象的字典、二维的 ndarray 对象、Series 对象或者其他的 DataFrame 对象等。在创建 DataFrame 对象时，行索引和列索引可以通过 index 和 columns 参数指定，若没有明确给出，则会被设置为默认值，默认值为从 0 开始的连续数字。对于通过值为 Series 对象的字典创建 DataFrame 对象的情况，若指定 index，则会丢弃所有未和指定 index 匹配的数据。

如 Code 5-7 所示，与 Series 对象类似，DataFrame 对象在创建时会默认使用字典中的键作为列索引，行索引默认为一个 0～$n-1$ 的序列（n 为行数）。也可以使用 columns 参数指定列索引，如 Code 5-8 所示。字典中的数据会按照指定的顺序排列，未定义的数据会被标记为 NaN。

Code 5-7 通过值为列表的字典创建 DataFrame 对象

```
In  [1]: dict = {'a':[1,2,3], 'b':[4,5,6], 'c':[7,8,9]}
In  [2]: obj_a = DataFrame(dict)
In  [3]: obj_a
Out [3]:     a  b  c
          0  1  4  7
          1  2  5  8
          2  3  6  9
```

Code 5-8　使用 columns 参数指定列索引

```
In  [1]: dict = {'a':[1,2,3], 'b':[4,5,6], 'c':[7,8,9]}
In  [2]: obj_b = DataFrame(dict, columns = ['b', 'a', 'd'])
In  [3]: obj_b
Out [3]:    b  a    d
         0  4  1  NaN
         1  5  2  NaN
         2  6  3  NaN
```

DataFrame 对象的行索引、列索引与值可以通过 index、columns 以及 values 获取。

对于 Code 5-8 中的 obj_b，其 columns、index 以及 values 等 3 个属性的值如 Code 5-9 所示。

Code 5-9　DataFrame 对象的 columns、index 以及 values 属性

```
In  [1]: obj_b.columns
Out [1]: Index(['b', 'a', 'd'], dtype='object')
In  [2]: obj_b.index
Out [2]: RangeIndex(start=0, stop=3, step=1)
In  [3]: obj_b.values
Out [3]: array( [[4, 1, nan],
                 [5, 2, nan],
                 [6, 3, nan]], dtype=object)
```

Code 5-10 所示为通过值为 Series 对象的字典创建 DataFrame 对象的示例。每个 Series 对象为一列，若不指定 index，则会以所有 Series 对象的 index 属性的并集作为 DataFrame 的 index，若某个 Series 对象中不存在对应的 index，则赋值为 NaN；若指定 index，则会与指定索引相匹配，不能匹配的索引的对应的值被标记为 NaN。也可以通过 from_dict 函数完成 Dataframe 对象的创建，要求 data 值为字典，from_dict 的 orient 参数的默认值为 columns，可以修改为 index，创建的 DataFrame 对象的 index 和 columns 与参数值为 columns 时相反。

Code 5-10　通过值为 Series 对象的字典创建 DataFrame 对象

```
In  [1]: dict_ser = {'one':pd.Series([1,2,3],index = ['a','b','c']),
                     'two':pd.Series([4,5,6],index = ['b','c','d'])}
In  [2]: df_dict_ser = pd.DataFrame(dict_ser)
In  [3]: df_dict_ser
Out [3]:    one  two
         a  1.0  NaN
         b  2.0  4.0
         c  3.0  5.0
         d  NaN  6.0
In  [4]: pd.DataFrame(dict_ser,index = ['c','d','e'])
Out [4]:    one  two
         c  3.0  5.0
         d  NaN  6.0
         e  NaN  NaN
In  [5]: pd.DataFrame.from_dict(dict_ser,orient='index')
Out [5]:      b  c    d    a
         one  2  3  NaN  1.0
         two  4  5  6.0  NaN
```

Code 5-11 中，每一个字典作为一列，键作为列名，键不存在的值设为 NaN。若不指定 index，则 index 为默认值。

Code 5-11　通过元素为字典的列表创建 DataFrame 对象

```
In  [1]: list_dict = [{'a':1,'b':2},
                      {'b':3,'c':3}]
In  [2]: pd.DataFrame(list_dict)
Out [2]:     a  b    c
         0  1.0  2  NaN
         1  NaN  3  3.0
```

Code 5-12 所示为通过 Series 对象创建 DataFrame 对象的示例。其中，一个 Series 对象为一列，name 为其列名。

Code 5-12　通过 Series 对象创建 DataFrame 对象

```
In  [1]: ser = pd.Series([1,2,3],index = ['a','b','c'],name='ser1')
In  [2]: pd.DataFrame(ser)
Out [2]:    ser1
         a    1
         b    2
         c    3
```

2. DataFrame 对象的访问

作为一个类似表格的数据类型，DataFrame 对象的访问方式有多种，可以通过列索引，也可以通过行索引，具体说明在 5.2 节中。Code 5-13 所示为一个简单示例。

Code 5-13　DataFrame 对象的访问

```
In  [1]: df = pd.DataFrame(np.random.randn(4,5), columns =
         list('ABCDE'), index = range(1,5))
In  [2]: df
Out [3]:        A         B         C         D         E
         1  1.006230 -0.099909 -1.581663 -0.850088  1.505144
         2 -0.594370  0.220057  1.356661 -1.464286 -0.382851
         3 -2.081844 -1.546638 -0.383995  0.036639  1.037210
         4 -1.447071 -2.357322 -1.676906 -2.264452 -1.268260
In  [4]: df.loc[1]
Out [4]: A    1.006230
         B   -0.099909
         C   -1.581663
         D   -0.850088
         E    1.505144
         Name: 1, dtype: float64
In  [5]: df.loc[1,'A']
Out [5]: 1.006230383161022
In  [6]: df['A']
Out [6]: 1   -1.005654
         2   -0.508373
         3    1.008788
         4   -0.482176
         Name: A, dtype: float64
In  [7]: df['A'][1]
Out [7]: -0.17250592607902437
In  [8]: df.iloc[0:2]
Out [8]:        A         B         C         D         E
         1  1.00623 -0.099909 -1.581663 -0.850088  1.505144
         2 -0.59437  0.220057  1.356661 -1.464286 -0.382851
```

Code 5-13 中，通过 loc 函数对 DataFrame 对象进行了基于行索引的访问，也可以直接通过列索引对 DataFrame 对象进行访问。iloc 函数是基于行索引进行访问的。

DataFrame 本身可以进行很多算术操作，包括加、减、乘、除、转置等，NumPy 对矩阵进行一系列操作的函数都可以运用于 DataFrame 对象，但是要注意数据对齐问题。

如 Code 5-14、Code 5-15 和 Code 5-16 所示，可以通过 drop 操作、del 操作和 pop 操作对 DataFrame 对象进行行和列的删除。其具体说明如表 5-1 所示。

Code 5-14 DataFrame 对象的 drop 操作

```
In  [1]: df = pd.DataFrame(np.random.randn(4,5),
                      columns = list('ABCDE'),
                      index = range(1,5))
In  [2]: df
Out [3]:        A         B         C         D         E
         1  1.006230 -0.099909 -1.581663 -0.850088  1.505144
         2 -0.594370  0.220057  1.356661 -1.464286 -0.382851
         3 -2.081844 -1.546638 -0.383995  0.036639  1.037210
         4 -1.447071 -2.357322 -1.676906 -2.264452 -1.268260
In  [4]: df.drop(['A'],axis=1)
Out [4]:        B         C         D         E
         1 -0.099909 -1.581663 -0.850088  1.505144
         2  0.220057  1.356661 -1.464286 -0.382851
         3 -1.546638 -0.383995  0.036639  1.037210
         4 -2.357322 -1.676906 -2.264452 -1.268260
In  [5]: df.drop(1,inplace= True)
In  [6]: df
Out [6]:        A         B         C         D         E
         2 -0.594370  0.220057  1.356661 -1.464286 -0.382851
         3 -2.081844 -1.546638 -0.383995  0.036639  1.037210
         4 -1.447071 -2.357322 -1.676906 -2.264452 -1.268260
```

Code 5-15 DataFrame 对象的 del 操作

```
In  [1]: del df['A']
In  [2]: df
Out [2]:        B         C         D         E
         2  0.220057  1.356661 -1.464286 -0.382851
         3 -1.546638 -0.383995  0.036639  1.037210
         4 -2.357322 -1.676906 -2.264452 -1.268260
```

Code 5-16 DataFrame 对象的 pop 操作

```
In  [1]: column_B = df.pop('B')
In  [2]: Column_B
Out [2]: 2    0.220057
         3   -1.546638
         4   -2.357322
         Name: B, dtype: float64
In  [3]: type(Column_B)
Out [3]: <class 'pandas.core.series.Series'>
In  [4]: df
Out [4]:        C         D         E
         2  1.356661 -1.464286 -0.382851
         3 -0.383995  0.036639  1.037210
         4 -1.676906 -2.264452 -1.268260
```

表 5-1 DataFrame 的删除操作

操作	功能	是否改变原 DataFrame 对象
drop	对 DataFrame 对象进行行或列的删除。默认 axis=0，表示对行的删除。当指定 axis=1 时，表示对列的删除	inplace 参数默认为 False，若不指定 inplace = True，则不会对原 DataFrame 对象进行改变，而会返回一个新的 DataFrame 对象。所以通过 In [4]的操作后的输出 Out[6]中最后的 df 并没有被删除 A 列
del	对 DataFrame 对象进行列的删除	是
pop	对 DataFrame 对象进行列的删除，并以 Series 对象返回被删除的列	是

Code 5-17 所示为 DataFrame 对象的增加列操作的示例。可以直接以添加值的方式插入一列，可以传入一个标量，它会通过广播填充整个列。也可以传入一个 Series 对象来插入一列。如果 index 不匹配，将会遵循 DataFrame 对象的 index，不存在的 index 被赋值为 NaN。

Code 5-17 DataFrame 对象的增加列操作

```
In  [1]: df['F'] = 'f'
In  [2]: Df
Out [2]:          C          D          E   F
         2  1.356661 -1.464286 -0.382851   f
         3 -0.383995  0.036639  1.037210   f
         4 -1.676906 -2.264452 -1.268260   f
In  [3]: df['part_C'] = df['C'][:2]
In  [4]: df
Out [4]:          C          D          E   F    part_C
         2  1.356661 -1.464286 -0.382851   f   1.356661
         3 -0.383995  0.036639  1.037210   f  -0.383995
         4 -1.676906 -2.264452 -1.268260   f    NaN
In  [5]: df['G'] = pd.Series(['one','two','three','four'],index = [1,2,3,4])
In  [6]: df
Out [6]:          C          D          E   F  part_C    G
         2  1.356661 -1.464286 -0.382851   f  1.356661   two
         3 -0.383995  0.036639  1.037210   f -0.383995  three
         4 -1.676906 -2.264452 -1.268260   f    NaN   four
In  [7]: df.insert(0,'before_C',df['C'])
In  [8]: df
Out [8]:     before_C       C          D          E   F   part_C
         G
         2  1.356661  1.356661 -1.464286 -0.382851  f  1.356661    two
         3 -0.383995 -0.383995  0.036639  1.037210  f -0.383995  three
         4 -1.676906 -1.676906 -2.264452 -1.268260  f     NaN   four
```

5.2 基于 pandas 的 Index 对象的访问操作

通过切片、切块等操作，pandas 中的索引可以简便地获取数据集的子集。这主要集中在对

Series 和 DataFrame 的索引操作上。访问主要包括索引、选取和过滤。

5.2.1 pandas 的 Index 对象

上文介绍的 pandas 中的两个重要的数据结构都具备索引，Series 中的 index 属性、DataFrame 中的 index 属性和 columns 属性都是 pandas 的 Index 对象[①]。pandas 的 Index 对象负责管理轴标签和其他元素（如轴名称等），如 Code 5-18 所示。在创建 Series 和 DataFrame 时，用到的数组或者字典等序列的标签都会转换为 Index 对象。Index 对象的特性包括：不可修改、有序及可切片。其中一个重要特性是不可修改，只有这样才能保证在多个数据结构间的安全共享，如 Code 5-19 所示。

Index 对象有多种类型，常见的包括 Index、Int64Index、MultiIndex、DatetimeIndex 以及 PeriodIndex。其中，Index 是最泛化的 Index 类型，可以理解为其他类型的父类，它将轴标签表示为一个由 Python 对象组成的 NumPy 数组；Int64Index 针对整数；MultiIndex 针对多层索引；DatetimeIndex 存储时间戳；PeriodIndex 针对时间间隔数据。下述示例中可以看到部分 Index 类型。

关于 Index 对象的一些基本操作，pandas 提供了许多类似集合操作的操作，包括判断元素是否在 Index 对象中、元素的删除和插入等（如 Code 5-20 所示），以及两个 Index 对象的连接，计算并集、差集、交集等（如 Code 5-21 所示）。具体的函数说明如表 5-2 所示，其统一特点是不改变原有的 Index 对象。

Code 5-18 获取 DataFrame 对象的 index 和 columns 属性

```
In  [1]:  dates = pd.date_range('1/1/2000', periods=8)
In  [2]:  df = pd.DataFrame(np.random.randn(8, 4), index=dates, columns=['A', 'B',
          'C', 'D'])
In  [3]:  df
Out [3]:                    A         B         C         D
          2000-01-01  0.377461 -0.910223 -0.520959 -1.349375
          2000-01-02 -0.416904 -1.752739 -0.949096  0.115223
          2000-01-03  0.408090  0.120493 -0.683151 -1.631512
          2000-01-04  0.661525 -0.606332 -1.738339 -0.187278
          2000-01-05 -0.813269 -0.835680 -0.413794 -0.841676
          2000-01-06  0.557145  0.180618 -0.097099  0.003760
          2000-01-07 -0.874148  0.684596 -1.473793 -1.083367
          2000-01-08  0.027923  0.439115  0.005838 -0.573425
In  [4]: df_index = df.index
In  [5]: type(df_index)
Out [5]: <class 'pandas.tseries.index.DatetimeIndex'>
In  [5]: df_columns = df.columns
In  [6]: type(df_columns)
Out [6]: <class 'pandas.indexes.base.Index'>
```

Code 5-18 中创建了一个 DataFrame 对象，获取其 index 和 columns 属性，并对其类型进行了查看，类型为 DatetimeIndex 类型和 Index 类型。

① 本书中首字母小写的 index 指 Series 和 DataFrame 的 index 属性，首字母大写的 Index 指 pandas 的 Index 对象。

Code 5-19　Index 对象的不可修改特性

```
In  [1]:   index = pd.Index(np.arange(1,5))
In  [2]:   index
Out [2]:   Int64Index([1, 2, 3, 4], dtype='int64')
In  [3]:   index[1] = 3
Out [3]:   Traceback (most recent call last):
             File "<stdin>", line 1, in <module>
             File "/Users/lasia/anaconda/lib/Python2.7/site-packages
                     /pandas/indexes/base.py", line 1404, in __setitem__
               raise TypeError("Index does not support mutable operations")
           TypeError: Index does not support mutable operations
```

Code 5-19 中初始化了一个 Index 对象并展示了 Index 对象的不可修改特性，修改它时会报出不支持修改操作（Index does not support mutable operations）的错误消息。

Code 5-20　Index 对象的切片、删除、插入操作

```
In  [1]:   index = pd.Index(np.arange(1,5))
In  [2]:   index
Out [2]:   Int64Index([1, 2, 3, 4], dtype='int64')
In  [3]:   index[1:3]
Out [3]:   Int64Index([2, 3], dtype='int64')
In  [4]:   index_2 = index.delete([0,2])
In  [5]:   Index_2
Out [5]:   Int64Index([2, 4], dtype='int64')
In  [6]:   index_3 = index.drop(2)
In  [7]:   Index_3
Out [7]:   Int64Index([1, 3, 4], dtype='int64')
In  [8]:   index_4 = index.insert(1,5)
In  [9]:   Index_4
Out [9]:   Int64Index([1, 5, 2, 3, 4], dtype='int64')
In  [10]:  index
Out [10]:  Int64Index([1, 2, 3, 4], dtype='int64')
```

Code 5-21　Index 对象间的并、差、交等操作

```
In  [1]:   index_a = pd.Index(['a','c','e'])
In  [2]:   index_b = pd.Index(['b','d','e'])
In  [3]:   index_c = index_a.append(index_b)
In  [4]:   index_c
Out [4]:   Index([u'a', u'c', u'e', u'b', u'd', u'e'], dtype='object')
In  [6]:   index_d = index_a.union(index_b)
In  [7]:   Index_d
Out [7]:   Index([u'a', u'b', u'c', u'd', u'e'], dtype='object')
In  [8]:   index_e = index_a.difference(index_b)
In  [9]:   Index_e
Out [9]:   Index([u'a', u'c'], dtype='object')
In  [8]:   index_f = index_a.intersection(index_b)
In  [9]:   Index_f
Out [9]:   Index([u'e'], dtype='object')
In  [10]:   Index_a
Out [10]:   Int64Index([1, 2, 3, 4], dtype='int64')
```

表 5-2　Index 对象的函数说明

函数	说明	示例
delete	删除索引 *i* 处的元素，返回新的 Index 对象（可以传入索引的数组）	Code 5-20

续表

函数	说明	示例
drop	删除传入的元素 e，返回新的 Index 对象（可以传入元素的数组）	Code 5-20
insert	将元素插入索引 *i* 处，返回新的 Index 对象	
append	连接另一个 Index 对象，返回新的 Index 对象	Code 5-21
union	与另一个 Index 对象进行并操作，返回两者的并集	
difference	与另一个 Index 对象进行差操作，返回两者的差集	
intersection	与另一个 Index 对象进行交操作，返回两者的交集	
isin	判断 Index 对象中每个元素是否在参数所给的数组中，返回一个与 Index 对象长度相同的布尔类型数组	
is_monotonic	当每个元素都大于前一个元素时，返回 True	
is_unique	当 Index 对象中没有重复值时，返回 True	
unique	返回没有重复数据的 Index 对象	

5.2.2 索引的不同访问方式

通过 Series 和 DataFrame 的 Index 对象，我们可以对数据进行方便、快捷的访问。5.1 节简略介绍了一些访问方式，但是没有仔细说明其能接收哪些数据作为输入，以及它们之间的区别。

索引主要关注调用方式和接收参数类型两个方面，其中调用方式分为 4 种：loc 函数方式、iloc 函数方式、切片操作以及类似属性中通过“.”标识符访问的方式。前 3 种调用方式的输入参数类型有些相似，包括单个标量、数组或者列表、布尔类型数组或者回调函数。使用布尔类型数组和回调函数作为参数输入是一般的调用方式中少见的，所以本书会单独给出说明。

1. 调用方式

（1）loc 函数方式

loc 的访问方式是基于标签（label）的，包括行标签（index）和列标签（columns），表达形式可以概括为 df.loc [index._argument<,col_argument>]，首先是选择行，col_argument 可以被省略。

输入的参数（index_argument 和 col_argument）的形式包括：单个标签，标签数组或者标签的分片形式，布尔数组，接收参数为调用 loc 函数的对象（Series 或者 DataFrame 类型）的回调函数。示例代码如 Code 5-22 所示。

包括单个的标签、标签的数组或者标签的切片形式，可以接收一个布尔类型数组作为参数输入，也可以接收参数为调用 loc 函数的对象（Series 或者 DataFrame 对象）的回调函数作为参数输入。

（2）iloc 函数方式

iloc 函数与 loc 函数不同，iloc 函数关注的是 index 的位置。index 的位置作为参数输入，包括表示位置的单个整数、位置的数组或者位置的切片形式。iloc 函数可以接收一个布尔类型数组作为参数输入，也可以接收参数为调用 loc 函数的对象（Series 或者 DataFrame 对象）的回调函数作为参数输入，如 Code 5-23 所示。

（3）类似字典方式的访问

可以将 Seires 对象和 DataFrame 对象看作一个字典，而 DataFrame 对象相当于每一个元素是 Series 对象的字典，所以可以用类似访问字典的方式来访问 Series 对象和 DataFrame 对象，如 Code 5-24 所示。

（4）类似访问属性的方式

接收的参数类型包括单个变量、数组（列表或者 NumPy 的 ndarray 对象）、布尔类型数组或者回调函数。

2. 调用方式间的区别

（1）loc 函数方式和 iloc 函数方式的区别

loc 函数和 iloc 函数都是对 index 的访问（Series 对象的 index 和 DataFrame 对象的 index），对于 DataFrame 对象也可以实现对于某个 index 下的某个 columns 的访问。它们接收的参数类型相同，但是含义不同。loc 函数接收 Index 对象（index 和 columns）的标签，而 iloc 函数接收 Index 对象（index 和 columns）的位置。

（2）通过 loc 函数访问和通过切片操作[]访问的区别

loc 方式和切片操作[]都是基于标签的索引（index 和 columns），但是 loc 函数首先是对行标签（index）的访问（Series 的 index 和 DataFrame 的 index），切片操作[]在 DataFrame 中则首先是对列标签（columns）的访问。两者在 Series 中无差别。

Code 5-22 loc 函数访问方式相关操作

```
In  [1]: dates = pd.date_range('1/1/2000', periods=8)
In  [2]: df = pd.DataFrame(np.random.randn(8, 4), index=dates, columns=['A',
         'B','C', 'D'])
In  [3]: df
Out [3]:                    A         B         C         D
         2000-01-01  1.997470  0.202733 -0.199973  1.226511
         2000-01-02 -0.572976 -0.444118 -0.644868  1.986125
         2000-01-03 -1.493009 -0.362707  0.086507 -0.914571
         2000-01-04  0.208049 -1.721350  0.771815 -0.635762
         2000-01-05  1.821612 -0.826492 -0.377324  0.633104
         2000-01-06  0.573561  0.406416 -0.204209  2.034564
         2000-01-07 -0.507856 -0.116242  0.677616  0.147244
         2000-01-08 -0.671501  0.252203 -2.193174  0.988134
In  [4]: df.loc['2000-01-01']
Out [4]: A    1.997470
         B    0.202733
         C   -0.199973
         D    1.226511
         Name: 2000-01-01 00:00:00, dtype: float64
In  [5]: df.loc['2000-01-01':'2000-01-04',['A','C']]
Out [5]:                    A         C
         2000-01-01  1.997470 -0.199973
         2000-01-02 -0.572976 -0.644868
         2000-01-03 -1.493009  0.086507
         2000-01-04  0.208049  0.771815
In  [5]: df.loc[ df['A'] > 0]
```

```
Out [5]:                    A         B         C         D
          2000-01-01  1.997470  0.202733 -0.199973  1.226511
          2000-01-04  0.208049 -1.721350  0.771815 -0.635762
          2000-01-05  1.821612 -0.826492 -0.377324  0.633104
          2000-01-06  0.573561  0.406416 -0.204209  2.034564
```

Code 5-23 iloc 函数访问方式相关操作

```
In  [1]:  dates = pd.date_range('1/1/2000', periods=8)
In  [2]:  df = pd.DataFrame(np.random.randn(8, 4), index=dates, columns=['A', 'B',
          'C', 'D'])
In  [3]:  df
Out [3]:                   A         B         C         D
          2000-01-01  1.997470  0.202733 -0.199973  1.226511
          2000-01-02 -0.572976 -0.444118 -0.644868  1.986125
          2000-01-03 -1.493009 -0.362707  0.086507 -0.914571
          2000-01-04  0.208049 -1.721350  0.771815 -0.635762
          2000-01-05  1.821612 -0.826492 -0.377324  0.633104
          2000-01-06  0.573561  0.406416 -0.204209  2.034564
          2000-01-07 -0.507856 -0.116242  0.677616  0.147244
          2000-01-08 -0.671501  0.252203 -2.193174  0.988134
In  [4]:  df.iloc[0]
Out [4]:  A    1.997470
          B    0.202733
          C   -0.199973
          D    1.226511
          Name: 2000-01-01 00:00:00, dtype: float64
In  [5]:  df.iloc[[0,4],1:3]
Out [5]:                    B         C
          2000-01-01  0.202733 -0.199973
          2000-01-05 -0.826492 -0.377324
In  [5]:  df.loc[ ['A'] >0]
Out [5]:                   A         B         C         D
          2000-01-01  1.997470  0.202733 -0.199973  1.226511
          2000-01-04  0.208049 -1.721350  0.771815 -0.635762
          2000-01-05  1.821612 -0.826492 -0.377324  0.633104
          2000-01-06  0.573561  0.406416 -0.204209  2.034564
```

Code 5-24 切片操作[ ]访问方式示例

```
In  [1]:  dates = pd.date_range('1/1/2000', periods=8)
In  [2]:  df = pd.DataFrame(np.random.randn(8, 4), index=dates, columns=['A', 'B',
          'C', 'D'])
In  [3]:  df
Out [3]:                   A         B         C         D
          2000-01-01  1.997470  0.202733 -0.199973  1.226511
          2000-01-02 -0.572976 -0.444118 -0.644868  1.986125
          2000-01-03 -1.493009 -0.362707  0.086507 -0.914571
          2000-01-04  0.208049 -1.721350  0.771815 -0.635762
          2000-01-05  1.821612 -0.826492 -0.377324  0.633104
          2000-01-06  0.573561  0.406416 -0.204209  2.034564
          2000-01-07 -0.507856 -0.116242  0.677616  0.147244
          2000-01-08 -0.671501  0.252203 -2.193174  0.988134
In  [4]:  df['A']
Out [4]:  2000-01-01    1.997470
          2000-01-02   -0.572976
          2000-01-03   -1.493009
          2000-01-04    0.208049
```

```
             2000-01-05   1.821612
             2000-01-06   0.573561
             2000-01-07  -0.507856
             2000-01-08  -0.671501
             Freq: D, Name: A, dtype: float64
In  [5]:  type(df['A'])
Out [5]:  pandas.core.series.Series
In  [5]:  df[['A','B']]
Out [5]:                    A         B
             2000-01-01  1.997470  0.202733
             2000-01-02 -0.572976 -0.444118
             2000-01-03 -1.493009 -0.362707
             2000-01-04  0.208049 -1.721350
             2000-01-05  1.821612 -0.826492
             2000-01-06  0.573561  0.406416
             2000-01-07 -0.507856 -0.116242
             2000-01-08 -0.671501  0.252203
In  [6]:  type(df[['A','B']])
Out [6]:  pandas.core.frame.DataFrame
In  [7]:  df['2000-01-01':'2000-01-04']
Out [7]:                    A         B         C         D
             2000-01-01  1.997470  0.202733 -0.199973  1.226511
             2000-01-02 -0.572976 -0.444118 -0.644868  1.986125
             2000-01-03 -1.493009 -0.362707  0.086507 -0.914571
             2000-01-04  0.208049 -1.721350  0.771815 -0.635762
```

3. 特殊的参数类型

（1）输入为布尔类型数组

使用布尔类型数组作为参数输入也是常见的操作之一，可用的运算符包括：|（表示或运算）、&（表示与运算）和～（表示非运算），但注意要使用圆括号来组合。

（2）输入为回调函数

loc 函数、iloc 函数和字典的[]都接收回调函数作为参数输入来进行访问，这个回调函数必须以被访问的 Series 对象或者 DataFrame 对象作为参数。

5.3 数学统计和计算工具

5.3.1 统计函数：协方差、相关系数、排序

pandas 提供了一系列统计函数接口，方便用户直接进行统计运算，其包括协方差、相关系数、排序等。pandas 提供了两个 Series 对象之间的协方差和一个 DataFrame 对象的协方差矩阵的计算接口。

通过 Series 对象提供的 cov 函数，可以计算 Series 对象和另一个 Series 对象的协方差，如 Code 5-25 所示。首先计算了 series_1 和 series_2 的协方差，经过验证，series_1.cov(series_2)与 series_2.cov(series_1)相等，这与协方差的性质一致。series_1 与 series_3 的长度不一致，同样可

以进行协方差运算，结果显示 series_3 的协方差等于 series_1 的前 8 个元素的协方差。pandas 自动进行了数据对齐操作。

Code 5-25　Series 对象之间的协方差计算

```
In  [1]:  series_1 = Series(np.random.randn(10))
In  [2]:  series_2= Series(np.random.randn(10))
In  [3]:  series_1
Out [3]:  0    3.066290
          1   -1.101062
          2    0.561304
          3    1.730506
          4    1.558158
          5    0.561590
          6   -2.144566
          7   -0.784433
          8   -0.130903
          9   -0.510790
          dtype: float64
In  [4]:  series_2
Out [4]:  0    0.261430
          1    0.898765
          2    0.612580
          3    1.234522
          4   -0.232797
          5    1.142626
          6   -0.033724
          7   -1.467577
          8   -0.754890
          9   -1.020047
          dtype: float64
In  [5]:  series_1.cov(series_2)
Out [5]:  0.47052410745437373
In  [6]:  series_2.cov(series_1)
Out [6]:  0.47052410745437373
In  [7]:  series_3= Series(np.random.randn(8))
In  [8]:  series_3
Out [8]:  0   -0.575410
          1   -0.329546
          2   -1.269817
          3    0.359972
          4   -0.233465
          5    0.937982
          6   -0.758042
          7    1.161482
          dtype: float64
In  [5]:  series_1.cov(series_3)
Out [5]:  -0.044165854630934379
In  [6]:  series_1[0:8].cov(series_3)
Out [6]:  -0.044165854630934379
```

通过 DataFrame 对象提供的 cov 函数，可以计算 DataFrame 对象各个列之间的协方差，得到协方差矩阵，如 Code 5-26 所示。可以看到，协方差矩阵是一个对称矩阵，这与协方差的性质一致。当 DataFrame 对象中存在 NaN 值时，函数会排除它继续进行计算。

pandas 提供了几种计算相关系数的方法，包括皮尔森相关系数、斯皮尔曼相关系数和肯德尔相关系数，它们和协方差函数相同，存在 NaN 值时会排除它继续进行计算。

Code 5-26 DataFrame 对象之间的协方差计算

```
In  [1]: df = DataFrame(np.random.randn(4,5),index = [1,2,3,4],columns =
         list('abcde'))
In  [2]: df
Out [2]:         a         b         c         d         e
         1 -0.919210 -0.107936 -0.923730  0.498362  0.626886
         2  0.120940 -0.082737 -0.746093  0.905555 -0.735888
         3  0.119948  0.057370 -0.321150 -0.819500  0.026514
         4 -1.672109  0.271110  0.309165 -0.419110 -0.201435
In  [3]: df.cov()
Out [3]:         a         b         c         d         e
         a  0.762927 -0.092086 -0.261618  0.117018 -0.164024
         b -0.092086  0.030180  0.094923 -0.098350 -0.016695
         c -0.261618  0.094923  0.300511 -0.310956 -0.073400
         d  0.117018 -0.098350 -0.310956  0.636266 -0.093181
         e -0.164024 -0.016695 -0.073400 -0.093181  0.318548
In  [4]: df.loc[df.index[0:2],'a'] = np.nan
In  [5]: df
Out [5]:       a         b         c         d         e
         1       NaN -0.107936 -0.923730  0.498362  0.626886
         2       NaN -0.082737 -0.746093  0.905555 -0.735888
         3  0.119948  0.057370 -0.321150 -0.819500  0.026514
         4 -1.672109  0.271110  0.309165 -0.419110 -0.201435
In  [6]: df.cov()
Out [6]:       a         b         c         d         e
         a  1.605736 -0.191518 -0.564781 -0.358761  0.204248
         b -0.191518  0.030180  0.094923 -0.098350 -0.016695
         c -0.564781  0.094923  0.300511 -0.310956 -0.073400
         d -0.358761 -0.098350 -0.310956  0.636266 -0.093181
         e  0.204248 -0.016695 -0.073400 -0.093181  0.318548
```

5.3.2 窗口函数

在移动窗口上计算统计函数对于处理时序数据也是十分常见的，为此，pandas 提供了一系列窗口函数，其中包括计数、求和、求平均、求中位数、求相关系数、求方差、求协方差、求标准差、求偏度和求峰度的函数。

对于窗口本身，pandas 提供了 3 种对象：Rolling 对象、Expanding 对象和 EWM 对象。

1. Rolling 对象

Rolling 对象产生的是定长窗口，需要通过参数 window 指定窗口大小，可以通过参数 min_periods 指定窗口内所需的最小非 NaN 值的个数，否则在时间序列刚开始时尚不足窗口期的数据得到的均为 NaN 值。

Code 5-27 展示了使用 rolling 函数生成一个 Rolling 对象，并指定窗口大小，可以使用求均值、求和、计数等一系列窗口的统计函数。其中调用了 Series 对象和 DataFrame 对象的 cumsum 函数计算累积和。本示例中仅给出了一个简单的示例图像，具体用 Matplotlib 库画图的方法将在第 8 章详细介绍。Rolling 对象能够利用的统计函数如表 5-3 所示。除了经典的统计函数外，用户可通过 apply 函数自定义统计函数（如 Code 5-28 所示），它要求从数组的各个片段中产生单一的值。

Code 5-27 通过 Rolling 对象进行统计运算

```
In  [1]:   s = pd.Series(np.random.randn(100),
                                    index = pd.date_range('1/1/2000', periods=100))
In  [2]:   s = s.cumsum()
In  [3]:   r = s.rolling(window= 10)
In  [4]:   r
Out [4]:   Rolling [window=10,center=False,axis=0]
In  [5]:   r.mean()[5:15]
Out [5]:   2000-01-06         NaN
           2000-01-07         NaN
           2000-01-08         NaN
           2000-01-09         NaN
           2000-01-10    3.442182
           2000-01-11    3.806517
           2000-01-12    4.154518
           2000-01-13    4.392298
           2000-01-14    4.360012
           2000-01-15    4.100243
           Freq: D, dtype: float64
In  [6]:   import matplotlib.pyplot as plt
In  [7]:   s.plot(style='k--')
In  [8]:   r.mean().plot(style='k')
In  [9]:   plt.show()
Out [9]:
In  [10]:   df = pd.DataFrame(np.random.randn(100, 4),
            index=pd.date_range('1/1/2000',
                                                    periods=100),
            columns=['A', 'B', 'C', 'D'])
In  [11]:   df = df.cumsum()
In  [12]:   df.rolling(window=5).count()[0:10]
Out [12]:                 A    B    C    D
            2000-01-01  1.0  1.0  1.0  1.0
```

```
             2000-01-02  2.0  2.0  2.0  2.0
             2000-01-03  3.0  3.0  3.0  3.0
             2000-01-04  4.0  4.0  4.0  4.0
             2000-01-05  5.0  5.0  5.0  5.0
             2000-01-06  5.0  5.0  5.0  5.0
             2000-01-07  5.0  5.0  5.0  5.0
             2000-01-08  5.0  5.0  5.0  5.0
             2000-01-09  5.0  5.0  5.0  5.0
             2000-01-10  5.0  5.0  5.0  5.0
In  [13]:    df.rolling(window=5).sum().plot(subplots=True)
In  [14]:    plt.show()
Out [14]:
```

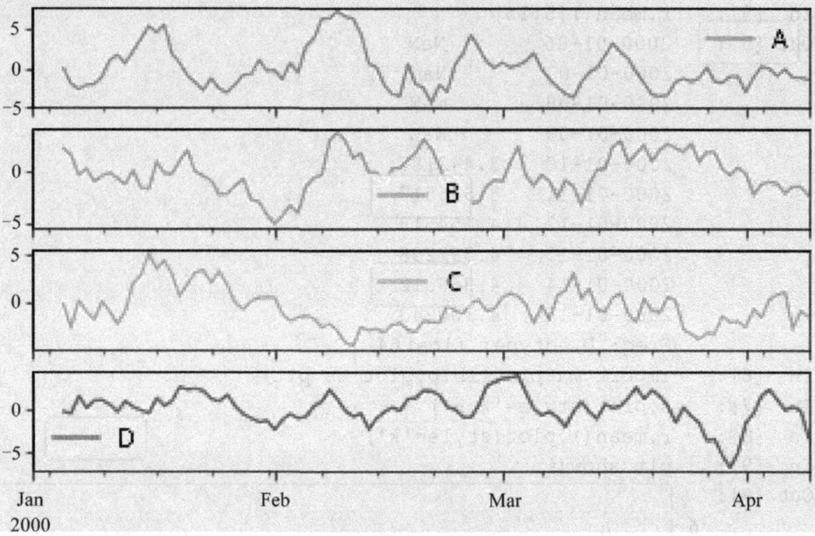

Code 5-28　通过 apply 函数自定义统计函数

```
In  [1]: df = pd.DataFrame(np.random.randn(100, 4),
                                   index=pd.date_range('1/1/2000', periods=100),
                                   columns=['A', 'B', 'C', 'D'])
In  [2]: df = df.cumsum()
In  [3]: def get_dur(win):
             return win.max()-win.min()
In  [4]: df.rolling(window= 5,min_periods = 2).apply(get_dur)[0:5]
Out [4]:                A          B          C          D
           2000-01-01      NaN        NaN        NaN        NaN
           2000-01-02  0.878200  0.715086  0.334314  0.529822
           2000-01-03  1.380826  1.357730  2.998010  0.529822
           2000-01-04  1.395683  2.118167  2.998010  0.529822
           2000-01-05  1.395683  2.118167  3.664276  1.200906
```

表 5-3　窗口对象的统计函数说明

函数	说明
count	移动窗口内非 NaN 值的数量
sum	移动窗口内的和
mean	移动窗口内的平均值
median	移动窗口内的中位数
min	移动窗口内的最小值

续表

函数	说明
max	移动窗口内的最大值
std	移动窗口内的无偏估计标准差（分母为 $n-1$）
var	移动窗口内的无偏估计方差（分母为 $n-1$）
skew	移动窗口内的偏度
kurt	移动窗口内的峰度
quantile	移动窗口内的指定分位数位置的值（传入的应该是[0,1]的值）
apply	在移动窗口内使用普通的数组函数（可以自定义）
cov	移动窗口内的协方差
corr	移动窗口内的相关系数

2. Expanding 对象

Expanding 对象产生的是扩展窗口，第 i 个窗口的大小为 i，可以将其看作特殊的 window 为数据长度、min_periods 为 1 的 Rolling 对象。Code 5-29 通过实例展示了 Expanding 对象与 Rolling 对象的关系。

Code 5-29 Expanding 对象与 Rolling 对象的关系

```
In  [1]: df = pd.DataFrame(np.random.randn(100, 4),
                 index=pd.date_range('1/1/2000', periods=100),
                 columns=['A', 'B', 'C', 'D'])
In  [2]: df = df.cumsum()
In  [3]: df.expanding().mean()[0:10]
Out [3]:                 A         B         C         D
         2000-01-01 1.321179 -0.536058 -0.111422 1.476260
         2000-01-02 0.882079 -0.893601 0.055735 1.211349
         2000-01-03 0.568171 -1.226996 0.999353 1.244115
         2000-01-04 0.407502 -1.583803 1.380664 1.214729
         2000-01-05 0.356421 -1.737582 1.815102 1.401252
         2000-01-06 0.432703 -1.734033 1.534664 1.553687
         2000-01-07 0.539809 -1.608736 1.378663 1.612745
         2000-01-08 0.745443 -1.607935 1.266380 1.565097
         2000-01-09 0.970083 -1.536245 1.279782 1.658089
         2000-01-10 1.042098 -1.371486 1.156417 1.793354
In  [4]: df.rolling(window= len(df) , min_periods=1).mean()[0:10]
Out [4]:                 A         B         C         D
         2000-01-01 1.321179 -0.536058 -0.111422 1.476260
         2000-01-02 0.882079 -0.893601 0.055735 1.211349
         2000-01-03 0.568171 -1.226996 0.999353 1.244115
         2000-01-04 0.407502 -1.583803 1.380664 1.214729
         2000-01-05 0.356421 -1.737582 1.815102 1.401252
         2000-01-06 0.432703 -1.734033 1.534664 1.553687
         2000-01-07 0.539809 -1.608736 1.378663 1.612745
         2000-01-08 0.745443 -1.607935 1.266380 1.565097
         2000-01-09 0.970083 -1.536245 1.279782 1.658089
         2000-01-10 1.042098 -1.371486 1.156417 1.793354
```

3. EWM 对象

EWM 对象产生的是指数加权窗口，其中需要定义衰减因子 α。有很多种定义衰减因子的方式，包括通过时间间隔（span）、质心（center of mass）、指数权重减少到一半需要的时间（half-life）定义，或者直接定义 α。各项指标的计算衰减因子的方式如下：

$$\alpha=\begin{cases}\dfrac{2}{s+1}, & \text{for span } s\geqslant 1\\ \dfrac{1}{1+c}, & \text{for center of mass } c\geqslant 0\\ 1-\exp^{\frac{\log 0.5}{h}}, & \text{for half-life } h>0\end{cases}$$

通过衰减因子计算权重的方式如下：

$$y_t=\frac{\sum_{i=0}^{t} w_i x_{t-i}}{\sum_{i=0}^{t} w_i},\ \ w_i=(1-\alpha)^i w_0$$

Code 5-30 所示为 EWM 对象得到衰减因子的不同方式的示例。

Code 5-30　EWM 对象得到衰减因子的不同方式

```
In  [1]: df = pd.DataFrame(np.random.randn(100, 4),
                           index=pd.date_range('1/1/2000', periods=100),
                           columns=['A', 'B', 'C', 'D'])
In  [2]: df = df.cumsum()
In  [3]: df.ewm(span= 3).mean()[0:5]
Out [3]:                      A         B         C         D
         2000-01-01  1.321179 -0.536058 -0.111422  1.476260
         2000-01-02  0.735712 -1.012782  0.111454  1.123045
         2000-01-03  0.281222 -1.516214  1.697245  1.229675
         2000-01-04  0.091502 -2.123153  2.138500  1.174687
         2000-01-05  0.122775 -2.241628  2.868489  1.676703
In  [4]: df.ewm(com=1).mean()[0:5]
Out [4]:                     A         B         C         D
         2000-01-01  1.321179 -0.536058 -0.111422  1.476260
         2000-01-02  0.882079 -0.893601  0.055735  1.211349
         2000-01-03  0.568171 -1.226996  0.999353  1.244115
         2000-01-04  0.407502 -1.583803  1.380664  1.214729
         2000-01-05  0.356421 -1.737582  1.815102  1.401252
         2000-01-06  0.432703 -1.734033  1.534664  1.553687
         2000-01-07  0.539809 -1.608736  1.378663  1.612745
         2000-01-08  0.745443 -1.607935  1.266380  1.565097
         2000-01-09  0.970083 -1.536245  1.279782  1.658089
         2000-01-10  1.042098 -1.371486  1.156417  1.793354
In  [4]: df.ewm(alpha=0.5).mean()[0:5]
Out [4]:                     A         B         C         D
         2000-01-01  1.321179 -0.536058 -0.111422  1.476260
         2000-01-02  0.735712 -1.012782  0.111454  1.123045
         2000-01-03  0.281222 -1.516214  1.697245  1.229675
         2000-01-04  0.091502 -2.123153  2.138500  1.174687
         2000-01-05  0.122775 -2.241628  2.868489  1.676703
         2000-01-09  0.970083 -1.536245  1.279782  1.658089
         2000-01-10  1.042098 -1.371486  1.156417  1.793354
```

由 Code 5-30 可知，定义参数时间间隔 span=3、质心 com=1 以及衰减因子 alpha=0.5 是等价的。

5.4 数学聚合和分组运算

对于 SQL 操作中的分组和聚合等操作，pandas 同样提供了类似的接口实现对数据集进行分组，并对每个组执行一定的操作的功能，即“group by”功能。

“group by”包括“split-apply-combine”3 个阶段，其中“split”阶段通过一些原则将数据分组；“apply”阶段，每个组分别执行一个函数，产生一个新值；“combine”阶段将各组的结果合并到最终对象。

对于拆分操作，pandas 对象（Series 对象或者 DataFrame 对象）根据提供的键在特定的轴上进行拆分。DataFrame 对象可以指定在 index 轴或者 columns 轴进行拆分。拆分键的形式如表 5-4 所示，其中以 Code 5-31 所创建的 DataFrame 对象为例，具体拆分效果在后文中展示。

表 5-4 拆分键的形式

组	拆分键的形式说明	示例	
1	和所选轴长度相同的数组（列表或者 NumPy 的 ndarray 对象，甚至 Series 对象）	Demo1	df.groupby(group_list).count() group_series = pd.Series(group_list)
2	DataFrame 对象中某个列名的值或者列名的列表	Demo2	df.groupby('a')
		Demo3	df.groupby(df['a']) # Demo2 和 Demo3 等价，df.groupby('a')是 df.groupby(df['a'])的简便形式
		Demo4	df.groupby(df.loc['one'],axis=1)

3	参数为 axis 的标签的函数	Demo5	def get_index_number(index):
			    if index in ['one','two']:
			        return 'small'
			    else :
			        return 'big'
			df.groupby(get_index_number)

		Demo6	def get_column_letter_group(column):
			    if column is 'a':
			        return 'group_a'
			    else :
			        return 'group_others'
			df.groupby(get_column_letter_group,
			    axis=1)

4	字典或者 Series 对象，给出 axis 的值与分组名之间的对应关系	Demo7	#该示例与 Demo1 的效果相同
			group_list = ['one','two','one','two','two']
			group_series = pd.Series(group_list,index = df.index)
			df.groupby(group_series)

5	组 1、2、3、4 的列表或者 NumPy 的 ndarray 对象	Demo8	df.groupby(['a','b'])

Code 5-31 创建表 5-4 的示例中所使用的 DataFrame 对象

```
In  [1]: df = DataFrame({'a':list('abcab'),
```

```
                    'b':['boy','girl','girl','boy','girl'],
                    'c':np.random.randn(5),
                    'd':np.random.randn(5)})
In  [2]: df
Out [2]:     a    b     c           d
         0   a    boy   1.576954    0.485627
         1   b    girl  -0.218261   1.112368
         2   c    girl  1.191002    -0.423385
         3   a    boy   0.214133    -1.142647
         4   b    girl  0.152979    1.369389
```

通过 groupby 函数将拆分键传入，同时可以指定其 axis，默认为 0，返回的是 pandas 的 GroupBy 对象，如 Code 5-32 所示。此时并未进行计算，我们可以查看 GroupBy 对象的属性和函数。通过查看其属性和函数，能够知道 GroupBy 对象可以进行哪些操作。GroupBy 对象的常用函数如表 5-5 所示，操作示例如 Code 5-33 所示。其中 GroupBy 对象的 group_list 属性是一个字典，其键名是组名。

Code 5-32　groupby 函数生成的 GroupBy 对象及简单的 count 函数示例

```
In  [1]: grouped = df.groupby('b')
In  [2]: grouped
Out [2]: <pandas.core.groupby.DataFrameGroupBy object at 0x1135a3550>
In  [3]: grouped.count()
Out [3]:        a   c   d
         b
         boy    2   2   2
         girl   3   3   3
```

Code 5-33　GroupBy 对象的操作示例

```
In  [1]: df.groupby(['a','b']).mean()
Out [1]:
         a  b   c           d
         a  boy -1.417004    -0.647835
         b  girl-1.384864    0.793963
         c  girl-0.308348    0.260999
In  [2]: group_list = ['one','two','one','two','two']
In  [3]: df.groupby(group_list).describe()
Out [3]:                 c          d
         one count  2.000000  2.000000
             mean   0.490311 -1.085794
             std    0.771839  1.200441
             min   -0.055461 -1.934634
             25%    0.217425 -1.510214
             50%    0.490311 -1.085794
             75%    0.763198 -0.661374
             max    1.036084 -0.236954
         two count  3.000000  3.000000
             mean   0.921424 -0.124803
             std    0.652764  0.795241
             min    0.170523 -1.004338
             25%    0.705364 -0.458946
             50%    1.240206  0.086446
             75%    1.296875  0.314965
             max    1.353543  0.543484
```

```
In [4]: df.groupby('b').head(2)
Out [4]:        a    b       c           d
         one    a    boy     1.211025    -0.054924
         two    b    girl    0.473504    -0.268221
         three  c    girl    0.761906    -0.087040
         four   a    boy     1.459757    1.140943
```

对于应用部分，主要实现以下 3 类操作。

- 聚合操作：对于每个组，经过计算得到一个概要性的统计值，例如求和、求平均等。
- 转换操作：对于每个组，经过计算得到和组的长度相同的一系列的值，例如对数据的标准化、填充 NaN 值等。
- 过滤操作：通过对每个组的计算，得到一个布尔类型的值并完成对组的筛选。例如，通过求组的平均值来筛选组，或者对每个组通过一定的条件进行筛选，如 Code 5-33 中的 In [4] 所示，筛选出每个组的前两行。

表 5-5 GroupBy 对象的常用函数说明

函数	说明
count	每个组中非 NaN 值的数量
sum/prod	每个组中非 NaN 值的和/积
mean	每个组中非 NaN 值的平均值
median	每个组中非 NaN 值的中位数
std/var	每个组中无偏估计的标准差/方差
min/max	每个组中非 NaN 值的最小值/最大值
first/last	每个组中第一个和最后一个非 NaN 值
quantile	每个组的样本分位数
describe	描述组内数据的基本统计量
size	计算每个组的规模（数量）
head	获取每个组前 *n* 行
fillna	填充每个组中为空的值
nth	若传入数字 *n*，则返回每个组的第 *n* 行。若传入的是一个数组，则每个组返回 *n* 行。若指定参数 as_index=False，则会返回第 *n* 个非 NaN 值

我们已经了解了 GroupBy 对象的常用函数，通过这些函数能完成很多操作。如果想通过自定义函数进行操作，可以调用 GroupBy 对象的 agg 函数、transform 函数和 apply 函数。它们都能通过自定义函数来完成“应用”操作，其中 agg 函数接收能将一维数组聚合为标量的函数。

5.4.1 agg 函数的聚合操作

除了 pandas 给出的 GroupBy 对象的聚合操作的接口（mean 函数、sum 函数等），还可以通过使用 GroupBy 对象的 agg（或者 aggregate）函数实现自定义函数，如 Code 5-34 所示。通过 agg 函数还可以实现一次性应用多个函数，如 Code 5-35 所示，分别完成了对 df 的 c 列和 d 列的自定义函数 dur（在 Code 5-34 中定义）和 mean 函数的聚合操作，每一列返回两个结果。

通过 agg 函数还可以实现对不同列使用不同的函数，如 Code 5-36 所示，将所得结果与 Code 5-35 的结果对比，发现对 c 列使用了自定义函数 dur（在 Code 5-34 中定义），对 d 列使用了 mean 函数。

Code 5-34　使用自定义函数进行聚合操作

```
In  [1]: def dur(arr):
             return arr.max()-arr.min()
In  [2]: df.groupby(df['b']).agg(dur)
Out [2]:        c         d
         b
         boy   0.248732  1.195867
         girl  1.786030  1.304943
```

Code 5-35　通过 agg 函数实现一次性进行多个聚合操作

```
In  [1]: df.groupby(df['b']).agg([dur,'mean'])
Out [1]:                  c                   d
                     dur       mean       dur       mean
         b
         boy   0.248732  1.335391  1.195867  0.543010
         girl  1.786030  0.070428  1.304943 -0.582415
```

Code 5-36　通过 agg 函数实现对不同列使用不同的函数

```
In  [1]: df.groupby(df['b']).agg(['c':dur, 'd':'mean'])
Out [1]:          c         d
         b
         boy   0.248732  0.543010
         girl  1.786030 -0.582415
```

5.4.2　transform 函数的转换操作

数据聚合会将一个函数应用到每个分组内，最终每个组会得到一个标量。但是 transform 函数会将一个函数应用到每个分组内，返回的结果的长度和原来的数据的长度相同，而不是每个组仅有一个结果。如果该函数作用于每个组，计算得到的是一个标量，则它会被广播出去，使同一个组的成员得到相同的值。Code 5-37 展示了 transform 函数的 mean 操作和普通的 mean 操作的不同，transform 函数得到的结果中属于同组的元素会有相同的值，结果对象的 index 与原来的 Dataframe 对象相同。transform 函数同样可以接收一个函数，返回与组的大小相同的结果或者一个可以广播给每个成员的标量，如 Code 5-38 所示。

Code 5-37　transform 函数的 mean 操作示例

```
In  [1]: df.groupby('b').transform('mean')
Out [1]:          c         d
         one    1.335391  0.543010
         two    0.070428 -0.582415
         three  0.070428 -0.582415
         four   1.335391  0.543010
         five   0.070428 -0.582415
In  [2]: df.groupby('b').mean()
Out [2]:        c         d
         b
         boy   1.335391  0.543010
         girl  0.070428 -0.582415
```

Code 5-38 transform 函数的自定义函数操作示例

```
In  [1]:  def demean(x):
              return x-x.mean()
In  [2]:  df.groupby('b').transform(demean)
Out [2]:           c         d
          one  -0.124366 -0.597933
          two   0.403075  0.314194
          three 0.691477  0.495375
          four  0.124366  0.597933
          five -1.094553 -0.809568
```

5.4.3 apply 函数的一般操作

agg 函数和 transform 函数可以通过某些约束的自定义函数来对 GroupBy 对象进行操作，但是有些操作可能不符合这两类函数的约束，此时则需要 apply 函数。apply 函数会将数据对象分成多个组，然后对每个组调用传入的函数，最后将其组合到一起，如 Code 5-39 所示。

Code 5-39 GroupBy 对象的 apply 函数的操作示例

```
In  [1]:  def get_top_n(grouped_df,n=1,column = 'c'):
              return grouped_df.sort_index(by = column)[-n:]
In  [2]:  df.groupby('b').apply(get_top_n)
Out [2]:                     a    b          c           d
          b
          boy  four          a  boy      1.459757    1.140943
          girl three         c  girl     0.761906   -0.087040
In  [3]:  df.groupby('b').apply(get_top_n,n=2,column = 'd')
Out [3]:              a    b          c         d
          b
          boy  one     a    boy      1.211025  -0.054924
               four    a    boy      1.459757   1.140943
          girl two     b    girl     0.473504  -0.268221
               three c      girl     0.761906  -0.087040
```

5.5 本章小结

本章介绍了使用 Python 进行数据分析的一个强有力工具包：pandas。pandas 使我们能够以一种易于理解的方式来处理数据。它可以让我们轻松地从文件中导入数据，以表格形式呈现。其中基础的 DataFrame 数据类型和我们熟悉的文件表格、数据库中的表格十分类似，并提供了一系列类 SQL 的操作。可以用它快速地对数据进行复杂的转换和过滤等操作。有人认为，它和 NumPy、Matplotlib 一起构成了 Python 数据探索和分析的强大基础，堪称 Python 数据分析的顶梁柱。本章对于 pandas 的介绍仅供基础入门，pandas 更多的功能待读者自己探索。

第6章 数据分析与知识发现——一些常用的方法

数据分析中包括4类经典算法：分类、关联、聚类、回归。此外，在数据分析领域中，异常检测也是一个十分重要的方面。本章将对4类算法进行理论上的阐述。

6.1 分类分析

分类是找出数据库中一组数据对象的共同特点并按照分类模式将其划分为不同的类，其目的是通过分类模型，将数据库中的数据项映射到某个给定的类别。现实生活中会遇到很多分类问题，例如经典的手写数字识别问题等。

分类学习是一类监督学习的问题，训练数据会包含其分类结果，根据分类结果可以分为以下几种。

- 二分类问题：是与非的判断，分类结果为两类，从中选择一个作为预测结果。
- 多分类问题：分类结果为多个类别，从中选择一个作为预测结果。
- 多标签分类问题：不同于前两者，多标签分类问题中一个样本可能有多个预测结果，或者有多个标签。多标签分类问题很常见，比如一部电影可以同时被分为动作片和犯罪片，一则新闻可以同时属于政治新闻和法律新闻等。

分类问题作为一个经典的问题，有很多经典模型产生并被广泛应用。就模型本质所能解决问题的角度来说，模型可以分为线性分类模型和非线性分类模型。

线性分类模型中，假设特征与分类结果存在线性关系，通常将样本特征进行线性组合，表达形式如下：

$$f(x)=w_1x_1+w_2x_2+\cdots+w_dx_d+b$$

表达成向量形式如下：

$$f(\boldsymbol{x})=\boldsymbol{w}\cdot\boldsymbol{x}+\boldsymbol{b}$$

其中，$\boldsymbol{w}=(w_1,w_2,\cdots,w_d)$。线性分类模型的算法是对 $\boldsymbol{w}$ 和 $\boldsymbol{b}$ 的学习，典型的算法包括逻辑回归（Logistic Regression）、线性判别分析（Linear Discriminant Analysis）。

当所给的样本线性不可分时，则需要非线性分类模型。非线性分类模型中的经典算法包括支持向量机（Support Vector Machine，SVM）、决策树（Decision Tree）、k 近邻（K-Nearest Neighbor，KNN）和朴素贝叶斯（Naïve Bayes）。下面对每种算法做一个简要的介绍，给读者一个直观感受。尽量不涉及公式的讲解，如果需要详细的推导过程，可以看一些别的详细介绍算法推导的书籍，推荐周志华的《机器学习》和李航的《统计学习方法》，都是十分经典的书籍。

6.1.1 逻辑回归

特征和最终分类结果表示为线性关系，但是得到的函数 f 是映射到整个实数域中的。分类问题，例如二分类问题，需要将 f 映射到 $\{0,1\}$ 空间，因此仍需要一个函数 g 来完成实数域到 $\{0,1\}$ 空间的映射。逻辑回归中的函数 g 就是 Logistic 函数。当 $g>0$ 时，输入特征向量 x 的预测结果为正，反之为负。

逻辑回归的优点是直接对分类概率（可能性）进行建模，无须事先假设数据分布。它是一个判别模型，并且 g 相当于对 x 为正样本的概率预测，对于一些任务可以得到更多信息。Logistic 函数本身也有很好的性质，是任意阶可导凸函数，许多数学方面的优化算法都会使用它。

6.1.2 线性判别分析

线性判别分析的思想是，针对训练集，将其投影到一条直线上，使得同类样本点尽量接近，异类样本点尽量远离。也就是说，同类样本计算得到的函数 f 比较相似，协方差较小，异类样本的中心间距离尽可能大，同时考虑两者可以得到线性判别分析的目标函数。

6.1.3 支持向量机

支持向量机的思想是，针对训练集，在样本空间中找到一个超平面以将不同类别的样本分开，并且使得所有的点都尽可能地远离超平面。但实际上离超平面很远的点都已被正确分类，我们所关心的是离超平面较近的点，它们是容易被误分类的点。如何使离得较近的点尽可能远离超平面，如何找到一个最优的超平面以及如何定义最优超平面是支持向量机需要解决的问题。我们所需要寻找的超平面应该对样本局部扰动的“容忍性”最好，即结果对于未知样本的预测更加准确。

我们可以定义超平面的方程如下：

$$\boldsymbol{w}\cdot x+b=0$$

其中 $\boldsymbol{w}$ 为超平面的法向量，b 为位移项。样本 i 到超平面的距离为 $\left|\boldsymbol{w}\cdot x^{(i)}+b\right|$。定义函数间隔 γ' 为：$\gamma'=y(\boldsymbol{w}\cdot x+b)$。其中，$y$ 是样本的分类标签（在支持向量机中使用 1 和−1 来表示），y 与 x 同号代表分类正确。但是函数间隔不能正常反应点到超平面的距离，当 $\boldsymbol{w}$ 和 b 成比例增加时，函数间隔也会成倍增长，所以加入对于法向量 $\boldsymbol{w}$ 的约束，这样可以得到几何间隔 $\gamma=\dfrac{y(\boldsymbol{w}\cdot x+b)}{||\boldsymbol{w}||_2}$。

支持向量机中寻找最优超平面的思想是使离超平面最近的点与超平面之间的距离尽量大。

如图 6-1 所示。如果所有样本不仅可以被超平面分开，还和超平面保持一定函数距离（图 6-1 中的函数距离为 1），这样的超平面为支持向量机中的最优超平面，和超平面保持一定函数距离的样本定义为支持向量。

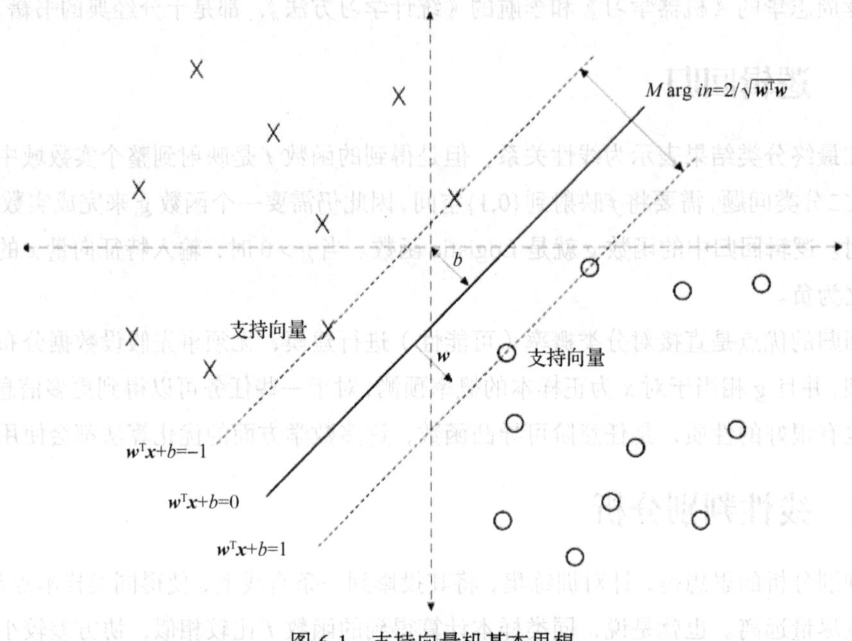

图 6-1　支持向量机基本思想

SVM 模型的目的是让所有点到超平面的距离大于一定的值，即所有的点要在各自类别的支持向量的两边，数学表达如下：

$$\max \gamma = \frac{y(\boldsymbol{w}\cdot\boldsymbol{x}+b)}{\|\boldsymbol{w}\|_2}, \text{s.t } y^{(i)}\left(\boldsymbol{w}\cdot x^{(i)}+b\right)=\gamma'^{(i)} \geqslant \gamma'(i=1,2,\cdots,n)$$

经过一系列推导，SVM 的优化目标等价于：

$$\min \frac{1}{\|\boldsymbol{w}\|_2}, \text{s.t } y^{(i)}\left(\boldsymbol{w}\cdot x^{(i)}+b\right) \geqslant 1(i=1,2,\cdots,n)$$

通过拉格朗日乘子法，可以将上述优化目标转化为无约束的优化函数：

$$L(\boldsymbol{w},b,\alpha)=\frac{1}{2}\|\boldsymbol{w}\|_2^2-\sum_{i=1}^{n}\alpha_i[y^{(i)}\left(\boldsymbol{w}\cdot x^{(i)}+b\right)-1]\text{，满足 }\alpha_i \geqslant 0$$

上述内容介绍了线性可分 SVM 的学习方法（即保证存在这样一个超平面使得样本数据可以被分开），但是对于非线性数据集，这样的数据集可能存在一些异常点，导致模型不能线性可分。这时可以利用线性 SVM 的软间隔最大化思想解决，具体方法请自行查阅。

6.1.4 决策树

决策树可以完成对样本的分类。它被看作对于“当前样本是否属于正类”这一问题的决策过程，模仿人类做决策时的处理机制，基于树的结果进行决策。例如，总的问题是在进行信用卡申请时估计一个人是否可以通过信用卡申请（分类结果为是与否），这可能需要其多方面特征，如年龄、是否有固定工作、历史信用评价（好或不好）等。人类在做类似的决策时会进行一系列子问题的判断，是否有固定工作；年龄属于青年、中年还是老年；历史信用评价是好还是不好。在决策树过程中，则会根据子问题的搭建构造中间节点，叶子节点则为总的问题的分类结果，即是否通过信用卡申请。

如图 6-2 所示，先判断“年龄”，如果年龄属于中年的话，判断“是否有房产”；如果没有房产，再判断“是否有固定工作”；如果有固定工作，则得到最终决策，通过信用卡申请。

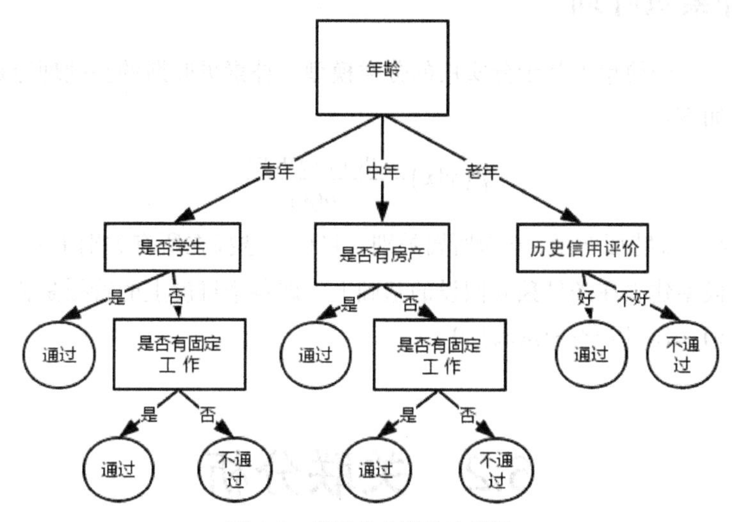

图 6-2　信用卡申请的决策树

以上为决策树的基本决策过程，决策过程的每个判定问题都是对属性的“测试”，例如“年龄”“历史信用评价”等。每个判定结果是最终结论或者下一个判定问题，考虑范围是上次判定结果的限定范围。

一般一棵决策树包含一个根节点、若干个中间节点和若干个叶子节点，叶子节点对应总的问题的决策结果，根节点和中间节点对应中间的属性判定问题。每经过一次划分得到符合该结果的一个样本子集，从而完成对样本集的划分过程。

决策树的生成过程是一个递归过程。决策树的构造过程中，当前节点所包含样本全部属于同一类时，这一个节点则可以作为叶子节点，递归返回；当前节点所有样本在所有属性上取值相同时，只能将其类型设为集合中含样本数最多的类别，这同时也实现了模糊分类的效果。

决策树学习主要是为了生成一棵泛化能力强的决策树，同一个问题和样本可能产生不同的决策树。如何评价决策树的好坏以及如何选择划分的属性是决策树学习需要考虑的，其目标是每一次划分使分支节点纯度尽量高，即样本尽可能属于同一个类别。度量纯度的指标有信息熵、增益率及基尼指数等。

6.1.5　*k* 近邻

k 近邻算法的工作机制是，给定测试集，基于某种距离计算训练集中与其最接近的 *k* 个训练样本，基于这 *k* 个样本的信息对测试样本的类别进行预测。对于 *k* 近邻算法，我们需要考虑

k 值的确定、距离计算公式的确定，以及 k 个样本对于测试样本的分类影响的确定。

前两者的确定需要根据实际情况考虑，分类影响最基本的思想是采用 k 个样本中样本最多的类别作为测试样本的类别，或者根据距离加入权重。

k 近邻算法与前面提到的算法都不太相同，它似乎无须训练，训练时间开销为 0，这一类的算法被称为“懒惰学习”。而样本需要在训练阶段进行处理的算法被称为“急切学习”。

6.1.6 朴素贝叶斯

朴素贝叶斯是一个简单但是十分实用的分类模型。朴素贝叶斯的基础理论是贝叶斯理论，贝叶斯理论公式如下：

$$p\left(y|\boldsymbol{x}\right)=\frac{p(\boldsymbol{x}\mid y)p(y)}{p(\boldsymbol{x})}$$

其中，$\boldsymbol{x}$ 代表 n 维特征向量，y 为所属类别，目标是选择在所有类别中 $p(y|\boldsymbol{x})$ 最大的。

朴素贝叶斯模型建立在条件独立假设的基础上，即各个维度上的特征是相互独立的，所以 $p\left(\boldsymbol{x}\mid y\right)=p\left(x_1\mid y\right)\times p\left(x_2\mid y\right)\times\cdots\times p(x_n\mid y)$。

6.2 关联分析

6.2.1 基本概念

关联规则是描述数据库中数据项之间所存在的关系的规则，即根据一个事务中某些项的出现可导出另一些项在同一事务中也出现，也就是隐藏在数据间的关联或相互关系。关联规则的学习属于无监督学习，实际生活中的应用很多，例如分析顾客超市购物记录，可以发现很多隐含的关联规则，如经典的啤酒和尿布问题。

1. 关联规则定义

首先给出一个项的集合 $I=\{I_1,I_2,\cdots,I_m\}$，关联规则是形如 $X\rightarrow Y$ 的蕴含式，其中 X、Y 属于 I，且 X 与 Y 的交集为空。

2. 指标定义

在关联规则挖掘中有 4 个重要的指标。

（1）置信度（Confidence）

定义：设 W 中支持物品集 A 的事务中有 c%的事务同时也支持物品集 B，c%称为关联规则 $A\rightarrow B$ 的置信度，即条件概率 $P(B\mid A)$。

实例说明：以上述的啤酒和尿布问题为例，置信度就回答了这样一个问题——如果一个顾客购买啤酒，那么他也购买尿布的可能性有多大呢？在上述例子中，购买啤酒的顾客中有 50%的顾客购买了尿布，所以置信度是 50%。

（2）支持度（Support）

定义：设 W 中有 s%的事务同时支持物品集 A 和 B，s%称为关联规则 $A \rightarrow B$ 的支持度。支持度描述了 A 和 B 这两个物品集的并集 C 在所有的事务中出现的概率，即 $P(A \cap B)$ 。

实例说明：某天，共有 100 个顾客到商场购买物品，其中有 15 个顾客同时购买了啤酒和尿布，那么上述的关联规则的支持度就是 15%。

（3）期望置信度（Expected Confidence）

定义：设 W 中有 e%的事务支持物品集 B，e%称为关联规则 $A \rightarrow B$ 的期望置信度。期望置信度是指单纯的物品集 B 在所有事务中出现的概率，即 $P(B)$。

实例说明：如果某天共有 100 个顾客到商场购买物品，其中有 25 个顾客购买了尿布，则上述的关联规则的期望置信度就是 25%。

（4）提升度（Lift）

定义：提升度是置信度与期望置信度的比值，反映了“物品集 A 的出现”对物品集 B 的出现概率造成了多大的影响。

实例说明：上述实例中，置信度为 50%，期望置信度为 25%，则上述的关联规则的提升度为 2（50%/25%）。

3. 关联规则挖掘定义

给定一个交易数据集 T，找出其中所有支持度大于等于最小支持度、置信度大于等于最小置信度的关联规则。

有一个简单而粗鲁的方法可以找出所需要的规则，即穷举项集的所有组合，并测试每个组合是否满足条件。一个元素个数为 n 的项集的组合个数为 2^{n-1}（除去空集），所需要的时间复杂度明显为 $O(2^n)$。对于普通的超市，其商品的项集数在 1 万以上，用指数时间复杂度的算法不能在可接受的时间内解决问题。怎样快速挖掘出满足条件的关联规则是关联挖掘需要解决的主要问题。

仔细想一下，我们会发现对于{啤酒→尿布}、{尿布→啤酒}这两个关联规则的支持度实际上只需要计算{尿布,啤酒}的支持度，即它们交集的支持度。于是我们把关联规则挖掘分如下两步进行。

- 生成频繁项集：这一阶段找出所有满足最小支持度的项集，找出的这些项集称为频繁项集。

- 生成强规则：在上一步产生的频繁项集的基础上生成满足最小置信度的规则，产生的规则称为强规则。

6.2.2 经典算法

对于挖掘数据集中的频繁项集，相关经典算法包括 Apriori 算法和 FP-Tree 算法，这两类算法都假设数据集是无序的。对于序列数据中频繁序列的挖掘，则有 PrefixSpan 算法。项集数据和序列数据的区别如图 6-3 所示。左边的数据集就是项集数据，在 Apriori 和 FP-Tree 算法中我们将了解它们，每个项集数据由若干项组成，这些项没有时间上的先后关系。而右边的序列数据则不一样，它是由若干数据项集组成的序列。比如第一个序列<a(abc)(ac)d(cf)>，它由 a、abc、ac、d、cf 共 5 个项集数据组成，并且这些项有时间上的先后关系。对于多于一个项的项集我们要加上圆括号，以便和其他的项集分开。同时，由于项集内部是不区分先后顺序的，为了方便数据处理，我们一般将序列数据内所有的项集内部按字母顺序排序。

项集数据

项集序号	项集
10	a, b, d
20	a, c, d
30	a, d, e
40	b, e, f

序列数据

序列序号	序列
10	<a(abc)(ac)d(cf)>
20	<(ad)c(bc)(ae)>
30	<(ef)(ab)(df)cb>
40	<eg(af)cbc>

图 6-3　项集数据和序列数据

1. Apriori 算法

Apriori 算法用于找出数据中频繁出现的数据集。为了减少频繁项集的生成时间，我们应该尽早地消除一些完全不可能是频繁项集的集合。Apriori 算法的基本思想基于两条定律。

Apriori 算法定律 1：如果一个集合是频繁项集，则它的所有子集都是频繁项集。

举例：假设一个集合$\{A,B\}$是频繁项集，即 A、B 同时出现在一条记录的次数大于等于最小支持度，则它的子集$\{A\}$、$\{B\}$出现的次数必定大于等于最小支持度，即它的子集都是频繁项集。

Apriori 算法定律 2：如果一个集合不是频繁项集，则它的所有超集都不是频繁项集。

举例：假设集合$\{A\}$不是频繁项集，即 A 出现的次数小于最小支持度，则它的任何超集（如$\{A,B\}$）出现的次数必定小于最小支持度，因此其超集必定也不是频繁项集。

利用这两条定律，我们可以抛掉很多的候选项集。Apriori 算法采用迭代的方法，先搜索出 1-项集（长度为 1 的项集）及对应的支持度，对支持度低于最小支持度的项进行剪枝，并对剪枝后的 1-项集进行排列组合，得到候选 2-项集；再次扫描数据库得到每个候选 2-项集的支持度，对支持度低于最小支持度的项进行剪枝，得到频繁 2-项集，以此类推进行迭代，直到没有频繁项集为止。算法流程如下。

输入：数据集 D，支持度阈值 α。

输出：最大的频繁 k-项集。

（1）扫描整个数据集，得到所有出现过的数据，作为候选频繁 1-项集。k=1，频繁 0-项集为空集。

（2）挖掘频繁 k-项集。

① 扫描数据，计算候选频繁 k-项集的支持度。

② 去除候选频繁 k-项集中支持度低于阈值的数据集，得到频繁 k-项集。如果得到的频繁 k-项集为空，则直接返回频繁 k−1 项集的集合作为算法结果，算法结束。如果得到的频繁 k-项集只有一项，则直接返回频繁 k-项集的集合作为算法结果，算法结束。

③ 基于频繁 k-项集，连接生成候选频繁 k+1 项集。

（3）令 $k=k+1$，转入步骤 2）。

从算法流程可以看出，Apriori 算法每轮迭代都要扫描数据集，因此在数据集很大、数据种类很多的时候，算法效率很低。

2. FP-Tree 算法

FP-Tree 算法同样用于挖掘频繁项集。其中引入了 3 部分内容来存储临时数据结构，如图 6-4 所示。首先是项头表，记录所有频繁 1-项集（支持度大于最小支持度的 1-项集）的出现次数，并按照次数进行降序排列。其次是 FP 树，将原始数据映射到内存，以树的形式存储。最后是节点链表，所有项头表里的频繁 1-项集都是一个节点链表的头，它依次指向 FP 树中该频繁 1-项集出现的位置，将 FP 树中所有出现相同项的节点串联起来。

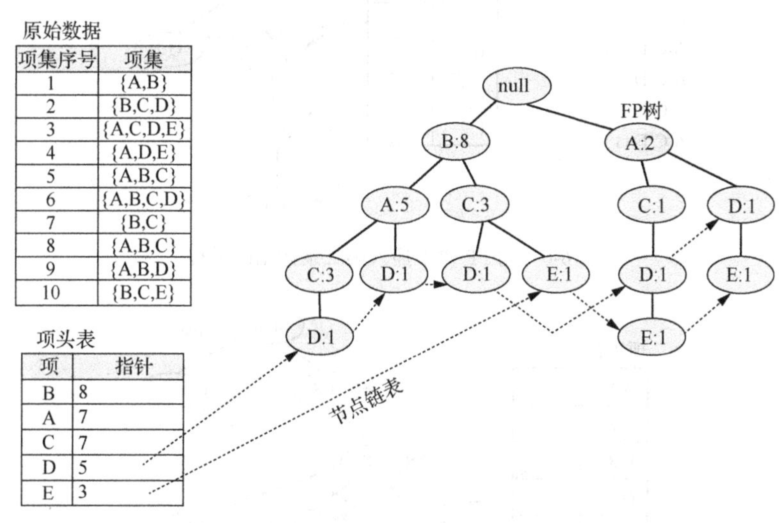

原始数据

项集序号	项集
1	{A,B}
2	{B,C,D}
3	{A,C,D,E}
4	{A,D,E}
5	{A,B,C}
6	{A,B,C,D}
7	{B,C}
8	{A,B,C}
9	{A,B,D}
10	{B,C,E}

项头表

项	指针
B	8
A	7
C	7
D	5
E	3

图 6-4　FP-Tree 算法的临时数据结构

FP-Tree 算法首先需要建立降序排列的项头表，然后根据项头表中节点的排列顺序对原始数据集中每条数据的节点进行排序并剔除非频繁项，得到排序后的数据集。具体过程如图 6-5 所示。

数据	项头表 支持度大于20%	排序后的数据集
A B C E F O	A:8	A C E B F
A C G	C:8	A C G
E I	E:8	E
A C D E G	G:5	A C E G D
A C E G L	B:2	A C E G
E J	D:2	E
A B C E F P	F:2	A C E B F
A C D		A C D
A C E G M		A C E G
A C E G N		A C E G

图 6-5　项头表及排序后的数据集

建立项头表并得到排序后的数据集后，建立 FP 树。FP 树的每个节点由项和次数两部分组成。逐条扫描数据集，将其插入 FP 树，插入规则为，每条数据中排名靠后的作为前一个节点的子节点，如果有公用的祖先，则对应的公用祖先节点计数加 1。插入后，如果有新节点出现，则项头表对应的节点会通过节点链表链接上新节点。所有的数据都插入 FP 树后，FP 树的建立完成。图 6-6 展示了向 FP 树中插入第二条数据的过程，图 6-7 所示为构建好的 FP 树。

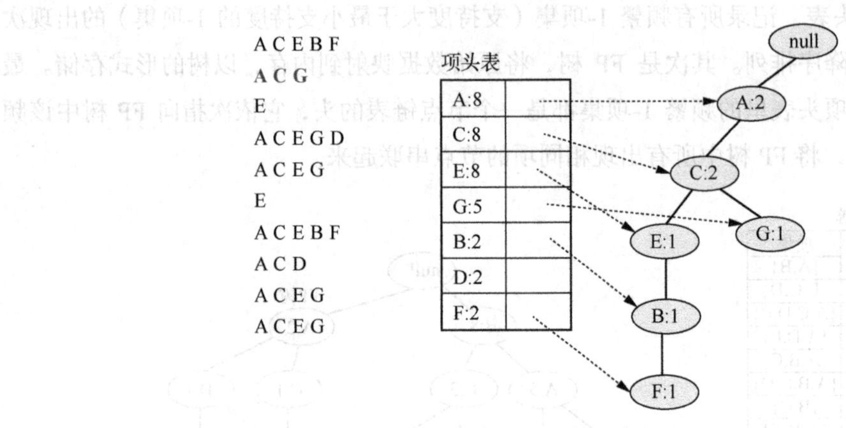

图 6-6　向 FP 树中插入第二条数据的过程

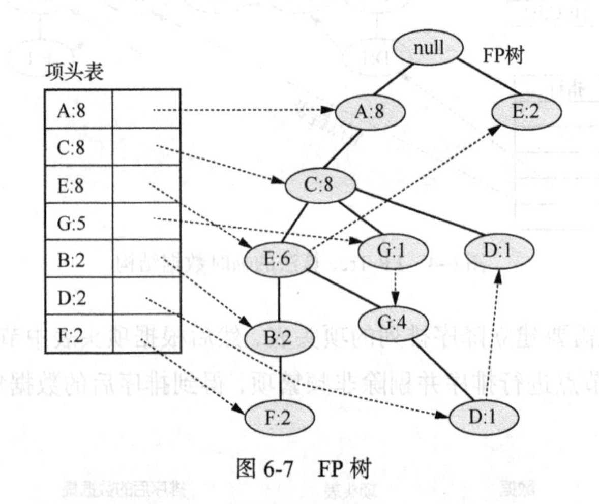

图 6-7　FP 树

得到 FP 树后，可以挖掘所有的频繁项集。从项头表底部开始，找到以该节点为叶子节点的子树，可以得到其条件模式基。基于条件模式基，可以递归发现所有包含该节点的频繁项集。以 D 节点为例，挖掘过程如图 6-8 所示。D 节点有两个叶子节点，因此首先得到的 FP 子树如图 6-8 左侧所示。接着将所有的祖先节点计数设置为叶子节点的计数，即变成{A:2, C:2,E:1 G:1,D:1, D:1}。此时 E 节点和 G 节点由于在条件模式基里面的支持度低于阈值而被删除了。最终在去除低支持度节点并不包括叶子节点后，D 节点的条件模式基为{A:2, C:2}，如图 6-8 右侧所示。通过它，我们很容易得到 D 节点的频繁 2-项集为{A:2,D:2}和{C:2,D:2}。递归合并频繁 2-项集，得到频繁 3-项集为{A:2,C:2,D:2}。D 节点对应的最大的频繁项集为频繁 3-项集。

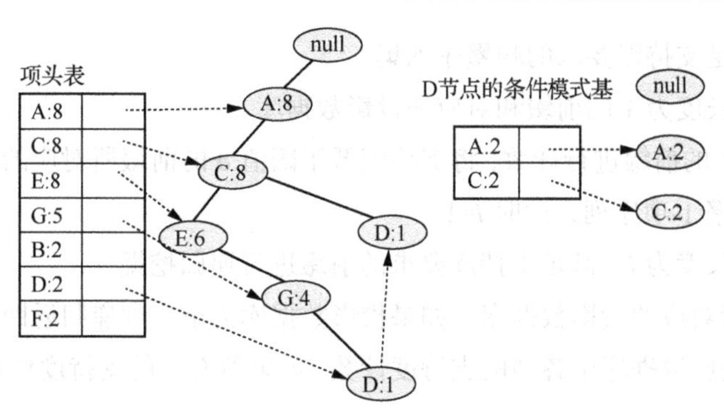

图 6-8　频繁项集挖掘过程

算法具体流程如下。

（1）首先扫描数据，得到所有频繁 1-项集的计数。然后删除支持度低于阈值的项，将频繁 1-项集放入项头表，并按照支持度降序排列。

（2）扫描数据，将读到的原始数据剔除非频繁 1-项集，并按照支持度降序排列。

（3）读入排序后的数据集，插入 FP 树。按照排序后的顺序进行插入，排序靠前的节点是祖先节点，而靠后的节点是子孙节点。如果有公用的祖先，则对应的公用祖先节点计数加 1。插入后，如果有新节点出现，则项头表对应的节点会通过节点链表链接上新节点。所有的数据都插入 FP 树后，FP 树的建立完成。

（4）从项头表的底部项依次向上找到项头表项对应的条件模式基。从条件模式基递归挖掘得到项头表项的频繁项集。

（5）如果不限制频繁项集的项数，则返回步骤（4）所有的频繁项集，否则只返回满足项数要求的频繁项集。

3. PrefixSpan 算法

PrefixSpan 算法是挖掘频繁序列的经典算法。子序列是指，如果某序列 A 的所有项集都能在序列 B 的项集中找到，则 A 是 B 的子序列。PrefixSpan 算法的全称是 Prefix-Projected Pattern Growth，即前缀投影的模式挖掘。这里的前缀投影指的是前缀对应于某序列的后缀。前缀和后缀的示例如图 6-9 所示。

序列 <a(abc)(ac)d(cf)> 的前缀和后缀的示例

前缀	后缀（前缀投影）
<a>	<(abc)(ac)d(cf)>
<aa>	<(_bc)(ac)d(cf)>
<ab>	<(_c)(ac)d(cf)>

图 6-9　前缀和后缀的示例

PrefixSpan 算法的思想是，首先从长度为 1 的前缀开始挖掘序列模式，搜索对应的投影数据库，得到长度为 1 的前缀所对应的频繁序列，然后递归地挖掘长度为 2 的前缀所对应的频繁序列。以此类推，一直递归到不能挖掘更长的前缀所对应的频繁序列为止。算法流程如下。

输入：序列数据集 S 和支持度阈值 α。

输出：所有满足支持度要求的频繁序列集。

（1）找出所有长度为 1 的前缀和对应的投影数据库。

（2）对长度为 1 的前缀进行计数，将支持度低于阈值 α 的前缀所对应的项从数据集 S 删除，同时得到所有的频繁 1-项序列，此时 i=1。

（3）对于每个长度为 i、满足支持度要求的前缀进行递归挖掘。

① 找出前缀所对应的投影数据库。如果投影数据库为空，则递归返回。

② 统计对应投影数据库中各项的支持度计数。如果所有项的支持度计数都低于阈值 α，则递归返回。

③ 将满足支持度计数的各个单项和当前的前缀进行合并，得到若干新的前缀。

④ 令 i=i+1，前缀为合并单项后的各个前缀，分别递归执行步骤（3）。

PrefixSpan 算法不用产生候选序列，且投影数据库缩小得很快，内存消耗比较稳定，进行频繁序列模式挖掘的时候效率很高。因此，比起其他的频繁序列挖掘算法，如 GSP、FreeSpan 等，PrefixSpan 算法有较大优势，在生产环境中经常被使用。

PrefixSpan 算法运行时最大的消耗在递归构造投影数据库。如果序列数据集较大，项数种类较多，算法运行速度会明显下降。可以使用伪投影计数等方法来对其进行改进。

6.3 聚类分析

聚类分析是典型的无监督学习任务，训练样本的标签信息未知，通过对无标签样本的学习揭示数据内在性质及规律，这个规律通常是样本间相似性的规律。聚类分析是把一组数据按照相似性和差异性分为几个类别，其目的是使得属于同一类别的数据间的相似性尽可能强，不同类别中的数据间的相似性尽可能弱。聚类试图将数据集样本划分为若干个不相交子集，这样划分出的子集可能有一些潜在规律和语义信息，但是其规律是事先未知的，概念语义和潜在规律是在得到类别后分析得到的。

聚类既可作为一个单独过程来寻找内部结构，作为分析者来分析其概念语义，也可作为其他学习任务的前驱过程，将相似的数据聚到一起。

6.3.1 *k* 均值算法

k 均值算法是最经典的聚类算法之一，基本思想就是给定样本集 $D=\{x_1,x_2,\cdots,x_m\}$，将样本划分得到 k 个簇 $C=\{C_1,C_2,\cdots,C_k\}$，使得所有样本到其聚类中心 $\boldsymbol{\mu}_i$ 的距离和 E 最小。形式化表示如下：

$$E=\sum_{i=1}^{k}\sum_{x\in C_i}\|\boldsymbol{x}-\boldsymbol{\mu}_i\|_2^2$$

其中，$\boldsymbol{\mu}_i$ 是簇 C_i 的均值向量，即 $\boldsymbol{\mu}_i=\frac{1}{|C_i|}\sum_{x\in C_i}x$。

但是 E 的最小化问题是一个 NP 难问题，所以 k 均值算法采用迭代优化的策略，即典型的 EM 算法。

k 均值算法实现过程如下。

（1）随机选取 k 个聚类中心。

（2）重复以下过程直至收敛。

① 对于每个样本计算其所属类别。

② 对于每个类重新计算聚类中心。

其中聚类中心个数 k 需要提前指定。

k 均值算法思想简单，应用广泛，但存在以下缺点。

（1）需要提前指定 k，但是在大多数情况下，k 的确定是困难的。

（2）k 均值算法对噪声和离群点比较敏感，可能需要一定的预处理。

（3）初始聚类中心的选择可能会导致算法陷入局部最优，而无法得到全局最优。

6.3.2 DBSCAN

具有噪声的基于密度的聚类算法（Density-Based Spatial Clustering of Applications with Noise，DBSCAN）是 1996 年提出的一种基于密度空间的数据聚类算法。该算法将具有足够密度的区域划分为簇，并在具有噪声的空间数据库中发现任意形状的簇，它将簇定义为密度相连的点的最大集合。

该算法将具有足够密度的点作为聚类中心，即核心点，不断对区域进行扩展。该算法利用基于密度的聚类的概念，即要求聚类空间的一定区域内所包含对象（点或其他空间对象）的数目不小于某一给定阈值。

DBSCAN 算法的实现过程如下。

（1）首先，通过检查数据集中每点的 *Eps* 邻域（半径 *Eps* 内的邻域）来搜索簇，如果点 p 的 *Eps* 邻域包含的点多于 *MinPts* 个，则创建一个以 p 为核心对象的簇。

（2）然后，迭代地聚集从这些核心对象直接密度可达的对象，这个过程可能涉及一些密度可达簇的合并（直接密度可达是指：给定一个对象集合 D，如果对象 p 在对象 q 的 *Eps* 邻域内，而 q 是一个核心对象，则称对象 p 为对象 q 直接密度可达的对象）。

（3）当没有新的点添加到任何簇时，该过程结束。

其中，*Eps* 和 *MinPts* 即我们需要指定的参数。

DBSCAN 算法的优点如下。

（1）聚类速度快且能够有效处理噪声和发现任意形状的空间聚类。

（2）与 k 均值算法相比，不需要输入要划分的聚类中心个数。

（3）聚类簇的形状没有偏倚。

（4）可以在需要时输入过滤噪声的参数。

DBSCAN 算法的缺点如下。

（1）当数据量增大时，要求较大的内存支持，且I/O 消耗也很大。

（2）当空间聚类的密度不均匀、聚类间距差相差很大时，聚类质量较差，因为这种情况下参数 *MinPts* 和 *Eps* 选取困难。

（3）算法聚类效果依赖于距离公式的选取，实际应用中常用欧氏距离，对于高维数据，存在“维数灾难”。

DBSCAN 算法的参数选取是一个值得探讨的话题，此处提供一个参数选取策略，供读者参考。

如实现过程中所描述的，DBSCAN 算法需要指定参数 *Eps* 和 *MinPts*，*Eps* 为邻域的半径，*MinPts* 为确定新对象时所要求的邻域内点的最小个数。两者之间存在着一些隐含关系。

DBSCAN 聚类使用一个 k-距离的概念，k-距离是指：给定数据集 $P=\{p(i); i=0,1,\cdots,n\}$，对于任意点 $p(i)$，计算点 $p(i)$到集合 D 的子集 $S=\{p(1), p(2),\cdots, p(i-1), p(i+1),\cdots, p(n)\}$中所有点之间的距离，距离按照从小到大的顺序排序。假设排序后的距离集合为 $D=\{d(1), d(2),\cdots, d(k-1), d(k), d(k+1),\cdots,d(n)\}$，则 $d(k)$就被称为 k-距离。也就是说，k-距离是点 $p(i)$到所有点（除了 $p(i)$点）之间距离第 k 近的距离。对聚类集合中每个点 $p(i)$都计算 k-距离，最后得到所有点的 k-距离集合 $E=\{e(1), e(2),\cdots, e(n)\}$。

根据经验计算半径 *Eps*：首先根据得到的所有点的 k-距离集合 E，对集合 E 进行升序排序后得到 k-距离集合 E'；然后拟合一条排序后的 E'集合中 k-距离的变化曲线图，绘出曲线；最后通过观察，将急剧发生变化的位置所对应的 k-距离的值，确定为半径 *Eps* 的值。

根据经验计算最少点的数量 *MinPts*：确定 *MinPts* 的大小，实际上也是确定 k-距离中 k 的值，如 DBSCAN 算法取 k=4，则 *MinPts*=4。

另外，如果对经验值聚类的结果不满意，可以适当调整 *Eps* 和 *MinPts* 的值，经过多次迭代计算对比，选择最合适的值。可以看出，如果 *MinPts* 不变，*Eps* 的值取得过大，会导致大多数点都聚到同一个簇中，*Eps* 过小，会导致一个簇的分裂；如果 *Eps* 不变，*MinPts* 的值取得过大，会导致同一个簇中点被标记为离群点，*MinPts* 过小，会导致出现大量的核心点。

我们需要知道的是，DBSCAN 算法，需要输入两个参数，这两个参数的计算都来自经验知识。半径 *Eps* 的计算依赖于 k-距离，DBSCAN 算法取 k=4，也就是设置 *MinPts*=4。然后需要通过 k-距离曲线，根据经验观察找到合适的半径 *Eps* 的值。

6.4 回归分析

回归分析算法反映的是事务数据库中属性值在时间上的特征，产生一个将数据项映射到一个实值预测变量的函数，发现变量或属性间的依赖关系。其主要研究问题包括数据序列的趋势特征、数据序列的预测以及数据间的相关关系等。

回归分析的目的在于了解变量间是否相关、相关方向和强度，并建立数学模型来进行预测。

回归问题，与分类问题相似，也是典型的监督学习问题。与分类问题的区别在于，分类问题预测的目标是离散变量，而回归问题预测的目标是连续变量。由于回归分析与线性分析有着很强的相似性，因此用于分类的经典算法经过一些改动就可以应用于回归分析。典型的回归分析模型包括：线性回归分析、支持向量回归、k 近邻回归等。

6.4.1　线性回归分析

线性回归分析与分类分析算法中的逻辑回归类似，逻辑回归将实数域的计算结果映射到分类结果，例如二分类问题需要将 f 映射到 $\{0,1\}$ 空间，引入 Logistic 函数。而在线性回归问题中，预测目标是实数域上的数值，因此优化目标更简单，即最小化预测结果与真实值之间的差异。样本数量为 m 的样本集，特征向量 $\boldsymbol{X}=\{x_1,x_2,\cdots,x_m\}$，对应的回归目标 $\boldsymbol{y}=\{y_1,y_2,\cdots,y_m\}$。线性回归用线性模型刻画特征向量 $\boldsymbol{X}$ 与回归目标 $\boldsymbol{y}$ 之间的关系：

$$f(x_i) = w_1 x_{i1} + w_2 x_{i2} + \cdots + w_n x_{in} + b \text{，使得 } f(x_i) \cong y_i$$

关于 $\boldsymbol{w}$ 和 b 的确定，其目标是使 $f(x_i)$ 和 y_i 的差别尽可能小。如何衡量两者之间的差别？在回归任务中最常用的标准为均方误差。基于均方误差最小化的模型求解方法称为最小二乘法，即找到一条直线使样本到直线的欧氏距离最小。基于此思想，损失函数 L 可以被定义为：

$$L(\boldsymbol{w},b)=\sum_{i=1}^{m}(y_i-\boldsymbol{w}^{\mathrm{T}}x_i-b)^2$$

求解 $\boldsymbol{w}$、b 使得损失函数最小化的过程，称为线性回归模型的最小二乘“参数估计”。

以上则为最简单形式的线性模型，但是可以有一些变化，可以加入一个可微函数 g，使得 $\boldsymbol{y}$ 和 $f(\boldsymbol{x})$ 之间存在非线性关系，形式如下：

$$y_i = g^{-1}(\boldsymbol{w}^{\mathrm{T}}x_i+b)$$

这样的模型被称为广义线性模型，函数 g 被称为联系函数。

6.4.2　支持向量回归

支持向量回归与传统回归模型不同的是，传统回归模型通常直接基于 $\boldsymbol{y}$ 和 $f(\boldsymbol{x})$ 之间的差别来计算损失，当 $f(\boldsymbol{x})=\boldsymbol{y}$ 时，损失为 0。而支持向量回归，对于 $f(\boldsymbol{x})$ 和 $\boldsymbol{y}$ 之间的差别有一定的容忍度，可以容忍 ϵ 的偏差。所以当 $f(\boldsymbol{x})$ 和 $\boldsymbol{y}$ 之间的偏差小于 ϵ，偏差就不被考虑。这相当于以 $f(\boldsymbol{x})$ 为中心构建了一个宽度为 2ϵ 的间隔带，落入此间隔带的样本被认为预测正确。

6.4.3　k 近邻回归

用于回归的 k 近邻算法与用于分类的 k 近邻算法类似，通过找出一个样本的 k 个最近邻居，将这些邻居的回归目标的平均值赋给该样本，就可以预测出该样本的回归目标值。进一步地，可以将不同距离的邻居对该样本产生的影响给予不同的权重，距离越近影响越大，如权重与距离成正比。

6.5 本章小结

本章又回归对数据分析过程中一些理论知识以及方法的介绍，包括了数据分析中四类经典算法：分类算法、关联分析算法、聚类算法、回归算法。它们分别对应不同的问题和使用场景，希望读者在阅读本章之后，能够在实际运用场景中合理利用相应的算法解决问题。下一章则会针对这些理论算法，利用 Python 中另一个重要的工具包 scikit-learn 介绍相应的实现。

第 7 章 scikit-learn——实现数据的分析

SciPy 是一个常用的开源 Python 科学计算库，众多开发者针对不同领域的特性发展了众多的 SciPy 分支，统称为 scikits。其中又以 scikit-learn 最为著名，其常常被运用在数据挖掘建模以及机器学习领域。scikit-learn 所支持的算法、模型均是经过广泛验证的，涵盖分类、回归、聚类 3 大类。scikit-learn 也提供数据降维、模型选择与数据预处理的功能。

7.1 分类方法

7.1.1 逻辑回归

scikit-learn 中逻辑回归在 linear_model.LogisticRegression 类中实现，它支持二分类、一对多分类以及多项式回归，并且可以选择 L1 或 L2 正则化。

Code 7-1 使用 scikit-learn 内自带的 iris 数据集演示了如何利用 LogisticRegression 类进行训练、预测。LogisticRegression 类中提供了 liblinear、newton-cg、lbfgs、sag 和 saga 共 5 种优化方案，声明时通过 solver 参数选择，其中 liblinear 是默认选项。solver 参数的选择，大概遵循表 7-1 所示的规则。

Code 7-1　逻辑回归分类示例

```
In  [1]: import numpy as np
         from sklearn import linear_model,datasets
In  [2]: iris = datasets.load_iris()
         X = iris.data
         Y = iris.target
In  [3]: log_reg = linear_model.LogisticRegression()
         log_reg.fit(X,Y)
Out [3]: LogisticRegression(C=1.0,class_weight=None,dual=False,
                    fit_intercept=True,intercept_scaling=1,max_iter=100,
                    multi_class='ovr',n_jobs=1,penalty='l2',
                    random_state=None,solver='liblinear', tol=0.0001,
                    verbose=0, warm_start=False)
In  [4]: log_reg.predict([1,2,3,4])
Out [4]: array([2])
```

表 7-1　逻辑回归 solver 参数的选择

场景	求解器
L1 正则化	liblinear，saga
多项式损失	lbfgs，sag，saga，newton-cg
大数据集	sag，saga

liblinear 应用了坐标下降算法（Coordinate Descent，CD），并基于 scikit-learn 内附的高性能 C++的 liblinear 库实现。不过，CD 算法训练的模型不是真正意义上的多分类模型，而是基于一对多分类分解了这个优化问题，为每个类别都训练了一个二元分类器。

lbfgs、sag 和 newton-cg 的 solvers（求解器）只支持 L2 惩罚项，对某些高维数据收敛更快。将这些求解器的参数 multi_class 设为 multinomial 即可训练一个真正的多项式逻辑回归,其预测的概率比默认的一对多分类设定更为准确。

sag 求解器基于随机平均梯度下降算法（Stochastic Average Gradient Descent），其在大数据集上的收敛速度更快。大数据集指样本量大且特征数多。

saga 求解器是 sag 求解器的变体，它支持非平滑的 L1 正则选项，即 penalty=l1。因此，对于稀疏多项式逻辑回归，往往选用 saga 求解器。

7.1.2　支持向量机

SVC、NuSVC、LinearSVC 都能够实现多元分类，其中 SVC 与 NuSVC 比较类似，但两者参数略有不同。而 LinearSVC 如其名字所示，仅支持线性核函数的分类。Code 7-2 仍以 iris 数据集为例，演示 3 者的基本操作。

Code 7-2　SVC、NuSVC、LinearSVC 分类示例

```
In  [1]: import numpy as np
         from sklearn import svm,datasets
In  [2]: iris = datasets.load_iris()
         X = iris.data
         Y = iris.target
In  [3]: clf1 = svm.SVC()
         clf2 = svm.NuSVC()
         clf3 = svm.LinearSVC()
In  [4]: clf1.fit(X,Y)
Out [4]: SVC(C=1.0, cache_size=200, class_weight=None, coef0=0.0,
             decision_function_shape=None, degree=3, gamma='auto',
             kernel='rbf',max_iter=-1, probability=False, random_state=None,
             shrinking=True,tol=0.001, verbose=False)
In  [5]: clf2.fit(X,Y)
Out [5]: NuSVC(cache_size=200, class_weight=None, coef0=0.0,
             decision_function_shape=None, degree=3, gamma='auto',
             kernel='rbf',max_iter=-1, nu=0.5, probability=False,
             random_state=None,shrinking=True, tol=0.001, verbose=False)
In  [6]: clf3.fit(X,Y)
Out [6]: LinearSVC(C=1.0, class_weight=None, dual=True, fit_intercept=True,
              intercept_scaling=1, loss='squared_hinge', max_iter=1000,
              multi_class='ovr', penalty='l2', random_state=None, tol=0.0001,
```

```
              verbose=0)
In  [7]:  clf1.predict([1,2,3,4])
Out [7]:  array([2])
In  [8]:  clf2.predict([1,2,3,4])
Out [8]:  array([2])
In  [9]:  clf3.predict([1,2,3,4])
Out [9]:  array([2])
```

对于多元分类问题，SVC 与 NuSVC 可以通过 decision_function_shape 参数来声明选择 ovo 或 ovr 以使用一对一或一对多策略（默认值为 ovr），而 LinearSVC 可以通过 multi_class 参数选择 ovr 或 crammer_singer 以使用一对多或“Crammer&Singer”策略。

在拟合以后，可以通过 support_vectors_、support_和 n_support 这 3 个参数来获得模型的支持向量（LinearSVC 不支持）。Code 7-2 中 clf1 的支持向量如 Code 7-3 所示。

Code 7-3　用 3 个参数获取 clf1 的支持向量

```
In  [10]:  clf1.support_vectors_
Out [10]:  array([[ 4.3,  3. ,  1.1,  0.1],
                  …,
                  [ 5.9,  3. ,  5.1,  1.8]])
In  [11]:  clf1.support_
Out [10]:  array([13,15,18,23,24,41,44,50,52,54,56,57,60,63,66,68,70,72,76,77,
                  78,83,84,85,86,98,100,106,110,118,119,121,123,126,127,129,
                  131, 133, 134,138, 141, 142, 146, 147, 149], dtype=int32)
In  [12]:  clf1.n_support
Out [12]:  array([ 7, 19, 19], dtype=int32)
```

support_vectors_参数获取支持向量机的全部支持向量，support_参数获取支持向量的索引，n_support 参数获取每一个类别的支持向量的数量。

7.1.3　最近邻

scikit-learn 实现了两种不同的最近邻分类器：KNeighborsClassifier 与 RadiusNeighbors Classifier。KNeighborsClassifier 基于每个查询点的 k 个最近邻实现，其中 k 是用户指定的整数。RadiusNeighborsClassifier 基于每个查询点的固定半径 r 内的邻居数量实现，其中 r 是用户指定的浮点数。两者相比，KNeighborsClassifier 应用得更多。Code 7-4 所示为一个简单的最近邻分类示例。

Code 7-4　最近邻分类示例

```
In  [1]:  import numpy as np
          from sklearn import neighbors, datasets
In  [2]:  iris = datasets.load_iris()
          X = iris.data
          Y = iris.target
In  [3]:  kclf = neighbors.KNeighborsClassifier()
          rclf = neighbors.RadiusNeighborsClassifier()
In  [4]:  kclf.fit(X,Y)
Out [4]:  KNeighborsClassifier(algorithm='auto', leaf_size=30, metric='minkowski',
                     metric_params=None, n_jobs=1, n_neighbors=5, p=2,
                     weights='uniform')
In  [5]:  rclf.fit(X,Y)
Out [5]:  RadiusNeighborsClassifier(algorithm='auto',leaf_size=30,
```

```
                    metric='minkowski',metric_params=None,
                    outlier_label=None,p=2, radius=1.0,weights='uniform')
In  [6]: kclf.predict([[1,2,3,4]])
Out [6]: array([1])
In  [7]: rclf.predict([[1,2,3,4]])
Out [7]: array([1])
```

对于两种最近邻分类器，用户可以分别通过 n_neighbors 与 radius 两个参数来设置 k 与 r 的值。KNeighborsClassifier 的 k 值的选择与数据相关，较大的 k 值能够减少噪声的影响，但是过大的话会影响分类的效果。

通过 weights 参数可以对最近邻进行加权，默认为 uniform，即各个“邻居”权重相等；也可声明为 distance，即按照距离给各个“邻居”赋予权重，较近点产生的影响更大；还可声明为一个用户自定义的函数给最近邻加权。

通过 algorithm 参数能够指定查找最近邻所用的算法，可选的值有 ball_tree、kd_tree、brute 和 auto，分别对应 ball tree、kd-tree、brute force search 以及自动。

7.1.4 决策树

scikit-learn 用 tree.DecisionTreeClassifier 类实现了决策树（Decision Tree）分类，它支持多分类，其示例如 Code 7-5 所示。

Code 7-5 决策树分类示例

```
In  [1]: import numpy as np
         from sklearn import tree, datasets
In  [2]: iris = datasets.load_iris()
         X = iris.data
         Y = iris.target
In  [3]: clf = tree.DecisionTreeClassifier()
         clf.fit(X,Y)
Out [3]: DecisionTreeClassifier(class_weight=None,criterion='gini',
            max_depth=None,max_features=None,
            max_leaf_nodes=None,min_impurity_split=1e-07,
            min_samples_leaf=1,min_samples_split=2,
            min_weight_fraction_leaf=0.0,presort=False,
            random_state=None, splitter='best')
In  [4]: clf.predict([[1,2,3,4]])
Out [4]: array([2])
```

7.1.5 随机梯度下降

scikit-learn 中 linear_model.SGDClassifier 类实现了简单的随机梯度下降分类，用于拟合线性模型，支持不同的损失函数（Loss Functions）和分类处罚（Penalties for Classification），其示例如 Code 7-6 所示。

Code 7-6 随机梯度下降分类示例

```
In  [1]: import numpy as np
         from sklearn import linear_model, datasets
In  [2]: iris = datasets.load_iris()
         X = iris.data
```

```
         Y = iris.target
In  [3]: clf = linear_model.SGDClassifier
         clf.fit(X,Y)
Out [3]: SGDClassifier(alpha=0.0001, average=False, class_weight=None,
                epsilon=0.1,eta0=0.0, fit_intercept=True, l1_ratio=0.15,
                learning_rate='optimal', loss='hinge', n_iter=5, n_jobs=1,
                penalty='l2', power_t=0.5, random_state=None, shuffle=True,
                verbose=0, warm_start=False)
In  [4]: clf.predict([[1,2,3,4]])
Out [4]: array([2])
```

在使用 SGDClassifier 时，需要预先打乱训练数据，或在声明时将 shuffle 参数设置为 True（默认值为 True）以在每次迭代后打乱数据。

通过 loss 参数来设置损失函数，可选的值有 hinge、modified_huber 以及 log（默认值为 hinge），分别对应软间隔支持向量机（Soft-margin SVM）、平滑 Hinge 和逻辑回归。其中 hinge 与 modified_huber 是惰性的，能够提高训练效率。

通过 class_weight 参数能够设置分类权重。默认所有类别权重相等，均为 1。使用时可以用形如“{类别：权重}”的字典指明权重，或将 class-weight 属性声明为 balance 以自动设置各类权重与其出现概率成反比。

7.1.6 高斯过程分类

gaussian_process.GaussianProcessClassifier 类实现了一个用于分类的高斯过程，其示例如 Code 7-7 所示。

Code 7-7 高斯过程分类示例

```
In  [1]: import numpy as np
         from sklearn import gaussian_process, datasets
In  [2]: iris = datasets.load_iris()
         X = iris.data
         Y = iris.target
In  [3]: clf = gaussian_process. GaussianProcessClassifier()
         clf.fit(X,Y)
Out [3]: GaussianProcessClassifier(copy_X_train=True, kernel=None,
                   max_iter_predict=100, multi_class='one_vs_rest',
                   n_jobs=1, n_restarts_optimizer=0,
                   optimizer='fmin_l_bfgs_b', random_state=None,
                   warm_start=False)
In  [4]: clf.predict([[1,2,3,4]])
Out [4]: array([2])
```

高斯过程分类支持多元分类，支持 ovr 与 ovo 策略（默认值为 ovr）。在 ovr 策略中，每个类都训练一个二元高斯过程分类器，以将该类与其余类分开；而在 ovo 策略中，每两个类训练一个二元高斯过程分类器，以将两个类分开。对于高斯过程分类，ovo 策略可能在计算上更高效，但是不支持预测概率估计。

7.1.7 多层感知器

neural_network.MLPClassifier 类实现了通过反向传播进行训练的多层感知器（Multilayer

Perceptron，MLP）算法，其示例如 Code 7-8 所示。

Code 7-8　MLP 分类示例

```
In  [1]: import numpy as np
         from sklearn import neural_network, datasets
In  [2]: iris = datasets.load_iris()
         X = iris.data
         Y = iris.target
In  [3]: clf = neural_network.MLPClassifier(hidden_)
         clf.fit(X,Y)
Out [3]: MLPClassifier(activation='relu', alpha=0.0001, batch_size='auto',
                beta_1=0.9,beta_2=0.999, early_stopping=False, epsilon=1e-08,
                hidden_layer_sizes=(100,), learning_rate='constant',
                learning_rate_init=0.001, max_iter=200, momentum=0.9,
                nesterovs_momentum=True, power_t=0.5,
                random_state=None,shuffle=True, solver='adam', tol=0.0001,
                validation_fraction=0.1,verbose=False, warm_start=False)
In  [4]: clf.predict([[1,2,3,4]])
Out [4]: array([2])
In  [5]: clf.predict_proba([[1,2,3,4]])
Out [5]: array([[ 0.0017448 ,  0.00269137,  0.99556383]])
```

hidden_layer_sizes 参数可以用一个元组声明中间层的单元数，元组的每一项为中间层各层的单元数（默认值为一层中间层、100 个单元）。

目前，MLPClassifier 只支持交叉熵损失函数，通过运行 predict_proba 方法进行概率估计。MLP 算法使用的是反向传播的方式，通过反向传播计算得到的梯度和某种形式的梯度下降算法来进行训练。对于分类来说，它最小化交叉熵损失函数，为每个样本给出一个向量形式的概率估计，如 Code 7-8 中 Out [5]所示。

7.1.8　朴素贝叶斯

scikit-learn 支持高斯朴素贝叶斯、多项分布朴素贝叶斯与伯努利朴素贝叶斯算法，分别由 naive_bayes.GaussianNB、naive_bayes.MultinomialNB 与 naive_bayes.BernoulliNB 这 3 个类实现。朴素贝叶斯示例如 Code 7-9 所示。

Code 7-9　朴素贝叶斯分类示例

```
In  [1]: import numpy as np
         from sklearn import naive_bayes, datasets
In  [2]: iris = datasets.load_iris()
         X = iris.data
         Y = iris.target
In  [3]: gnb = naive_bayes.GaussianNB()
         mnb = naive_bayes.MultinomialNB()
         bnb = naive_bayes.BernoulliNB()
In  [4]: gnb.fit(X,Y)
Out [4]: GaussianNB(priors=None)
In  [5]: mnb.fit(X,Y)
Out [5]: MultinomialNB(alpha=1.0, class_prior=None, fit_prior=True)
In  [6]: bnb.fit(X,Y)
Out [6]: BernoulliNB(alpha=1.0, binarize=0.0, class_prior=None, fit_prior=True)
In  [7]: gnb.predict([[1,2,3,4]])
```

```
Out [7]:  array([2])
In  [8]:  mnb.predict([[1,2,3,4]])
Out [8]:  array([2])
In  [9]:  bnb.predict([[1,2,3,4]])
Out [9]:  array([2])
```

MultinomialNB、BernoulliNB 和 GaussianNB 还提供了 partial_fit 方法，该方法用于动态地加载数据以解决大数据集的问题。与 fit 方法不同，首次调用 partial_fit 方法时需要传递一个所有期望的类标签的列表。

7.2　回归方法

7.2.1　最小二乘法

linear_model.LinearRegression 类实现了普通的最小二乘法，其示例如 Code 7-10 所示。

Code 7-10　最小二乘法示例

```
In  [1]:  import numpy as np
          from sklearn import linear_model, datasets
In  [2]:  diabetes = datasets.load_diabetes()
          X = diabetes.data
          Y = diabetes.target
In  [3]:  reg = linear_model.LinearRegression()
          reg.fit(X,Y)
Out [3]:  LinearRegression(copy_X=True,fit_intercept=True,n_jobs=1,
                  normalize=False)
In  [4]:  reg.coef_
Out [4]:  array([ -10.01219782, -239.81908937,  519.83978679,  324.39042769,
                -792.18416163, 476.74583782, 101.04457032,  177.06417623,
                 751.27932109,   67.62538639])
```

本例中使用自带的 diabetes 数据集，此数据集含有 442 条数据。

7.2.2　岭回归

linear_model.Ridge 类实现了岭回归，通过对系数的大小施加惩罚来改进普通的最小二乘法，其示例如 Code 7-11 所示。

Code 7-11　岭回归示例

```
In  [1]:  import numpy as np
          from sklearn import linear_model, datasets
In  [2]:  diabetes = datasets.load_diabetes()
          X = diabetes.data
          Y = diabetes.target
In  [3]:  rid = linear_model.Ridge()
          rid.fit(X,Y)
Out [3]:  Ridge(alpha=1.0, copy_X=True, fit_intercept=True, max_iter=None,
              normalize=False, random_state=None, solver='auto', tol=0.001)
In  [4]:  rid.coef_
```

```
Out [4]:  array([ 29.46574564, -83.15488546, 306.35162706, 201.62943384,
                  5.90936896,  -29.51592665, -152.04046539, 117.31171538,
                  262.94499533,  111.878718  ])
```

Ridge 类有 6 种优化方案，通过 solver 参数指定，可选择 auto、svd、cholesky、lsqr、sparse_cg、sag 或 saga，默认值为 auto，即自动选择。

7.2.3 Lasso 回归

Lasso 模型是估计稀疏系数的线性模型。它在某些情况下是有用的，因为它倾向于具有较少参数的情况，有效地减少所依赖变量的数量。scikit-learn 实现的 linear_model.Lasso 类使用了坐标下降算法来拟合系数，其示例如 Code 7-12 所示。

Code 7-12　Lasso 示例

```
In  [1]:  import numpy as np
          from sklearn import linear_model, datasets
In  [2]:  diabetes = datasets.load_diabetes()
          X = diabetes.data
          Y = diabetes.target
In  [3]:  las = linear_model.Lasso()
          las.fit(X,Y)
Out [3]:  Lasso(alpha=1.0, copy_X=True, fit_intercept=True,max_iter=1000,
                normalize=False,positive=False,precompute=False,
                random_state=None,selection='cyclic',tol=0.0001,
                warm_start=False)
In  [4]:  las.coef_
Out [4]:  array([ 0, -0., 367.70185207, 6.30190419, 0., 0., -0., 0., 307.6057, 0.])
```

scikit-learn 中也有一个使用最小角回归（Least Angle Regression，LARS）算法的 Lasso 模型，其示例如 Code 7-13 所示。

Code 7-13　LassoLars 示例

```
In  [1]:  import numpy as np
          from sklearn import linear_model, datasets
In  [2]:  diabetes = datasets.load_diabetes()
          X = diabetes.data
          Y = diabetes.target
In  [3]:  larlas = linear_model.LassoLars()
          larlas.fit(X,Y)
Out [3]:  LassoLars(alpha=1.0, copy_X=True, eps=2.220446049250313le-16,
                   fit_intercept=True, fit_path=True, max_iter=500, normalize=True,
                   positive=False, precompute='auto', verbose=False)
In  [4]:  larlas.coef_
Out [4]:  array([0.,0.,367.69961855,6.31274948,0.,0.,0.,0.,307.60242913,0.])
```

7.2.4 贝叶斯岭回归

linear_model.BayesianRidge 类实现了贝叶斯岭回归，能在回归问题的估计过程中引入参数正则化，得到的模型与传统的岭回归也比较相似，其示例如 Code 7-14 所示。

Code 7-14 贝叶斯岭回归示例

```
In  [1]: import numpy as np
         from sklearn import linear_model, datasets
In  [2]: diabetes = datasets.load_diabetes()
         X = diabetes.data
         Y = diabetes.target
In  [3]: byr = linear_model.BayesianRidge
         byr.fit(X,Y)
Out [3]: BayesianRidge(alpha_1=1e-06, alpha_2=1e-06, compute_score=False,
               copy_X=True,fit_intercept=True,lambda_1=1e-06,
               lambda_2=1e-06, n_iter=300,normalize=False, tol=0.001,
               verbose=False)
In  [4]: byr.coef_
Out [4]: array([-4.2352425, -226.33093567, 513.46816685, 314.91003904,
               -182.28443825, -4.36973384, -159.20264426, 114.63609758,
               506.824866, 76.25520655])
```

由于贝叶斯框架，贝叶斯岭回归得到的权重与普通的最小二乘法得到的权重有所区别。但是，贝叶斯岭回归对“病态”问题的鲁棒性相对要更好一些。

7.2.5 决策树回归

决策树用于回归问题时与用于分类问题时类似。scikit-learn 中 tree.DecisionTreeRegressor 类实现了一个用于回归的决策树模型，其示例如 Code 7-15 所示。

Code 7-15 决策树回归示例

```
In  [1]: import numpy as np
         from sklearn import tree, datasets
In  [2]: diabetes = datasets.load_diabetes()
         X = diabetes.data
         Y = diabetes.target
In  [3]: reg = tree.DecisionTreeRegressor()
         reg.fit(X,Y)
Out [3]: DecisionTreeRegressor(criterion='mse', max_depth=None,
                     max_features=None,max_leaf_nodes=None,
                     min_impurity_split=1e-07,min_samples_leaf=1,
                     min_samples_split=2,min_weight_fraction_leaf=0.0,
                     presort=False, random_state=None,plitter='best')
In  [4]: reg.predict([[0,1,2,3,4,5,6,7,8,9]])
Out [4]: array([ 279.])
```

7.2.6 高斯过程回归

gaussian_process.GaussianProcessRegressor 类实现了一个用于回归问题的高斯过程，其示例如 Code 7-16 所示。

Code 7-16 高斯过程回归示例

```
In  [1]: import numpy as np
         from sklearn import gaussian_process, datasets
In  [2]: diabetes = datasets.load_diabetes()
         X = diabetes.data
```

```
        Y = diabetes.target
In  [3]: gpr = gaussian_process. GaussianProcessRegressor()
         gpr.fit(X,Y)
Out [3]: GaussianProcessRegressor(alpha=1e-10, copy_X_train=True,
                kernel=None,n_restarts_optimizer=0,
                normalize_y=False,optimizer='fmin_l_bfgs_b',
                random_state=None)
In  [4]: gpr.predict([[0,1,2,3,4,5,6,7,8,9]])
Out [4]: array([ -6.86424900e-53])
```

7.2.7 最近邻回归

与最近邻分类一样，scikit-learn 也实现了两种最近邻回归。KNeighborsRegressor 与 RadiusNeighborsRegressor 分别基于每个查询点的 k 个最近邻、每个查询点的固定半径 r 内的“邻居”数量实现，其示例如 Code 7-17 所示。

Code 7-17 最近邻回归示例

```
In  [1]: import numpy as np
         from sklearn import neighbors, datasets
In  [2]: diabetes = datasets.load_diabetes()
         X = diabetes.data
         Y = diabetes.target
In  [3]: kreg = neighbors.KNeighborsRegressor()
         rreg = neighbors.RadiusNeighborsRegressor()
In  [4]: kreg.fit(X,Y)
Out [4]: KNeighborsRegressor(algorithm='auto', leaf_size=30,
              metric='minkowski',metric_params=None, n_jobs=1,
              n_neighbors=5, p=2,weights='uniform')
In  [5]: rreg.fit(X,Y)
Out [5]: RadiusNeighborsRegressor(algorithm='auto', leaf_size=30,
                metric='minkowski',metric_params=None, p=2,
                radius=1.0, weights='uniform')
In  [6]: kreg.kneighbors_graph(X).toarray()
Out [6]: array([[ 1.,  0.,  1., ...,  0.,  0.,  0.],
            [ 0.,  1.,  0., ...,  0.,  0.,  0.],
            [ 1.,  0.,  1., ...,  0.,  0.,  0.],
            ...,
            [ 0.,  0.,  0., ...,  1.,  0.,  0.],
            [ 0.,  0.,  0., ...,  0.,  1.,  0.],
            [ 0.,  0.,  0., ...,  0.,  0.,  1.]])
In  [7]: rreg.radius_neighbors_graph (X).toarray()
Out [7]: array([[ 1.,  1.,  1., ...,  1.,  1.,  1.],
            [ 1.,  1.,  1., ...,  1.,  1.,  1.],
            [ 1.,  1.,  1., ...,  1.,  1.,  1.],
            ...,
            [ 1.,  1.,  1., ...,  1.,  1.,  1.],
            [ 1.,  1.,  1., ...,  1.,  1.,  1.],
            [ 1.,  1.,  1., ...,  1.,  1.,  1.]])
```

与最近邻分类器类似，用户也可以通过 n_neighbors 与 radius 两个参数来设置 k 与 r 的值。通过 weights 参数对最近邻进行加权，选择 uniform、distance 或直接自定义一个函数。

7.3 聚类方法

7.3.1 *k* 均值

scikit-learn 中有两个类实现了 *k* 均值算法。其中，cluster.KMeans 类实现了一般的 *k* 均值算法；cluster.MiniBatchKMeans 类实现了 *k* 均值算法的小批量变体，在每一次迭代的时候进行随机抽样，减少了计算量，减少了计算时间，而最终聚类结果比起一般的 *k* 均值算法仅略有不同，差别不大，其示例如 Code 7-18 所示。

Code 7-18 *k* 均值聚类示例

```
In  [1]: import numpy as np
         from sklearn import cluster, datasets
In  [2]: irist = datasets.load_iris()
         X = iris.data
In  [3]: kms = cluster.KMeans()
         mbk = cluster.MiniBatchKMeans()
In  [4]: kms.fit(X)
Out [4]: KMeans(algorithm='auto', copy_x=True, init='k-means++', max_iter=300,
             n_clusters=8, n_init=10, n_jobs=1, precompute_distances='auto',
             random_state=None, tol=0.0001, verbose=0)
In  [5]: mbk.fit(X)
Out [5]: MiniBatchKMeans(batch_size=100, compute_labels=True,
                 init='k-means++', init_size=None, max_iter=100,
                 max_no_improvement=10, n_clusters=8,
                 n_init=3, random_state=None, reassignment_ratio=0.01,
                 tol=0.0,verbose=0)
In  [6]: kms.cluster_centers_
Out [6]: array([[ 6.46666667,  2.98333333,  4.6       ,  1.42777778],
                [ 5.26538462,  3.68076923,  1.50384615,  0.29230769],
                [ 7.475     ,  3.125     ,  6.3       ,  2.05      ],
                [ 5.675     ,  2.8125    ,  4.24375   ,  1.33125   ],
                [ 6.56818182,  3.08636364,  5.53636364,  2.16363636],
                [ 4.725     ,  3.13333333,  1.42083333,  0.19166667],
                [ 5.39230769,  2.43846154,  3.65384615,  1.12307692],
                [ 6.03684211,  2.70526316,  5.        ,  1.77894737]])
In  [7]: mbk.cluster_centers_
Out [7]: array([[ 5.15596708,  3.53744856,  1.5345679 ,  0.28683128],
                [ 6.55851852,  3.05037037,  5.49481481,  2.13888889],
                [ 5.5016129 ,  2.58548387,  3.90870968,  1.20225806],
                [ 6.31748466,  2.93067485,  4.58588957,  1.45122699],
                [ 7.45238095,  3.12789116,  6.28707483,  2.06394558],
                [ 4.70839161,  3.10524476,  1.40524476,  0.18776224],
                [ 5.5325    ,  4.03125   ,  1.4675    ,  0.29      ],
                [ 5.95478723,  2.74734043,  5.00265957,  1.8       ]])
```

两种 *k* 均值算法类在使用时都需要通过 n_clusters 参数指定聚类的个数，如不指定则默认为 8。

给定足够的时间，*k* 均值算法总能够收敛，但有可能得到的是局部最小值，而质心初始化的方法将对结果产生较大的影响。通过 init 参数可以指定聚类质心的初始化方法。其默认值为 k-means++，它表示使用一种比较智能的方法进行初始化，各个初始化质心彼此相距较远，这能加快收敛速度。也可选择 random 或指定为一个 ndarray 对象，即初始化为随机的质心或直接初始化为一个用户自定义的质心。指定 n_init 参数也可能改善结果。算法将初始化“n_init”次，并选择结果最好的一次作为最终结果（默认为 3 次）。

另外，在使用 cluster.KMeans 时，通过 n_jobs 参数能指定该模型使用的处理器个数。若为正值，则使用“n_jobs”个处理器。若为负值，-1 代表使用全部处理器，-2 代表除了某个处理器以外全部使用，-3 代表除了某两个处理器以外全部使用，以此类推。

7.3.2 相似性传播

相似性传播（Affinity Propagation，AP）算法通过在样本对之间发送信息（吸引信息与归属信息）直到收敛来创建聚类，它使用少量示例样本作为聚类中心。scikit-learn 中使用 cluster.AffinityPropagation 类实现了 AP 算法，其示例如 Code 7-19 所示。

Code 7-19 AP 聚类示例

```
In  [1]: import numpy as np
         from sklearn import cluster, datasets
In  [2]: irist = datasets.load_iris()
         X = iris.data
In  [3]: ap = cluster.AffinityPropagation()
         ap.fit(X)
Out [3]: AffinityPropagation(affinity='euclidean', convergence_iter=15,
                   copy=True, damping=0.5, max_iter=200, preference=None,
                   verbose=False)
In  [4]: ap.cluster_centers_
Out [4]: array([[ 4.7,  3.2,  1.3,  0.2],
               [ 5.3,  3.7,  1.5,  0.2],
               [ 6.5,  2.8,  4.6,  1.5],
               [ 5.6,  2.5,  3.9,  1.1],
               [ 6. ,  2.7,  5.1,  1.6],
               [ 7.6,  3. ,  6.6,  2.1],
               [ 6.8,  3. ,  5.5,  2.1]])
```

AffinityPropagation 类有 3 个比较关键的参数：affinity、damping 与 preference。affinity 参数设置相似度度量方式，支持 precomputed 和 euclidean 两种，对应预先计算与欧几里得；damping 参数设置阻尼因子，可以设置为 0.5～1 的浮点数，减少信息以防止更新信息时引起的数据振荡；preference 参数设置一个向量，代表对各个点的偏好，值越高的点越可能被选为样本。

7.3.3 均值漂移

均值漂移（Mean-Shift）算法与 k 均值算法一样也是基于质心的算法，但是此算法会自动设定聚类个数，其示例如 Code 7-20 所示。

Code 7-20 Mean-Shift 聚类示例

```
In  [1]: import numpy as np
         from sklearn import cluster, datasets
```

```
In  [2]:  irist = datasets.load_iris()
          X = iris.data
In  [3]:  ms = cluster.MeanShift()
          ms.fit(X)
Out [3]:  MeanShift(bandwidth=None, bin_seeding=False, cluster_all=True,
               min_bin_freq=1,n_jobs=1, seeds=None)
In  [4]:  ms.cluster_centers_
Out [4]:  array([[ 6.21142857,  2.89285714,  4.85285714,  1.67285714],
               [ 5.01632653,  3.44081633,  1.46734694,  0.24285714]])
```

Mean-Shift 算法不是高度可扩展的，因为在执行算法期间需要执行多个最近邻搜索。此算法收敛，但是当质心的变化较小时，会直接停止迭代。声明 MeanShift 类时可以用 bandwidth 参数设置一个浮点数的“带宽”以选择搜索区域，若不设定，则默认使用 sklearn.cluster.estimate_bandwidth 这一自带的评估函数。

7.3.4　谱聚类

谱聚类（Spectral Clustering，SC）算法可视为 *k* 均值算法的低维版，适用于聚类较少的情况，其示例如 Code 7-21 所示。

Code 7-21　谱聚类示例

```
In  [1]:  import numpy as np
          from sklearn import cluster, datasets
In  [2]:  irist = datasets.load_iris()
          X = iris.data
In  [3]:  sc = cluster.SpectralClustering ()
          sc.fit(X)
Out [3]:  SpectralClustering(affinity='rbf', assign_labels='kmeans', coef0=1,
                  degree=3,eigen_solver=None, eigen_tol=0.0, gamma=1.0,
                  kernel_params=None,n_clusters=8, n_init=10, n_jobs=1,
                  n_neighbors=10,andom_state=None)
In  [4]:  sc.labels_
Out [4]:  array([2, 4, 4, 4, 2, 2, 4, 2, 4, 4, 2, 4, 4, 4, 2, 2, 2, 2, 2, 2, 2, 2, 4,
               2, 4, 4, 2, 2, 2, 4, 4, 2, 2, 2, 4, 4, 2, 4, 4, 2, 2, 4, 4, 2, 2, 4,
               2, 4, 2, 4, 5, 5, 5, 1, 5, 1, 5, 7, 5, 1, 7, 1, 1, 5, 1, 5, 1, 1, 1,
               1, 3, 1, 3, 5, 5, 5, 5, 5, 1, 7, 7, 7, 1, 3, 1, 5, 5, 5, 1, 1, 1, 5,
               1, 7, 1, 1, 1, 5, 7, 1, 0, 3, 0, 0, 0, 6, 1, 6, 0, 6, 0, 3, 0, 3, 3,
               0, 0, 6, 6, 3, 0, 3, 6, 3, 0, 6, 3, 3, 0, 6, 6, 6, 0, 3, 3, 6, 0, 0,
               3, 0, 0, 0, 3, 0, 0, 0, 3, 0, 0, 3], dtype=int32)
```

可以设置 assign_labels 参数以使用不同的分配策略。默认的参数值 kmeans 表示可以匹配更精细的数据细节，但是可能更加不稳定。且除非设置 random_state，否则可能由于随机初始化而无法复现运行的结果。而使用 discretize 策略则是一定能复现的，但往往会产生过于均匀的几何边缘。

7.3.5　层次聚类

层次聚类（Hierarchical Clustering，HC）算法是一个常用的聚类算法，它将数据进行不断地分割或合并来构建聚类。Cluster.AgglomerativeClustering 类实现了自下而上的层次聚类，由单个对象的聚类逐渐合并得到最终聚类，其示例如 Code 7-22 所示。

Code 7-22 层次聚类示例

```
In  [1]: import numpy as np
         from sklearn import cluster, datasets
In  [2]: irist = datasets.load_iris()
         X = iris.data
In  [3]: ag = cluster.AgglomerativeClustering()
         ag.fit(X)
Out [3]: AgglomerativeClustering(affinity='euclidean', compute_full_tree='auto',
                 connectivity=None, linkage='ward',
                 memory=Memory(cachedir=None), n_clusters=2,
                 pooling_func=<function mean at 0x10cf20ae8>)
In  [4]: ag.labels_
Out [4]: array([1, 1, 1, 1, 1, 1, 1, 1, 1, 1, 1, 1, 1, 1, 1, 1, 1, 1, 1, 1, 1, 1, 1,
                1, 1, 1, 1, 1, 1, 1, 1, 1, 1, 1, 1, 1, 1, 1, 1, 1, 1, 1, 1, 1, 1, 1,
                1, 1, 1, 1, 0, 0, 0, 0, 0, 0, 0, 0, 0, 0, 0, 0, 0, 0, 0, 0, 0, 0, 0,
                0, 0, 0, 0, 0, 0, 0, 0, 0, 0, 0, 0, 0, 0, 0, 0, 0, 0, 0, 0, 0, 0, 0,
                0, 0, 0, 0, 0, 0, 0, 0, 0, 0, 0, 0, 0, 0, 0, 0, 0, 0, 0, 0, 0, 0, 0,
                0, 0, 0, 0, 0, 0, 0, 0, 0, 0, 0, 0, 0, 0, 0, 0, 0, 0, 0, 0, 0, 0, 0,
                0, 0, 0, 0, 0, 0, 0, 0, 0, 0, 0, 0])
```

利用 n_clusters 参数可以指定聚类个数，默认为 2。linkage 参数用于指定合并的策略，可选择 ward、complete 或 average。其中，ward 为默认值，它最小化所有聚类内的平方差总和，是一种方差最小化的优化策略，与 k 均值算法的目标函数相似；complete 最小化聚类对两个样本之间的最大距离；average 最小化两个聚类中样本距离的平均值。

AgglomerativeClustering 类也支持使用连接矩阵（Connectivity Matrix）标明每个样本的相邻项，从而增加连接约束，只对相邻的聚类进行合并。在某些问题中，这样做能够取得更好的局部结构，使结果更加合理。

7.3.6 DBSCAN

DBSCAN 算法将聚类视为被低密度区域分隔的高密度区域。其核心概念是 Core Samples，即位于高密度区域的样本。因此，一个聚类可视为一组核心样本和一组接近核心样本的非核心样本，其中核心样本之间彼此接近。DBSCAN 聚类示例如 Code 7-23 所示。

Code 7-23 DBSCAN 聚类示例

```
In  [1]: import numpy as np
         from sklearn import cluster, datasets
In  [2]: irist = datasets.load_iris()
         X = iris.data
In  [3]: db = cluster.DBSCAN()
         db.fit(X)
Out [3]: DBSCAN(algorithm='auto', eps=0.5, leaf_size=30, metric='euclidean',
             min_samples=5, n_jobs=1, p=None)
In  [4]: db.labels_
Out [4]: array([ 0, 0, 0, 0, 0, 0, 0, 0, 0, 0, 0, 0, 0, 0, 0, 0, 0,0, 0, 0, 0, 0,
                0, 0, 0, 0, 0, 0, 0, 0, 0, 0, 0,0, 0, 0, 0, 0, 0, 0,-1, 0, 0,
                0, 0, 0, 0, 0, 0, 1,1, 1, 1, 1, 1, 1,-1, 1, 1,-1, 1, 1, 1, 1, 1,
```

```
1, 1,-1, 1, 1, 1, 1, 1, 1, 1, 1, 1, 1, 1, 1, 1, 1, 1, 1,1, 1,-1,
1, 1, 1, 1, 1,-1, 1, 1, 1, 1,-1, 1, 1, 1,1, 1, 1,-1,-1, 1, -1, -1,
1, 1, 1, 1, 1, 1, 1,-1,-1,1, 1, 1,-1, 1, 1, 1, 1, 1, 1, 1, 1,-1,
1, 1,-1,-1, 1, 1, 1, 1, 1, 1, 1, 1, 1, 1, 1, 1, 1, 1])
```

min_samples 与 eps 两个参数决定了 DBSCAN 的“密度”，较大的 min_samples 或者较小的 eps 表示形成聚类所需的密度较高。eps 指的是两个点能被视为“邻居”的最大距离；min_samples 指的是一个点被视为核心，所需要的最少“邻居”数量。

algorithm 参数指定了在计算“邻居”时所用的算法，与最近邻算法一样，可选的值有 ball_tree、kd_tree、brute 和 auto。

7.3.7 BIRCH

基于层次结构的平衡迭代聚类方法（Balanced Iterative Reducing and Clustering using Hierarchies，BIRCH）为提供的数据构建一棵聚类特征树（Cluster Feature Tree，CFT）。数据实质上被有损压缩成一组聚类特征节点（CF Nodes）。节点中有一部分子聚类被称为聚类特征子聚类（CF Subclusters），并且这些位于非终端位置的聚类特征子聚类可以拥有聚类特征节点作为子节点。BIRCH 聚类示例如 Code 7-24 所示。

Code 7-24 BIRCH 聚类示例

```
In  [1]:  import numpy as np
          from sklearn import cluster, datasets
In  [2]:  irist = datasets.load_iris()
          X = iris.data
In  [3]:  bir = cluster.Birch()
          bir.fit(X)
Out [3]:  Birch(branching_factor=50, compute_labels=True, copy=True,
                n_clusters=3,threshold=0.5)
In  [4]:  bir.labels_
Out [4]:  array([2, 2, 2, 2, 2, 2, 2, 2, 2, 2, 2, 2, 2, 2, 2, 2, 2, 2, 2, 2, 2, 2, 2,
                2, 2, 2, 2, 2, 2, 2, 2, 2, 2, 2, 2, 2, 2, 2, 2, 2, 2, 2, 2, 2, 2,
                2, 2, 2, 2, 0, 0, 0, 1, 0, 0, 0, 1, 0, 1, 1, 0, 1, 0, 1, 0, 0, 1, 0,
                1, 0, 1, 0, 0, 0, 0, 0, 0, 0, 1, 1, 1, 1, 0, 0, 0, 0, 0, 1, 1, 1, 0,
                1, 1, 1, 1, 1, 0, 1, 1, 0, 0, 0, 0, 0, 0, 1, 0, 0, 0, 0, 0, 0, 0, 0,
                0, 0, 0, 0, 0, 0, 0, 0, 0, 0, 0, 0, 0, 0, 0, 0, 0, 0, 0, 0, 0, 0, 0,
                0, 0, 0, 0, 0, 0, 0, 0, 0, 0, 0, 0])
```

该算法有两个重要参数：branching_factor（分支因子）和 threshold（阈值）。分支因子限制了一个节点中的子集群的数量，阈值限制了新加入的样本和存在与现有子集群中样本的最大距离。

该算法可以视为将一个实例或者数据简化的方法，可以直接从 CFT 的叶子节点中获取一组子聚类。这种简化的数据可以通过全局聚类来处理。全局聚类可以通过 n_clusters 参数来设置。如果将其设置为 None，将直接读取叶子节点中的子聚类。否则，将逐步标记其子聚类到全局聚类，样本将被映射到距离最近的子聚类的全局聚类。

7.4 本章小结

本章利用 Python 中的工具包 scikit-learn，对于上一章介绍的基本方法做了 scikit-learn 的实现。由本章的介绍可知， scikit-learn 涵盖了几乎所有主流机器学习算法，是一个可以帮助我们高效实现算法应用的工具包。合理地利用工具包，可以帮助我们高效率地进行数据分析，相比从头实现算法稳定性更强，效率更高。scikit-learn 正是这样一个经过大众验证，可以利用的工具。

第 8 章 Matplotlib——交互式图表绘制

Matplotlib 是利用 Python 进行数据分析的一个重要的可视化工具。利用 Matplotlib，只需少量的代码，用户就能够绘制多种高质量的 2D、3D 图形。作为 Matplotlib 的关键模块，pyplot 提供了诸多接口，能够快速构建多种图表，例如函数图像、直方图、散点图等。pyplot 和 MATLAB 的画图接口非常相似，因此熟悉 MATLAB 的数据分析人员几乎可以直接上手使用它。同时，由于 pyplot 的画图方式简单清晰，对于初次接触数据分析的学习者，学习成本也是较低的。由于篇幅限制，本章仅对 Matplotlib 中的基本概念和常用接口进行介绍，读者可以阅读官方提供的详细文档来了解详细的信息及更复杂的示例。

8.1 基本布局对象

在 Matplotlib 中，figure 对象是所有图表绘制的基础。一切图表元素，包括点、线、图例、坐标等，都是包含在 figure 对象中的。在 figure 对象的基础之上，可以构建多个 axes，将一个 figure 对象切分成多个区域，展示不同的图表对象。例如，我们需要建立一个 figure 对象，它拥有 2×2 的 axes 布局，这一过程可以由 Code 8-1 实现。

Code 8-1 建立 figure

```
In [1]: import matplotlib.pyplot as plt
In [2]: fig,axes=plt.subplots(2,2)
In [3]: plt.show()
```

运行结果如图 8-1 所示。

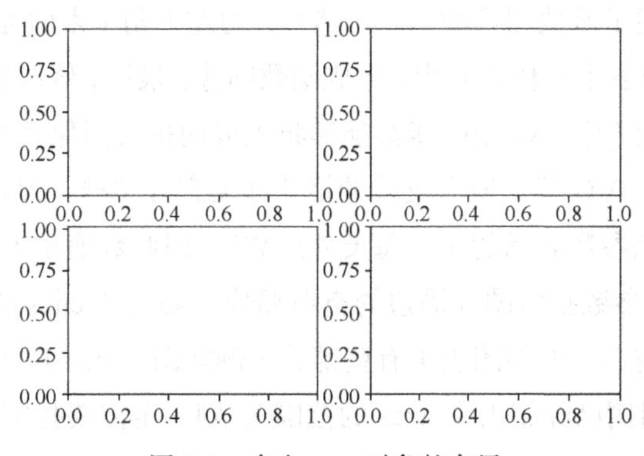

图 8-1 多个 axes 对象的布局

Code 8-1 中首先建立了一个 figure 对象，并在其上建立了 4 个 axes。In [2]建立了一个拥有 2×2 个 subplot 的 figure 对象，这里的 subplot 可以理解为 axes 中的图表。目前，这些 axes 还是空的，我们可以为其添加图表内容。

Code 8-2 所示为建立多个 axes 对象的示例。

Code 8-2 建立多个 axes 对象

```
In  [1]: import matplotlib.pyplot as plt
         import numpy as np
In  [2]: fig,axes=plt.subplots(2,2, figsize=(10,10))
In  [3]: #simple plots
         t = np.arange(0.0, 2.0, 0.01)
         s = 1 + np.sin(2 * np.pi * t)
         axes[0,0].plot(t,s)
         axes[0,0].set_title('simple plot')
In  [4]: #histograms
         np.random.seed(20180201)
         s=np.random.randn(2,50)
         axes[0,1].hist(s[0])
         axes[0,1].set_title('histogram')
In  [5]: #scatter plots
         axes[1,0].scatter(s[0],s[1])
         axes[1,0].set_title('scatter plot')
In  [6]: #pie charts
         labels = 'Taxi', 'Metro', 'Walk', 'Bus','Bicycle','Driving'
         sizes = [10, 30, 5, 25, 5, 25]
         explode = (0, 0.1, 0, 0, 0, 0)
         axes[1,1].pie(sizes, explode=explode, labels=labels, autopct='%1.1f%%',
                 shadow=True, startangle=90)
         axes[1,1].axis('equal')
         axes[1,1].set_title('pie chart');
In  [7]: plt.savefig('figure.svg')
         plt.show()
```

如 Code 8-2 所示，我们在 figure 的 4 个 axes 对象中绘制了一个正弦函数图像（simple plot）、一个直方图（histogram）、一个散点图（scatter plot）和一个饼图（pie chart），如图 8-2 所示。构建这些图表的主要步骤包括：准备数据、生成图表对象并将数据传入，以及调整图表装饰项。以正弦函数图像为例，我们首先定义了横、纵坐标轴的数据。其中，横坐标是以 0.01 为间隔的所有[0,2]范围内的数，纵坐标利用 sin 函数计算对应的函数值并整体向上平移了 1 个单位，两者组合形成多个点，描述了函数图像的形状。然后，为左上角（索引为[0,0]）的 subplot 建立了一个折线图，并将生成的多个点传入其中，生成函数图像。最后，修改该 subplot 的图表装饰项，为其添加了标题。在 In [7]中，savefig 函数能够将生成的折线图保存为图片，图片的常用可选格式包括 PNG、PDF 和 SVG 等，所有支持的格式详见官方文档。保存图片时可以使用 dpi 参数指定图片的清晰度，该参数表示的是“每英寸点数”，因此数值越大图片越清晰。除此之外，还可以使用 bbox_inches 参数指定图片周边的空白部分。bbox_inches 的常用参数值为 tight，表示图片带有最小宽度的空白。如果图表中有些部分（例如图例或注解）超过了 axes 的范围（如图 8-2 所示，右上角的图例已经超出了 axes 的范围），则一定需要指定 bbox_inches 参数，否则超出范围的部分将无法被保存在图片中。

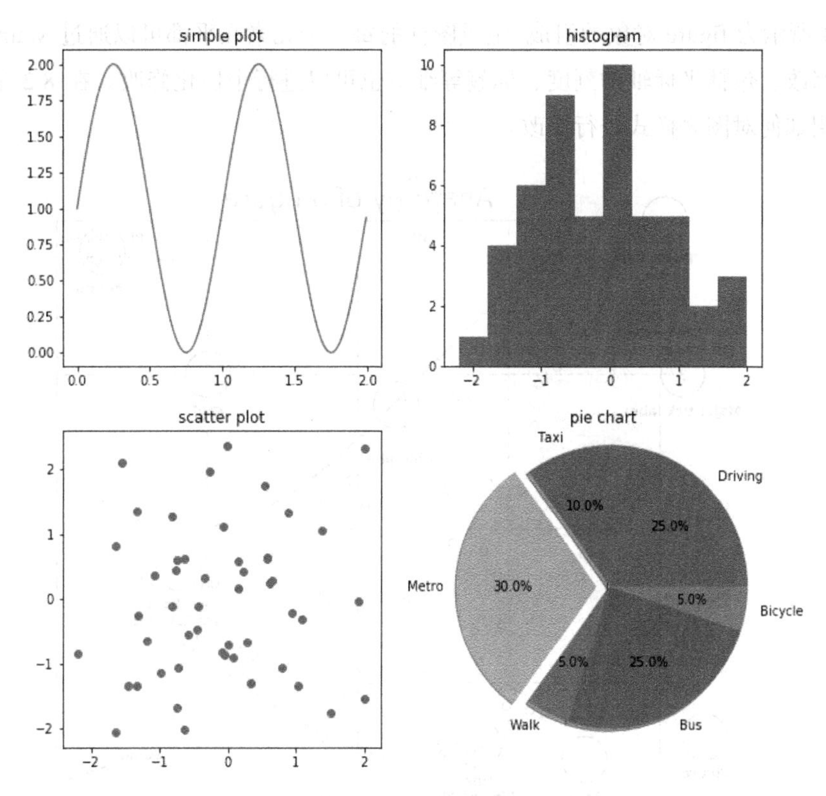

图 8-2 多个 axes 对象布局的图表

除了 Code 8-1 中的方法，也可使用 Code 8-3 所示的方式直接建立并选中一个 subplot。

Code 8-3 直接建立并选中一个 subplot

```
In  [1]:  import matplotlib.pyplot as plt
In  [2]:  fig=plt.figure()
In  [3]:  axes=plt.subplot(2,2,1)
          axes=plt.subplot(2,2,3)
In  [4]:  fig.suptitle('Example of multiple subplots')
In  [5]:  plt.show()
```

运行结果如图 8-3 所示。In [3]表示 figure 对象中的 subplot 布局为 2×2，同时分别选中了索引为 1 和 3 的 subplot。subplot 从 1 开始编号，和 C++中多维数组按行存储的方式类似，先对同一行的 subplot 进行编号，全部编号完成后再对下一行进行编号。

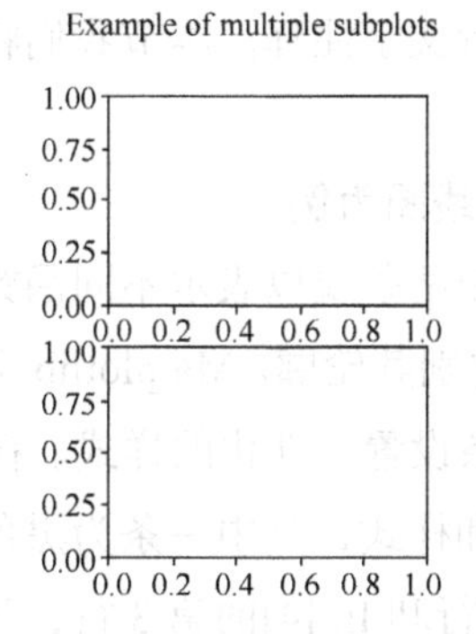

图 8-3 直接建立并选中一个 subplot

图 8-4 所示为 figure 对象的组成。组成图标的每一个元素几乎都可以通过 Matplotlib 提供的接口进行修改，包括坐标轴的刻度、标签等细节也可以进行个性化修改。在 8.2 节中，我们将会详细介绍如何对图表样式进行修改。

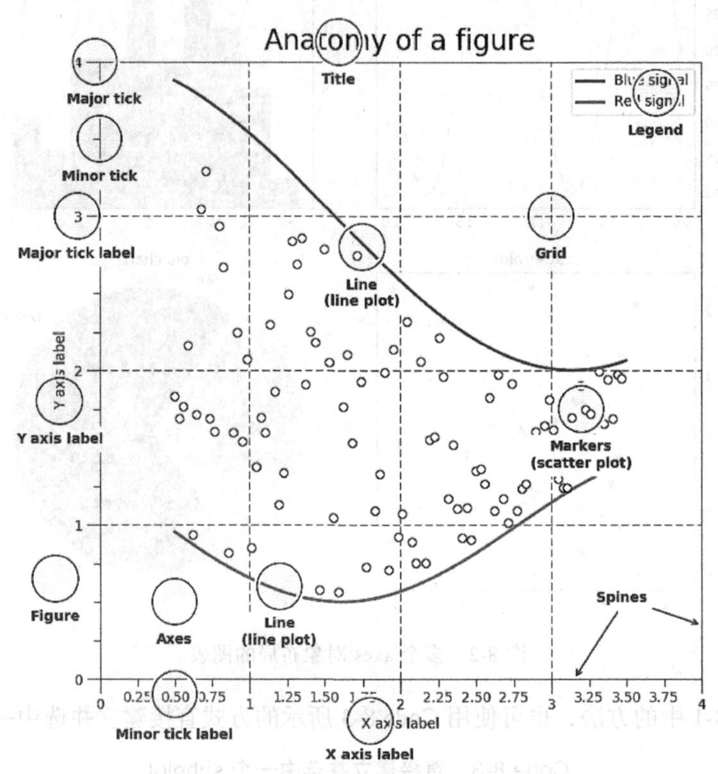

图 8-4　figure 对象的组成（来源于官方文档）

8.2　图表样式的修改以及图表装饰项接口

Matplotlib 定义了详细的图表装饰项接口，能够对图表几乎每一个细小的样式进行修改。例如，我们可以自由地变换函数图像线条的种类和颜色，也可以对坐标轴的刻度和标签进行修改，甚至可以在图表的任意位置加上一行文字注释。本节我们将讲解部分样式和装饰项的创建及修改方法。

1. 修改图表样式——以函数曲线图为例

有时我们需要在一个图表中绘制两条线以表示不同函数的图像，如果使用默认的线条样式，那么两个线条将会相互干扰，无法辨别其轮廓。Matplotlib 会自动为两个线条选择不同的样式以方便区分。我们也可以为另一个线条设置个性化的样式。在 Code 8-4 中，我们为两条交叉的正弦函数图像设置了不同的线条颜色和样式，其中一条为黑色实线，另一条为青色虚线，其运行结果如图 8-5 所示。在 In [3]的第 4 行和 In [4]的第 3 行，我们在新建折线图的同时指定了线条的样式。请读者查阅 Matplotlib 文档中对 plot 函数的详细说明，了解设置线条颜色的 color 参数和设置线条样式的 linestyle 参数的所有参数值。表 8-1 和表 8-2 列举了常用的 color 参数值和 linestyle 参数值以供参考。

Code 8-4　图表样式修改示例

```
In  [1]:  import matplotlib.pyplot as plt
          import numpy as np
In  [2]:  fig=plt.figure()
          fig,axes=plt.subplots()
In  [3]:  #plot1
          t = np.arange(0.0, 2.0, 0.01)
          s = np.sin(2 * np.pi * t)
          axes.plot(t,s,color='k',linestyle='-')
In  [4]:  #plot2
          s = np.sin(2 * np.pi * (t+0.5))
          axes.plot(t,s,color='c',linestyle='--')
In  [5]:  plt.show()
```

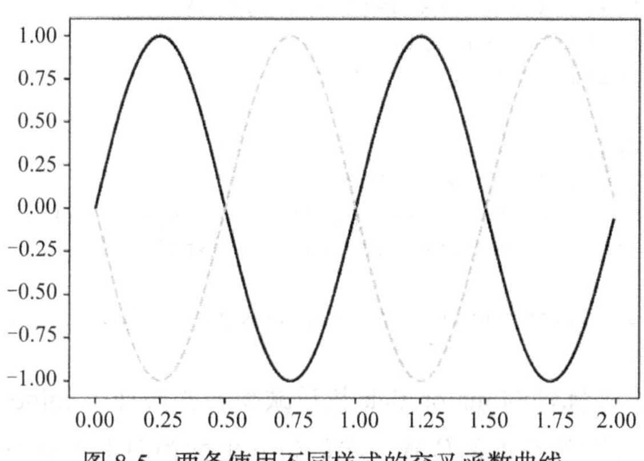

图 8-5　两条使用不同样式的交叉函数曲线

表 8-1　常用的 color 参数值

color 参数值	含义
r	红色
y	黄色
g	绿色
c	青色
b	蓝色
m	紫红色
w	白色

表 8-2　常用的 linestyle 参数值

linestyle 参数值	含义
-	实线
--	虚线（两个短横线）
-.	虚线（短横线和点交替）
:	虚线（点）

Matplotlib 提供的丰富的图表样式修改接口，可以使用户进行图表的个性化修改。例如，对于散点图，可以将标记点修改成圆点、三角形、星形等多种形状；对于直方图，可以变换条纹的颜色等。官方文档提供了所有接口的详细信息，读者可在需要修改图表样式时随时查阅。

2. 修改装饰项——以坐标轴的样式设置为例

图表中的装饰项包括坐标轴、网格、图例和边框等。在不同的图表绘制任务中，可能会对这些装饰项的样式有不同的要求。在下面的例子中，我们将修改图 8-5 中坐标轴的位置、坐标轴刻度的密度和坐标轴刻度的种类，并为图像加上图例，以更加清晰地显示图像的关键信息。Code 8-5 所示为装饰项修改示例，生成的图表如图 8-6 所示。

Code 8-5 装饰项修改示例

```
In  [1]: import matplotlib.pyplot as plt
         import numpy as np
In  [2]: fig=plt.figure()
         fig,axes=plt.subplots()
In  [3]: #plot1
         t = np.arange(0.0, 2.0, 0.01)
         s = np.sin(2 * np.pi * t)
         axes.plot(t,s,color='k',linestyle='-',label='line1')
In  [4]: #plot2
         s = np.sin(2 * np.pi * (t+0.5))
         axes.plot(t,s,color='c',linestyle='--', label='line2')
In  [5]: #ticks styles
         axes.set_xticks(np.arange(0.0,2.5,0.5))
         axes.set_yticks([-1,0,1])
         axes.minorticks_on()
In  [6]: #axis position
         axes.spines['right'].set_color('none')
         axes.spines['top'].set_color('none')
         axes.spines['bottom'].set_position(('data', 0))
         axes.spines['left'].set_position(('data', 0))
In  [7]: #legend
         axes.legend(loc='upper right',bbox_to_anchor=(1.2, 1))
In  [8]: plt.show()
```

相比图 8-5，我们将坐标轴的 major tick 数量减少，并添加了 minor tick。同时，为了更加清晰直观地了解两个函数图像交点的位置，我们将 x 坐标轴向上平移至 y=0 处。除此之外，还去掉了 axes 的边框。这些装饰项的修改过程相当简单，基本只需要调用 1～2 个函数就能够完成修改。首先，In [5]的第 2 行、第 3 行分别设置了 x 坐标轴和 y 坐标轴 major tick 的数量。由于我们主要关注交点处的坐标，因此只在相应位置设置了 major tick。为了方便观察其他位置的坐标，在 In [5]的第 4 行，我们为 x、y 坐标轴同时添加了 minor tick，minor tick 不显示具体的坐标值，且比 major tick 更短。

然后，In [6]对坐标轴的位置和 axes 的边框进行了修改。In [6]的第 2 行、第 3 行隐藏了右边框和上边框，使 axes 仅剩下下边框和左边框，即 x 坐标轴和 y 坐标轴。In [6]的第 4 行、第 5 行指定了下边框和左边框的位置，其中第一个参数表示位置的种类，第二个参数表示边框的位置。例如，在 In [6]的第 4 行，位置参数的第一个参数 data 表示的是 x 坐标轴位置，因此坐标轴将被调整至 y=0 处；同理，y 坐标轴将会位于 x=0 的位置。除此之外，还可以指定第一个参数为 axes，此时第二个参数将会是一个位于[0,1]区间内的值，表示坐标轴和另一坐标轴的交点与另一坐标轴最底端的距离在整个坐标轴上所占的比例。例如，为 Code 8-5 中下边框指定第一个参数为 axes，第二个参数为 0.6，则 x 坐标轴将会位于 y=0.2 处。axes.spines 的 set_position 函数还提供了一种简便方法指定两个常用的坐标轴位置，即：

```
axes.spines['bottom'].set_position('center')
```

```
axes.spines['bottom'].set_position('zero')
```

其中，center 参数等同于('axes', 0.5)，即坐标轴位于整个 axes 的中央；zero 参数等同于('data', 0)。

最后，在 In [7]，axes.legend 函数为整个图像设置了图例，用于对两个函数图像添加解释文本。loc 和 bbox_to_anchor 都是用于确定图例位置的参数。为了添加图例，在使用 axes.plot 函数生成函数图像时（In [3]的第 4 行与 In [4]的第 3 行）额外添加了 label 属性，label 的值将会作为图例中两个函数图像对应的文字内容。

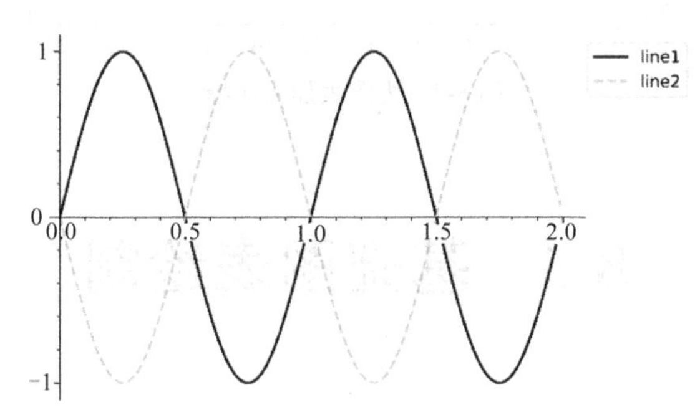

图 8-6　修改了装饰项后的函数图像

3. 注释的添加

仅仅使用图例对函数进行注释往往不能满足特定的需求，结合 axes.text 和 axes.annotate 函数可以生成定制化的注释。Code 8-6 所示为添加注释示例，其中展示了这两个函数的使用方法。我们收集了某一天的天气数据并绘制出相应的折线图，同时为折线图加入了两个注释。In [5]利用 axes.annotate 函数生成了一个带箭头的注释，传入的参数依次为注释文字、箭头尖端的位置（xy）、注释文字位置（xytext）、箭头的样式参数（arrowprops），以及文字在水平（horizontalalignment）和垂直（verticalalignment）方向上对齐的方式。其中，箭头的样式指定了箭头颜色（facecolor）、箭头与文字之间的空隙（shrink）。In [6]利用 axes.text 函数生成了一个带背景框的注释，传入的参数分别是文字位置的横坐标与纵坐标、注释文字以及背景框的样式（bbox）。其中，背景框的样式指定了背景框的背景颜色（facecolor）、透明度（alpha），以及文字与背景框之间的距离（pad）。生成的图表如图 8-7 所示。

Code 8-6　添加注释示例

```
In  [1]:  import matplotlib.pyplot as plt
          import numpy as np
In  [2]:  fig=plt.figure()
          fig,axes=plt.subplots()
In  [3]:  axes.plot(np.arange(0,24,2),[14,9,7,5,12,19,23,26,27,24,21,19], '-o')
In  [4]:  axes.set_xticks(np.arange(0,24,2))
In  [5]:  axes.annotate('hottest at 16:00', xy=(16, 27), xytext=(16, 22),
                    arrowprops=dict(facecolor='black', shrink=0.2),
                    horizontalalignment='center', verticalalignment='center')
In  [6]:  axes.text(12, 10, 'Date: March 26th, 2018', bbox={'facecolor': 'cyan',
          'alpha': 0.3, 'pad': 6})
In  [7]:  plt.show()
```

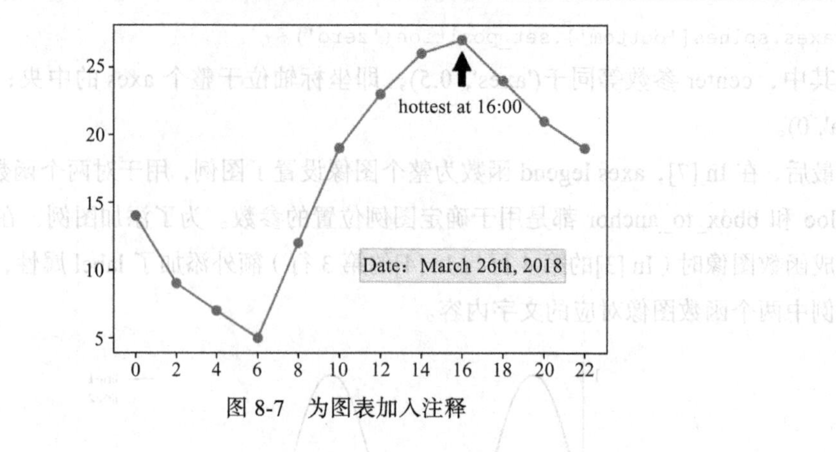

图 8-7　为图表加入注释

8.3　基础图表绘制

8.3.1　直方图

直方图（histogram）是一种直观描述数据集中每一个区间内数据值出现频数的统计图。通过直方图可以大致了解数据集的分布情况，并判断数据集中的区间。通过下面的例子，我们将绘制一个直方图。在 Code 8-7 中，首先利用随机数生成了一组数据集，接下来定义直方图的组数为 50，即将所有数据分别放入平均划分的 50 个区间内并统计频数。在 In [3]的第 3 行，调用 Matplotlib 的 axes.hist 函数，生成一个数据集 data 的直方图。我们还可以为该函数传入一些参数来改变直方图的样式，例如控制条纹宽度的 rwidth 参数、控制条纹颜色的 color 参数、控制条纹对齐方向的 align 参数等。绘制结果如图 8-8 所示。

Code 8-7　直方图示例

```
In  [1]: import matplotlib.pyplot as plt
         import numpy as np
In  [2]: #random data
         data = np.random.standard_normal(1000)
In  [3]: bins = 50
         fig, axes = plt.subplots()
         ax.hist(data, bins)
         ax.set_title(r'Histogram')
In  [4]: plt.show()
```

由于 numpy.random.standard_normal 函数从标准正态分布的随机样本中任意取数，因此直方图的形状应该和标准正态分布的密度函数形状相近。我们可以在直方图上叠加一个标准正态分布密度函数图像，来表示理想状态下的直方图形状。通过 Code 8-8，我们绘制了一个直方图和密度函数图像叠加的图，最终结果如图 8-9 所示。和 Code 8-7 中不同的是，我们为 axes.hist 函数设置了参数 density=True，使直方图的条纹面积和为 1，从而保证了标准正态分布密度函数图像和直方图能够在同一 axes 中清晰地显示出来。否则，直方图的值区间将会大大高于标准正态分布密度函数图像的值区间，后者的图像接近于一条直线。

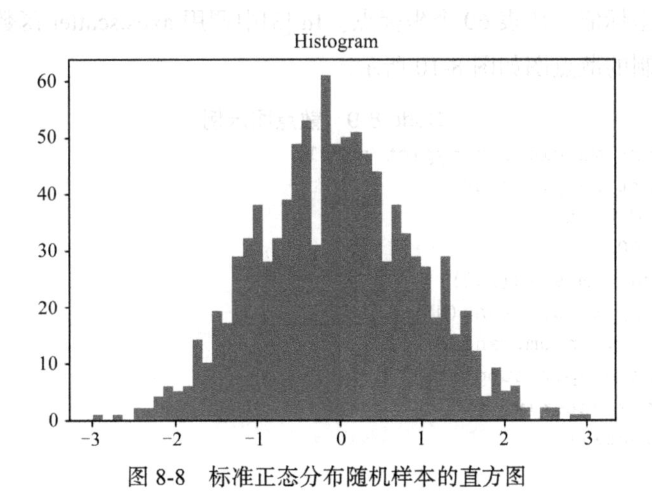

图 8-8　标准正态分布随机样本的直方图

Code 8-8　为直方图加上标准正态分布密度函数图像

```
In  [1]:  import matplotlib.pyplot as plt
          import numpy as np
In  [2]:  #random data
          data = np.random.standard_normal(1000)
In  [3]:  number_of_bins = 50
In  [4]:  fig, axes = plt.subplots()
          n, bins, patch=ax.hist(data, number_of_bins,density=True)
In  [5]:  #standard normal distribution
          standard_data= ((1 / (np.sqrt(2 * np.pi) * 1)) *
               np.exp(-0.5 * (1 / 1* (bins - 0))**2))
          ax.plot(bins,standard_data,0,'-')
In  [6]:  plt.show()
```

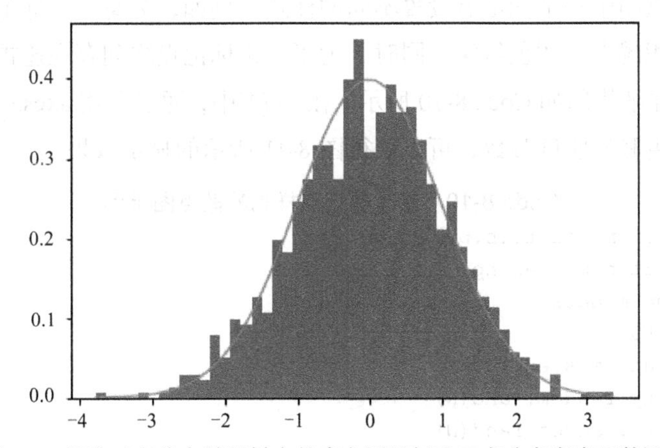

图 8-9　标准正态分布随机样本的直方图及标准正态分布密度函数图像

8.3.2　散点图

散点图（scatter plot）可以将样本数据绘制在二维平面上，直观地显示这些样本数据的分布情况，以便判断两个变量之间的关系。Code 8-9 所示为散点图示例。In [2]中随机生成了一组横坐标值和一组纵坐标值，代表 60 个坐标点。In [3]中调用 axes.scatter 函数并传入坐标点，生成一个散点图。绘制的散点图如图 8-10 所示。

Code 8-9　散点图示例

```
In  [1]: import matplotlib.pyplot as plt
         import numpy as np
In  [2]: #random data
         N = 60
         np.random.seed(100)
         x = np.random.rand(N)
         y = np.random.rand(N)
In  [3]: fig,axes=plt.subplots()
         axes.scatter(x, y)
In  [4]: plt.show()
```

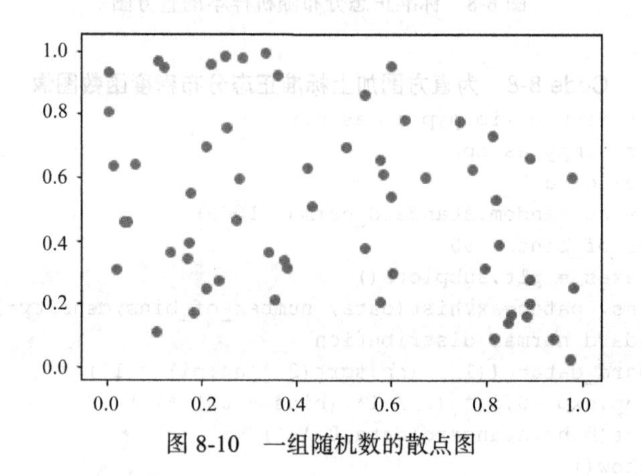

图 8-10　一组随机数的散点图

我们可以为散点图中每个标记点设置不同的样式。例如，为每一个标记点的面积设置一个不同的值，其中面积越大，颜色越深。同时，为了防止标记点之间存在遮挡的问题，可以设置标记点的透明度。详细代码如 Code 8-10 所示。在 In [4]中，通过调用 axes.scatter 函数并额外传入标记点面积、颜色和透明度参数，可以获得图 8-11 所示的显示效果。

Code 8-10　修改标记点样式的散点图示例

```
In  [1]: import matplotlib.pyplot as plt
         import numpy as np
In  [2]: #random data
         N = 60
         np.random.seed(100)
         x = np.random.rand(N)
         y = np.random.rand(N)
In  [3]: s = np.pi * (10 * np.random.rand(N))**2
         c = -s
         opacity=0.7
In  [4]: fig,axes=plt.subplots()
         axes.scatter(x, y, s, c, alpha=opacity)
In  [5]: plt.show()
```

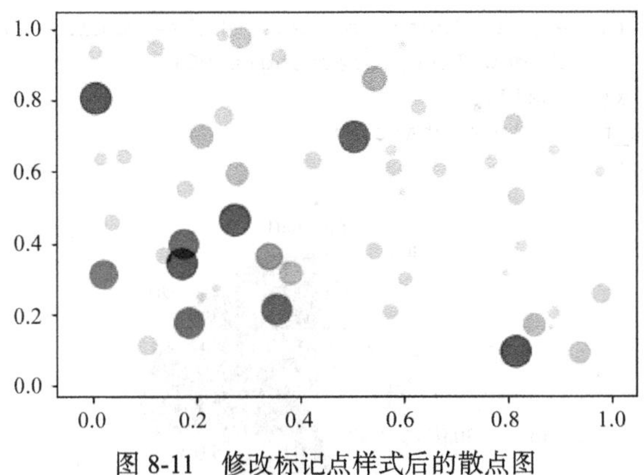

图 8-11　修改标记点样式后的散点图

8.3.3　饼图

饼图（pie chart）可以直观地显示某一类数据在全部样本数据中的百分比。通过将某一类数据出现的频数转换为百分比，可以清晰地体现出该类数据在全部样本数据中的重要程度、影响力等指标。假设某公司在对员工上班选择的交通方式的一次调查统计中得到了表 8-3 所示的结果，我们可以用饼图来显示选择 6 种交通方式的人数占比。

表 8-3　一次调查中某公司员工上班选择的交通方式的统计结果

交通方式	人数	所占比例
出租车（Taxi）	100	10%
地铁（Metro）	300	30%
步行（Walk）	50	5%
公交车（Bus）	250	25%
自行车（Bicycle）	50	5%
驾车（Driving）	250	25%

根据表 8-3 中的数据来绘制相应的饼图，具体代码如 Code 8-11 所示，显示效果如图 8-12 所示。在 In [4]中，通过调用 axes.pie 函数，并传入相应的数据和样式参数以完成图形的绘制。其中，labels 参数代表饼图中分区所代表的含义，sizes 参数代表每个分区各自的面积占比，explode 参数代表每个分区相对中心的偏移值。这 3 个参数均为数组类型，3 个数组中相同位置的值共同描述了同一个分区的特征。除此之外，autopct 参数规定了百分比数值的显示格式（如小数的位数），shadow 参数表示饼图是否带有阴影，startangle 参数用于旋转饼图以调节分区的摆放位置。

Code 8-11　饼图示例

```
In  [1]: import matplotlib.pyplot as plt
         import numpy as np
In  [2]: fig, axes = plt.subplots()
In  [3]: labels = 'Taxi', 'Metro', 'Walk', 'Bus','Bicycle','Driving'
         sizes = [10, 30, 5, 25, 5, 25]
         explode = (0, 0.1, 0, 0, 0, 0)
```

```
In  [4]: axes.pie(sizes, explode=explode, labels=labels, autopct='%1.1f%%',
                  shadow=True, startangle=90)
In  [5]: axes.axis('equal')
         axes.set_title('pie chart');
In  [6]: plt.show()
```

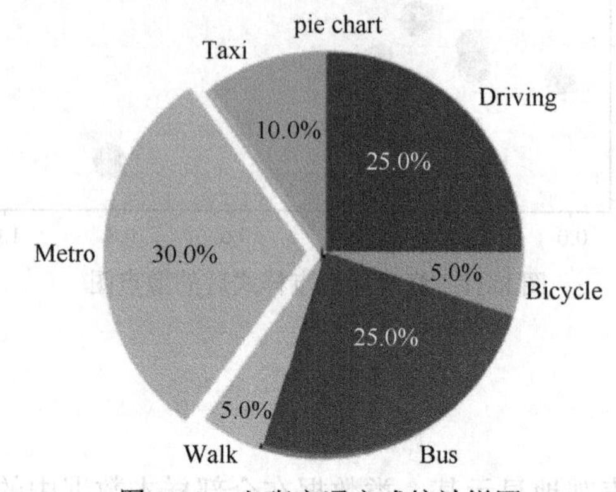

图 8-12　上班交通方式统计饼图

8.3.4　柱状图

柱状图（bar chart）可以直观地反映不同类别数据之间分布情况的数量差异。我们对上班交通方式调研的例子进行进一步的扩展，以此讲解柱状图的绘制方法。假设将男性和女性的上班交通方式分别统计，得到了表 8-4 所示的结果。利用柱状图，可以对比不同性别的员工所选择的交通方式。

表 8-4　分别对男性和女性进行统计的上班交通方式的统计结果

交通方式	人数/人	
	男性（men）	女性（women）
出租车（Taxi）	40	60
地铁（Metro）	120	180
步行（Walk）	20	30
公交车（Bus）	100	150
自行车（Bicycle）	30	20
驾车（Driving）	200	50

在 Code 8-12 中，我们生成了图 8-13 所示的柱状图。首先，我们建立了两组数据 data_m 和 data_f，分别对应选择各交通方式的男性人数和女性人数。然后，我们通过 index 变量指定了条纹（即 bar）显示的位置，即分别位于横坐标的 1、2、3、4、5、6 处。接下来，我们指定了条纹宽度为 0.4。在 In [5]中，我们分别创建了男性和女性中选择不同交通方式人数的柱状图。通过将后者的坐标轴位置向右平移 0.4，即一个条纹的宽度，可以防止其覆盖前者。In [6]的第 1 行、第 2 行设置了横坐标的样式，使其显示 6 个交通方式类别，第 3 行为柱状图添加了图例。

Code 8-12　柱状图示例

```
In  [1]: import matplotlib.pyplot as plt
         import numpy as np
In  [2]: fig,axes=plt.subplots()
In  [3]: data_m=(40, 120, 20, 100, 30, 200)
         data_f=(60, 180, 30, 150, 20, 50)
In  [4]: index = np.arange(6)
         width=0.4
In  [5]: axes.bar(index, data_m, width, color='c', label='men')
         axes.bar(index+width, data_f, width, color='b', label='women')
In  [6]: axes.set_xticks(index + width / 2)
         axes.set_xticklabels(('Taxi','Metro','Walk','Bus','Bicycle','Driving'))
         axes.legend()
In  [7]: plt.show()
```

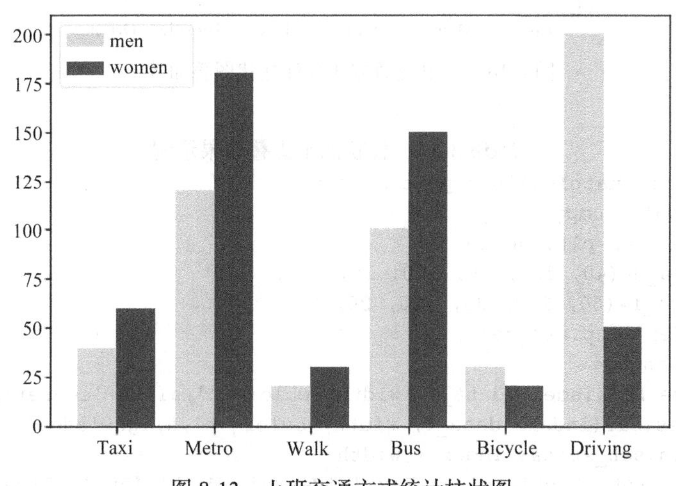

图 8-13　上班交通方式统计柱状图

我们也可以将两个柱状图叠加显示。通过 Code 8-13，我们可以将各交通方式的女性人数的柱状图叠加在男性人数的柱状图之上，获得图 8-14 所示的显示效果。这一改变的关键在于，生成第二个柱状图时设置参数 bottom=data_m。

Code 8-13　柱状图叠加效果示例

```
In  [1]: import matplotlib.pyplot as plt
         import numpy as np
In  [2]: fig,axes=plt.subplots()
In  [3]: data_m=(40, 120, 20, 100, 30, 200)
         data_f=(60, 180, 30, 150, 20, 50)
In  [4]: index = np.arange(6)
         width=0.4
In  [5]: axes.bar(index, data_m, width, color='c', label='men')
         axes.bar(index, data_f, width, color='b', bottom=data_m, label='women')
In  [6]: axes.set_xticks(index + width / 2)
         axes.set_xticklabels(('Taxi','Metro','Walk','Bus','Bicycle','Driving'))
         axes.legend()
In  [7]: plt.show()
```

我们可以稍稍地改变柱状图的样式，获得一些与众不同的效果。例如，在 Code 8-12 中，我们将第二个柱状图错开的距离减小，可以获得部分重叠的效果，或者我们也可以通过 Code

8-14 中的方法获得这一效果，最终生成的柱状图如图 8-15 所示。在生成两个柱状图时，我们分别指定条纹的对齐方式为中心对齐和边缘对齐，也可以实现半错开、半重叠的效果。

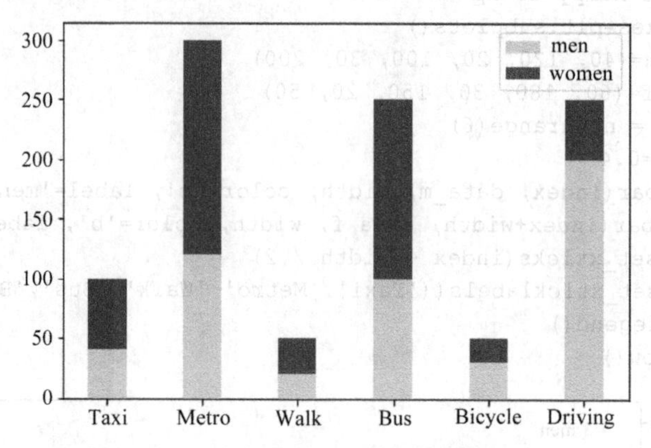

图 8-14　上班交通方式统计柱状图叠加效果

Code 8-14　柱状图半重叠效果示例

```
In  [1]: import matplotlib.pyplot as plt
         import numpy as np
In  [2]: fig,axes=plt.subplots()
In  [3]: data_m=(40, 120, 20, 100, 30, 200)
         data_f=(60, 180, 30, 150, 20, 50)
In  [4]: index = np.arange(6)
         width=0.4
In  [5]: axes.bar(index, data_m, width, color='c',align='center', label='men')
         axes.bar(index, data_f, width, color='b',align='edge', label='women')
In  [6]: axes.set_xticks(index + width / 2)
         axes.set_xticklabels(('Taxi','Metro','Walk','Bus','Bicycle','Driving'))
         axes.legend()
In  [7]: plt.show()
```

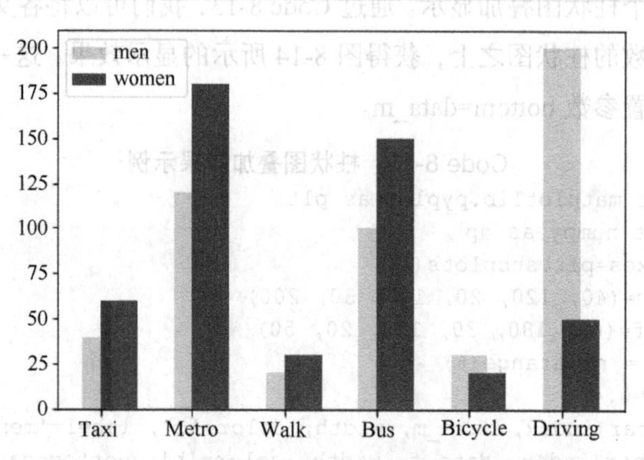

图 8-15　上班交通方式统计柱状图半重叠效果

我们可以设置颜色的透明度，使部分叠加效果更加清晰。例如，在 Code 8-14 的 In [5]中，我们为 axes.bar 函数设置参数 alpha=0.4，可以获得图 8-16 所示的半重叠、透明效果。

我们还可以调用另一个柱状图生成函数 axes.barh，使柱状图水平显示。具体代码如 Code 8-15 所示，显示效果如图 8-17 所示。

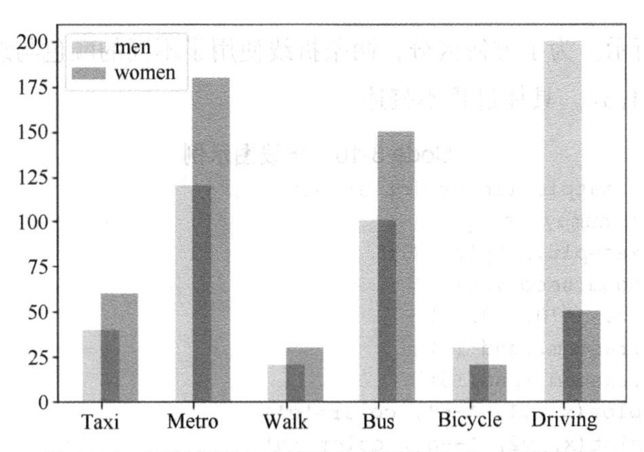

图 8-16　上班交通方式统计柱状图半重叠、透明效果

Code 8-15　水平柱状图示例

```
In  [1]:  import matplotlib.pyplot as plt
          import numpy as np
In  [2]:  fig,axes=plt.subplots()
In  [3]:  data_m=(40, 120, 20, 100, 30, 200)
          data_f=(60, 180, 30, 150, 20, 50)
In  [4]:  index = np.arange(6)
          width=0.4
          opacity=0.4
In  [5]:  axes.barh(index, data_m, width, color='c',align='center',alpha=opacity,
          label='men')
          axes.barh(index, data_f, width, color='b',align='edge',alpha=opacity,
          label='women')
In  [6]:  axes.set_yticks(index + width / 2)
          axes.set_yticklabels(('Taxi','Metro','Walk','Bus','Bicycle','Driving'))
          axes.legend()
In  [7]:  plt.show()
```

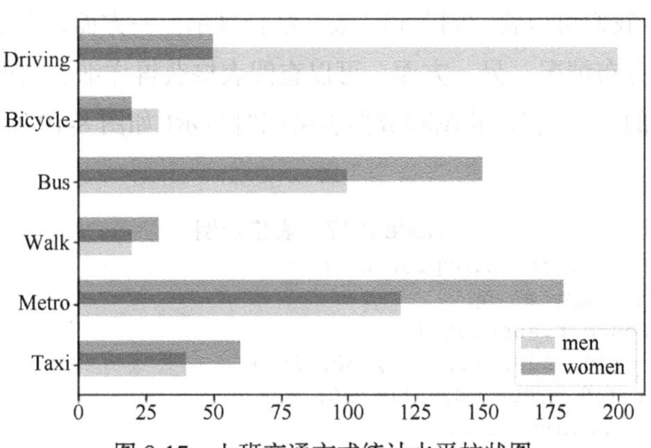

图 8-17　上班交通方式统计水平柱状图

8.3.5　折线图

折线图（line chart）的绘制和函数图像绘制的方法基本一致，通过将坐标点传入 axes.plot 函数，可以得到相应的折线图。Code 8-16 所示为折线图示例，其中绘制了两组数据的折线图，

显示效果如图 8-18 所示。为了方便区分，两条折线使用了不同的颜色与线条样式。除此之外，还可以更改标记点的样式，具体过程不赘述。

Code 8-16　折线图示例

```
In  [1]: import matplotlib.pyplot as plt
         import numpy as np
In  [2]: fig,axes=plt.subplots()
In  [3]: np.random.seed(100)
         x=np.arange(0, 10, 1)
         y1=np.random.rand(10)
         y2=np.random.rand(10)
In  [4]: axes.plot(x, y1, '-o', color='c')
         axes.plot(x, y2, '--o', color='b')
In  [5]: plt.show()
```

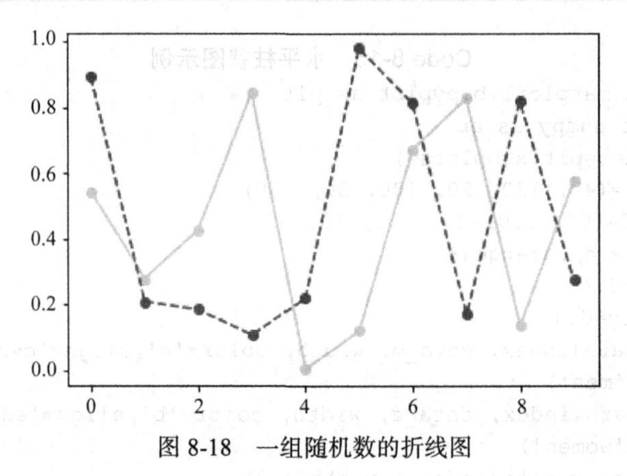

图 8-18　一组随机数的折线图

8.3.6　表格

通过 Matplotlib，我们可以将“图”和“表”结合显示。一方面，可以通过柱状图、折线图等直观地看到数据的分布情况；另一方面，可以查阅表格获得详细、精准的数据。我们再次使用上班交通方式调研的例子，将柱状图和数据表格同时显示（如图 8-19 所示），具体示例如 Code 8-17 所示。

Code 8-17　表格示例

```
In  [1]: import matplotlib.pyplot as plt
         import numpy as np
In  [2]: fig,axes=plt.subplots()
In  [3]: data_m=(40, 120, 20, 100, 30, 200)
         data_f=(60, 180, 30, 150, 20, 50)
In  [4]: index = np.arange(6)
         width=0.4
In  [5]: #bar charts
         axes.bar(index, data_m, width, color='c', label='men')
         axes.bar(index, data_f, width, color='b', bottom=data_m, label='women')
         axes.set_xticks([])
         axes.legend()
In  [6]: #table
         data=(data_m,data_f)
```

```
         rows=('male','female')
         columns=('Taxi','Metro','Walk','Bus','Bicycle','Driving')
         axes.table(cellText=data, rowLabels=rows, colLabels=columns)
In  [7]: plt.show()
```

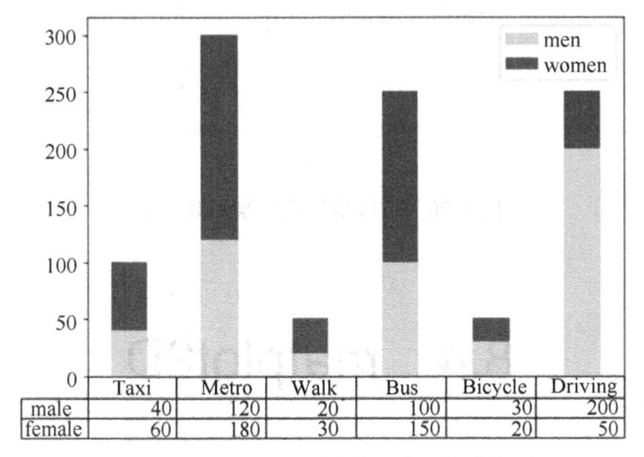

	Taxi	Metro	Walk	Bus	Bicycle	Driving
male	40	120	20	100	30	200
female	60	180	30	150	20	50

图 8-19　上班交通方式统计柱状图与数据表格

调用 axes.table 函数时，需要传入一个二维数组作为表格数据，还可以通过 rowLabels 和 colLabels 参数设置行标签和列标签。通过 rowLoc、colLoc 和 cellLoc，可以分别设置行标签、列标签和单元格的对齐方向。loc 参数代表了表格的摆放位置，例如，设置 loc='bottom'，表格会显示在柱状图底部；设置 loc='top'，表格会显示在柱状图顶部。

8.3.7　不同坐标系下的图像

除了常用的平面直角坐标系，Matplotlib 还提供了在极坐标系和对数坐标系上进行绘图的函数。在此，我们以极坐标系为例讲解特殊坐标系下的绘图方法。在极坐标系中可以绘制许多漂亮的函数图像，例如等距螺旋线、心形线、双纽线等。在下面的例子中，我们将在极坐标系中绘制一个双纽线。双纽线的极坐标方程如下：

$$\rho^2 = a^2\cos 2\theta$$

通过 Code 8-18，可以获得图 8-20 中的双纽线函数图像。从 In [4]的第 1 行可以看出，相比平面直角坐标系中的函数图像绘制，在极坐标系中绘制函数图像需要在建立 axes 时指定 projection（投影）参数为 polar（极坐标）。除此之外，也可以通过调用 matplotlib.pyplot.polar 函数绘制极坐标系中的图像。

Code 8-18　绘制双纽线

```
In  [1]: import matplotlib.pyplot as plt
         import numpy as np
In  [2]: fig,axes=plt.subplots()
In  [3]: theta_list = np.arange(0, 2*np.pi, 0.01)
         r = [2*np.cos(2*theta) for theta in theta_list]
In  [4]: axes = plt.subplot(projection='polar')
         axes.plot(theta_list, r)
In  [5]: axes.set_rticks([])
In  [6]: plt.show()
```

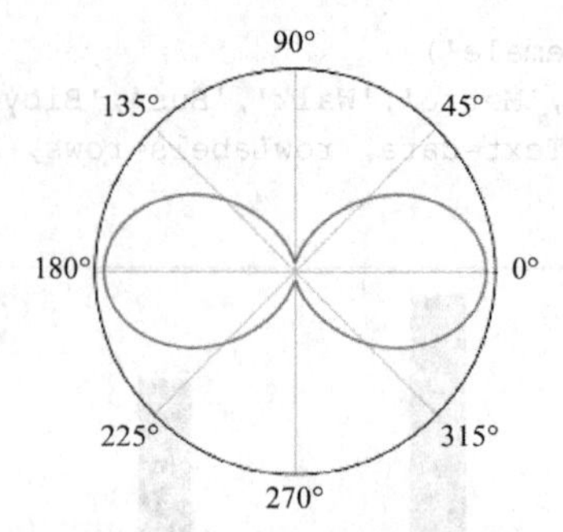

图 8-20 在极坐标系中绘制双纽线

8.4 matplot3D

除了大量 2D 图表的绘图外，Matplotlib 同样具有绘制 3D 图表的能力。用于绘制 matplot3D 图表的 Python 包为 mpl_toolkits.mplot3d，使用其中的 Axes3D 类可以生成多种 3D 图表，包括柱状图、散点图和曲面图像等。例如，Code 8-19 利用 Axes3D 类绘制了一个简单的 3D 散点图，绘制效果如图 8-21 所示。

Code 8-19 3D 散点图示例（使用 Axes3D 类实现）

```
In  [1]: import matplotlib.pyplot as plt
         import numpy as np
         from mpl_toolkits.mplot3d import Axes3D
In  [2]: fig = plt.figure()
         axes = Axes3D(fig)
In  [3]: # random data
         N = 60
         np.random.seed(100)
         x = np.random.rand(N)
         y = np.random.rand(N)
         z= np.random.rand(N)
In  [4]: axes.scatter(x,y,z)
In  [5]: plt.show()
```

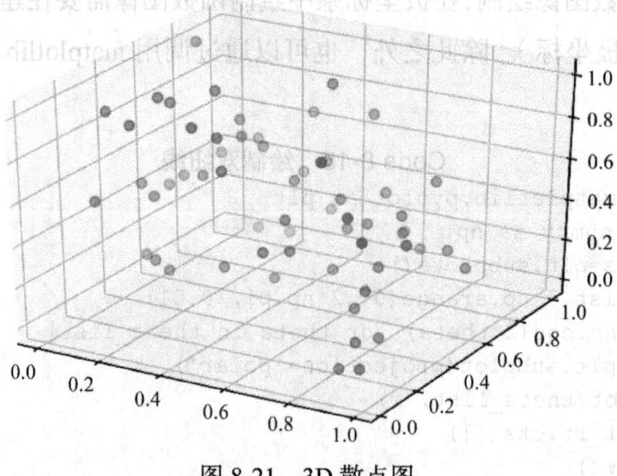

图 8-21 3D 散点图

除了使用 Axes3D.scatter 函数生成散点图，还可以使用 Axes3D.scatter3D 函数，两者在使用上是完全相同的，绘制图形的效果也相同。但在 Axes3D 提供的所有函数中并非所有图表绘制都像散点图一样拥有两个效果一样的函数。例如，绘制柱状图的 Axes3D.bar 和 Axes3D.bar3D 函数效果就是不一致的。前者实际上绘制的是在 3D 空间中的 2D 柱状图，仅传入了柱状图每个条纹的位置和高度，但函数中的 zdir 参数可以用于指定 2D 柱状图平面的方向。例如，指定 zdir='z'，即表示 2D 柱状图所在平面和 z 轴垂直。而后者绘制的是真正的 3D 柱状图，需要传入柱状图每个条纹的 x、y、z 轴锚点坐标，以定位条纹在 3D 坐标系空间中的位置。

除此之外，也可使用 pyplot 进行 3D 图表的绘制。此时需要在创建 axes 时设置 projection 参数为 3d。Code 8-20 绘制了和 Code 8-19 相同的 3D 散点图，但使用了 pyplot 的 3D 图表绘制方法。实际绘制效果和图 8-21 相同。

Code 8-20　3D 散点图示例（使用 pyplot 实现）

```
In  [1]: import matplotlib.pyplot as plt
         import numpy as np
In  [2]: fig = plt.figure()
         axes = plt.subplot(projection='3d')
In  [3]: # random data
         N = 60
         np.random.seed(100)
         x = np.random.rand(N)
         y = np.random.rand(N)
         z= np.random.rand(N)
In  [4]: axes.scatter(x,y,z)
In  [5]: plt.show()
```

更多的 matplotlib3D 图表绘制方法详见官方文档，在此不赘述。

8.5　Matplotlib 与 Jupyter 结合

将 Matplotlib 和 Jupyter 结合使用，能够简便、快速地构建图文并茂的文档。得益于丰富的图表 API、基于 LaTeX 语法的数学公式生成和基于 Markdown 的文档生成，Matplotlib 可以用于编写绝大部分的文档甚至是格式要求更加严格、精准的论文。

我们以介绍双纽线绘制的文档为例，展示如何在 Jupyter 中编写内容丰富的文档。首先我们新建一个 Markdown Cell，这类 Cell 接受一段 Markdown 代码作为输入，运行后可生成相应的 HTML 文档。在本例中，文档将会被分为两部分：一部分为双纽线的介绍和代码实现过程介绍，这部分内容会被放入一个 Markdown Cell 中，如 Code 8-21 所示；另一部分为使用 Matplotlib 绘制双纽线的完整代码，这部分内容会被放入一个 Code Cell 中，运行代码可得双纽线函数图像，如 Code 8-22 所示。

Code 8-21　双纽线的介绍和代码实现过程介绍（Markdown Cell）

```
# 双纽线的绘制
## 双纽线是什么？
```

```
* 双纽线，也称伯努利双纽线。
* 设定线段 AB 长度为 2a，若动点 M 满足 MA*MB=a^2，那么 M 的轨迹称为双纽线。
* 双纽线的极坐标方程为
$ \rho = a^2\cos2\theta $
## 利用 Matplotlib 绘制双纽线
相比平面直角坐标系中的函数图像绘制，在极坐标系中绘制函数图像需要在建立 axes 对象时指定 projection（投影）参数为 polar（极坐标）。首先我们根据双纽线的极坐标方程生成两组数据。
'''Python
theta_list = np.arange(0, 2*np.pi, 0.01)
r = [2*np.cos(2*theta) for theta in theta_list]
'''
然后，我们建立一个投影为极坐标的 axes。
'''Python
axes = plt.subplot(projection='polar')
'''
接下来，使用 plot 函数生成函数曲线。为了使图形更加美观，删除了 r 轴上的所有刻度。
'''Python
axes.plot(theta_list, r)
axes.set_rticks([])
'''
最后，使用 show 函数展示图形。
'''Python
plt.show()
'''

完整代码和运行结果如下。
```

Code 8-21 主要用到了 Markdown，包含标题、文字段落、列表、链接、代码段等多种 Markdown 元素。双纽线的极坐标方程使用 LaTeX 编写。Markdown 和 LaTeX 语法在此不赘述，感兴趣的读者可以查阅相关资料进行深入学习。

Code 8-22　绘制双纽线的完整代码（Code Cell）

```
In  [1]: import matplotlib.pyplot as plt
         import numpy as np
         theta_list = np.arange(0, 2*np.pi, 0.01)
         r = [2*np.cos(2*theta) for theta in theta_list]
         axes = plt.subplot(projection='polar')
         axes.plot(theta_list, r)
         axes.set_rticks([])
         plt.show()
```

执行 Code 8-21 和 Code 8-22 后即可生成完整的文档。生成的文档如图 8-22 所示。

在 Jupyter Notebook 的界面上，单击 File→Download as 可以将文档转换成 HTML、Markdown、LaTeX 和 PDF 等多种格式。转换成 LaTeX 和 PDF 格式需要额外安装万能文档转换器 pandoc。若文档中包含中文，利用上述方式转换出的 PDF 文档中的中文将会显示不正常。一种可供参考的解决方案是首先输出 LaTeX 格式的文档，在其中加上对中文字体的描述后再将其转换为 PDF 文档。具体方法读者可在网上查阅相关资料，此处不赘述。

双纽线的绘制

参考百度百科：双纽线

双纽线是什么?

- 双纽线，也称伯努利双纽线。
- 设定线段AB长度为2a，若动点M满足MA*MB=a^2，那么M的轨迹称为双纽线。
- 双纽线的极坐标方程为 $\rho = a^2 \cos 2\theta$

利用Matplotlib绘制双纽线

相比平面直角坐标系中的函数图像绘制，在极坐标系中绘制函数图像需要在建立axes对象时指定projection（投影）参数为polar（极坐标）。首先我们根据双纽线的极坐标方程生成两组数据。

```
theta_list = np.arange(0, 2*np.pi, 0.01)
r = [2*np.cos(2*theta) for theta in theta_list]
```

然后，我们建立一个投影为极坐标的axes。

```
axes= plt.subplot(projection='polar')
```

接下来，使用plot函数生成函数曲线。为了使图形更加美观，删除了r轴上的所有刻度。

```
axes.plot(theta_list, r)
axes.set_rticks([])
```

最后，使用show函数展示图形。

```
plt.show()
```

完整代码和运行结果如下。

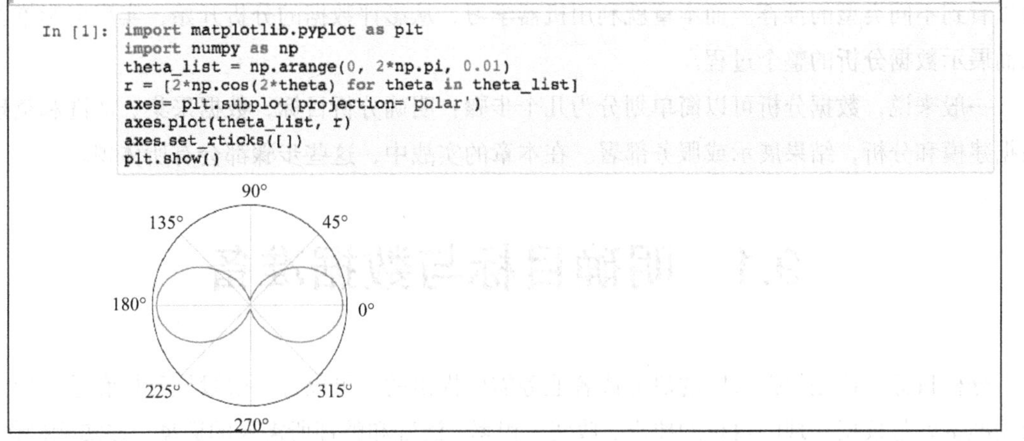
```
In [1]: import matplotlib.pyplot as plt
        import numpy as np
        theta_list = np.arange(0, 2*np.pi, 0.01)
        r = [2*np.cos(2*theta) for theta in theta_list]
        axes= plt.subplot(projection='polar')
        axes.plot(theta_list, r)
        axes.set_rticks([])
        plt.show()
```


图 8-22　利用 Markdown 和 Matplotlib 生成的文档

8.6　本章小结

本章介绍了如何用 Python 绘图工具包 Matplotlib 进行各种图表的制作。作为数据分析完整流程中的最后一个步骤，如何将拥有大量关键信息的分析结果展现出来的重要性不亚于分析过程本身。利用 Matplotlib 绘制的散点图、柱状图等多种图表，可以将数据分析结果以更直观、形象的方式呈现，从而更加高效地将信息传达给分析结果的阅读者。

第 9 章 实战：影评数据分析与电影推荐

本章我们将提供一个利用机器学习进行影评数据分析的案例，并结合分析结果实现对用户进行电影推荐的功能。数据分析是信息时代的一个基础而又重要的工作，面对飞速增长的数据，如何从这些数据中挖掘到更有价值的信息成为一个重要的研究方向。机器学习在各个领域的应用也逐渐成熟，已成为数据分析和人工智能的重要工具。而数据分析和挖掘中很重要的一个应用领域就是推荐。推荐已经开始渐渐影响我们的日常生活，从饮食到住宿、从购物到娱乐，都可以看到不同类型的推荐。而本章就利用机器学习，从影评数据的分析开始，实现电影推荐，从而展示数据分析的整个过程。

一般来说，数据分析可以简单划分为几个步骤：明确分析目标，数据采集、清洗和整理，数据建模和分析，结果展示或服务部署。在本章的实战中，这些步骤都会有所体现。

9.1 明确目标与数据准备

分析目标往往是根据实际的研究或者业务需要提出的，可以分为阶段性目标和总目标。而数据准备就是根据实现的目标的要求，收集、积累、清洗和整理所需要的数据。在实际操作时，明确目标和数据准备并没有完全严格的时间界限。例如，我们在建立分析目标时，数据已经有所积累，而所确定的目标往往就会基于当前已有的数据进行制定或细化，如果数据不够充分或无法完全满足需求，则需要对数据进行补充、整理。

9.1.1 明确目标

本案例的目标相对来说比较明确，最终目标就是要根据用户对不同电影的评分情况实现新的电影推荐。要实现这个目标，其阶段性目标就可能需要包含“找出和某用户有类似观影爱好的用户”“找出和某一个电影有相似的观众群的电影”等。而要完成这些目标，接下来要做的就是准备分析所需要的数据。

9.1.2 数据采集与处理

在进行数据采集时，需要根据实际的业务环境采用不同的方式，例如使用爬虫、对接数据库、使用接口等。有时候，在进行监督学习时，需要对采集的数据进行手工标记。

本案例需要的是用户对电影的评分数据，所以可以使用爬虫获取豆瓣电影影评数据。需要注意的是，用户信息相关的数据需要进行脱敏处理。本案例使用的是开源的数据，而且爬虫技术不是本章的重点，所以在此不再进行说明。不过需要注意的是，写爬虫代码并不是“一劳永逸”的工作，需要根据实际网站的变化进行修改。

获取的数据有两个文件：包含加密的用户 ID、电影 ID、评分值的用户评分文件 ratings.csv，以及包含电影 ID 和电影名称的电影信息文件 movies.csv。本案例的数据较为简单，所以基本上可以省去特征方面的复杂处理过程。

实际操作中，如果获取的数据质量无法保证，就需要对数据进行清洗，包括对数据格式的统一、缺失数据的补充等。在数据清洗完成后，还需要对数据进行整理，例如根据业务逻辑进行分类、去除冗余数据等。在数据整理完成后，需要选择合适的特征，而且特征的选择也应根据后续的分析进行变化。而关于特征的处理有一个专门的研究方向，即特征工程，它是数据分析过程中很重要而且耗时的部分。

9.1.3　工具选择

在实现目标之前，我们需要对数据进行统计分析，从而了解数据的分布情况，以及数据的质量是否能够支撑我们的目标。很适合完成这项工作的一个工具就是 pandas。

pandas 是一个强大的分析结构化数据的工具集，它的基础是 NumPy（提供高性能的矩阵运算），用于数据挖掘和数据分析，同时也提供数据清洗功能。pandas 的主要数据结构是 Series（一维数据）与 DataFrame（二维数据），这两种数据结构足以处理金融、统计、社会科学、工程等领域里的大多数典型用例。本案例中使用的是二维数据，所以更多操作是与 DataFrame 相关的。DataFrame 是 pandas 中的一个表格型的数据结构，包含一组有序的列，每列可以是不同类型的值（数值、字符串、布尔值等）。DataFrame 既有行索引也有列索引，可以被看作是由 Series 组成的字典。

开发工具选择 Jupyter Notebook。Jupyter Notebook（此前被称为 IPython Notebook）是一个交互式笔记本，支持 40 多种编程语言。Jupyter Notebook 的本质是一个 Web 应用程序，便于创建和共享文学化程序文档，支持实时代码、数学方程、可视化和 Markdown。由于其灵活交互的优势，因此很适合探索性质的开发工作。Jupyter Notebook 的安装和使用比较简单，这里就不做详细介绍，仅推荐一个很方便的工具，即 VS Code 开发工具。它可以直接支持 Jupyter，不需要手动启动服务。VS Code Jupyter Notebook 界面如图 9-1 所示。

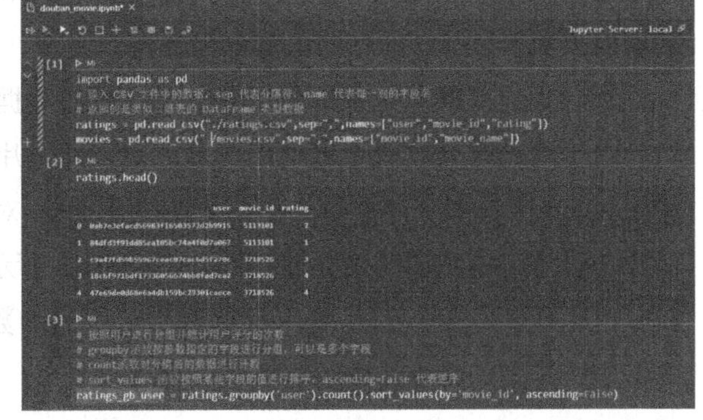

图 9-1　VS Code Jupyter Notebook 界面展示

9.2 初步分析

准备好工具和数据之后，首先需要对数据进行初步分析，一方面可以初步了解数据的构成，另一方面可以判断数据的质量。数据初步分析往往是统计性的、多角度的，带有很强的尝试性。然后再根据得到的结果进行深入的挖掘，得到更有价值的结果。对于当前的数据，我们可以分别从用户和电影两个角度入手。而在进行初步分析之前，需要先导入基础的用户评分数据和电影信息数据，如 Code 9-1 所示。其中读入了 CSV 文件中的数据，sep 代表分隔符，name 代表每一列的字段名，返回的是类似二维表的 DataFrame 类型数据。

Code 9-1　导入基础的用户评分数据和电影信息数据

```
In  [1]:  import pandas as pd
In  [2]:  ratings =
          pd.read_csv("./ratings.csv",sep=",",names=["user","movie_id","rating"])
In  [3]:  movies =
          pd.read_csv("./movies.csv",sep=",",names=["movie_id","movie_name"])
```

9.2.1　用户角度分析

首先可以使用 pandas 的 head 函数来看一下用户评分数据的结构，如 Code 9-2 所示。head 是 DataFrame 的成员函数，用于返回前 *n* 行数据，*n* 是参数，代表选择的行数，默认是 5。

Code 9-2　查看用户评分数据的结构

```
In  [1]:  ratings.head()
Out [1]:      user                              movie_id  rating
          0   0ab7e3efacd56983f16503572d2b9915  5113101   2
          1   84dfd3f91dd85ea105bc74a4f0d7a067  5113101   1
          2   c9a47fd59b55967ceac07cac6d5f270c  3718526   3
          3   18cbf971bdf17336056674bb8fad7ea2  3718526   4
          4   47e69de0d68e6a4db159bc29301caece  3718526   4
```

可以看到，用户 ID 是长度一致的字符串（实际是经过 MD5 处理的字符串）；电影 ID 是数字，所以在之后的分析过程中电影 ID 可能会被当作数字来进行运算。如果想看一下一共有多少条数据，可以使用 rating.shape，其输出的（1048575,3）代表一共有近 105 万条数据，3 对应数据的列数。

然后我们可以看一下用户评分情况，例如数据中一共有多少人参与评论、每个人评论的次数。由于用户评分数据中每个用户可以对多部影片进行评分，因此可以按用户进行分组，然后使用 count 函数来统计数量。为了查看方便，可以对分组计数后的数据进行排序。最后使用 head 函数查看排序后的情况。具体代码如 Code 9-3 所示。其中，groupby 函数按参数指定的字段进行分组，可以是多个字段；count 函数对分组后的数据进行计数；sort_values 函数按照某些字段的值进行排序，ascending=False 代表降序。

Code 9-3　查看用户评分情况

```
In  [1]:  ratings_gb_user =
```

```
            ratings.groupby('user').count().sort_values(by='movie_id',
            ascending=False)
In  [2]:    ratings_gb_user.head()
Out [2]:    user                               movie_id    rating
            535e6f7ef1626bedd166e4dfa49bc0b4    1149        1149
            425889580eb67241e5ebcd9f9ae8a465    1083        1083
            3917c1b1b030c6d249e1a798b3154c43    1062        1062
            b076f6c5d5aa95d016a9597ee96d4600     864         864
            b05ae0036abc8f113d7e491f502a7fa8     844         844
```

可以看出，评分次数最多的用户 ID 是 535e6f7ef1626bedd166e4dfa49bc0b4，一共评了 1149 次。这里 movie_id 和 rating 的数据是相同的，因为其计数规则是一致的，所以 movie_id 属于冗余数据。但是 head 函数获取的数据太少，所以可以使用 describe 函数来查看用户评分统计信息，如 Code 9-4 所示。

Code 9-4　查看用户评分统计信息

```
In  [1]:    ratings_gb_user.describe()
Out [1]:             movie_id          rating
            Count    273826.000000   273826.000000
            mean     3.829348        3.829348
            std      14.087626       14.087626
            min      1.000000        1.000000
            25%      1.000000        1.000000
            50%      1.000000        1.000000
            75%      3.000000        3.000000
            max      1149.000000     1149.000000
```

从统计数据可以看出，一共有 273826 名用户参与了评分，用户评分的平均次数是 3.829348 次，标准差是 14.087626，相对来说还是比较大的。而从最大值、最小值和中位数可以看出，大部分用户对影片的评分次数还是很少的。

如果想更直观地查看数据的分布情况，则可以查看直方图，代码如 Code 9-5 所示。

Code 9-5　查看用户评分直方图

```
In  [1]:    ratings_gb_user.movie_id.hist(bins=50)
Out [1]:
```

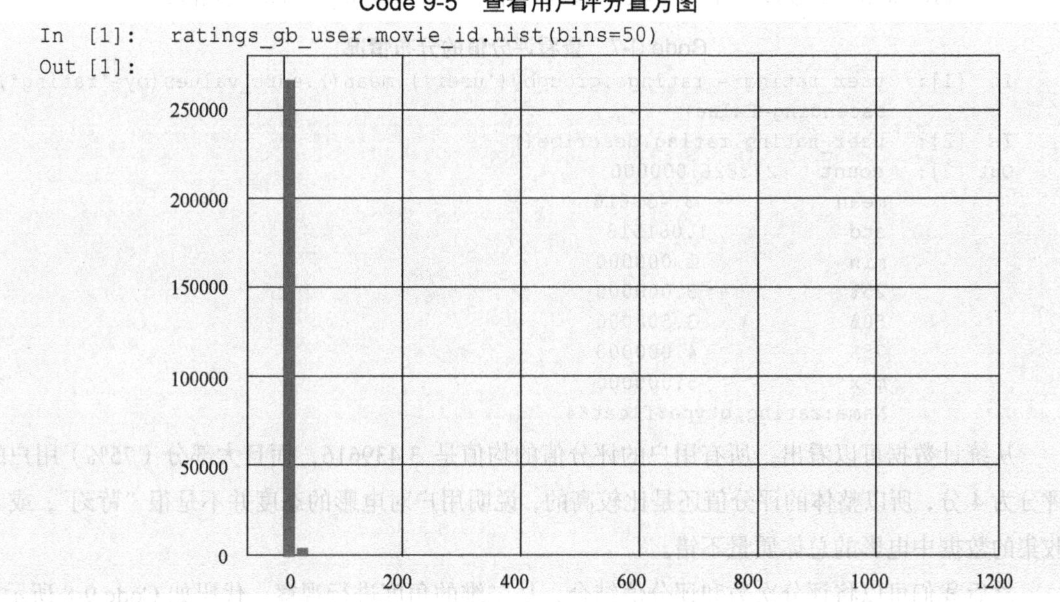

从直方图可以看出，大部分用户集中在评分次数很少的区域，大于 100 的数据基本上看不到。而如果想看某一个区间的数据，就可以使用 range 参数。例如，如果想看评分次数为 1～10 的用户分布情况，参数 range 就可以设置为[1,10]。代码如 Code 9-6 所示。

Code 9-6　查看局部的用户评分直方图

```
In  [1]:  ratings_gb_user.movie_id.hist(bins=50,range[1,10])
Out [1]:
```

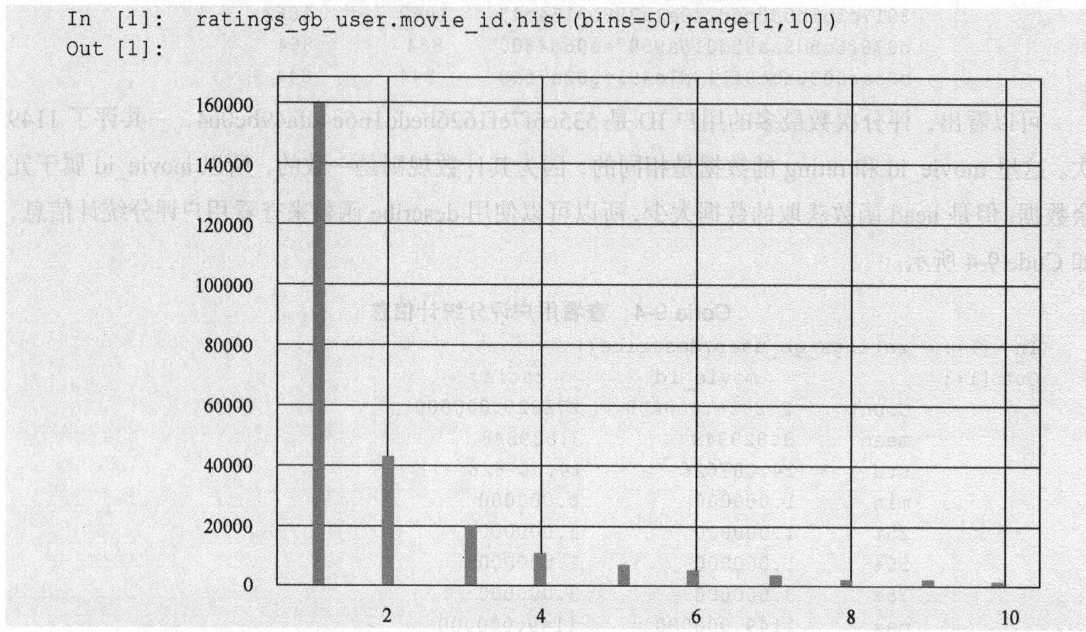

可以看到，无论是整体还是局部，评分次数多的用户数越来越少，而且结合之前的分析，大部分（75%）用户的评分次数都是小于 4 次的。这基本上符合我们对常规的认识。

除了从评分次数上进行分析，我们也可以从评分值上进行统计。代码如 Code 9-7 所示，其中，groupby 函数按参数指定的字段进行分组，可以是多个字段；count 函数对分组后的数据进行计数；sort_values 函数按照某些字段的值进行排序，ascending=False 代表降序。

Code 9-7　查看评分值的分布情况

```
In  [1]:  user_rating = ratings.groupby('user').mean().sort_values(by='rating',
          ascending=False)
In  [2]:  user_rating.rating.describe()
Out [2]:  count    273826.000000
          mean          3.439616
          std          1.081518
          min           1.000000
          25%           3.000000
          50%           3.500000
          75%           4.000000
          max           5.000000
          Name:rating,dtype:float64
```

从统计数据可以看出，所有用户的评分值的均值是 3.439616，而且大部分（75%）用户的评分为 4 分，所以整体的评分值还是比较高的，说明用户对电影的态度并不是很“苛刻”，或者收集的数据中电影的总体质量不错。

之后我们可以将评分次数和评分值结合，从二维的角度进行观察。代码如 Code 9-8 所示。

其中，groupby 函数按参数指定的字段进行分组，可以是多个字段；count 函数对分组后的数据进行计数；sort_values 函数按照某些字段的值进行排序，ascending=False 代表降序。

Code 9-8 查看评分次数和评分值的分布散点图

```
In  [1]:  user_rating = ratings.groupby('user').mean().sort_values(by='rating',
          ascending=False)
In  [2]:  ratings_gb_user =
          ratings_gb_user.rename(columns=
          {'movie_id_x':'movie_id','rating_y':'rating'})
In  [3]:  ratings_gb_user.plot(x='movie_id', y='rating', kind='scatter')
Out [3]:
```

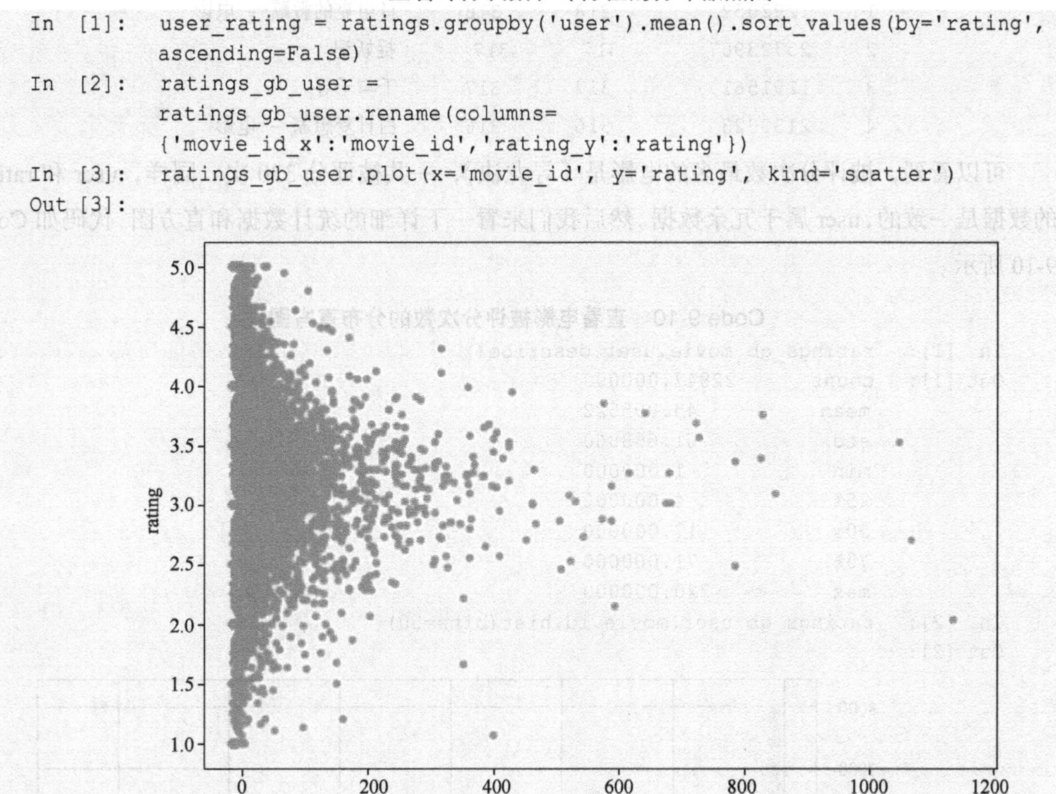

从输出的散点图可以看到，分布基本上呈“>”形状，这表示大部分用户的评分次数较少，而且中间评分值偏多。

9.2.2 电影角度分析

接下来，我们可以用相似的方法，从电影角度来看数据的分布情况，例如每一部电影的被评分次数。如果要获取每一部电影的被评分次数，就需要通过电影 ID 进行分组和计数。为了提高数据的可观性，可以通过关联操作将电影名称也显示出来。通过 pandas 的 merge 函数，我们可以很容易实现数据的关联操作，代码如 Code 9-9 所示。merge 函数中，how 参数代表关联的方式，例如 inner 是内关联，left 是左关联，right 是右关联；on 参数代表关联时使用的键名。由于 ratings 和 movies 对应的电影的字段名是一样的，因此可以只写一个，如果不一样则需要使用 left_on 和 right_on 参数。

Code 9-9 关联电影名称

```
In  [1]:  ratings_gb_movie =
          ratings.groupby('movie_id').count().sort_values(by='user',
          ascending=False)
In  [2]:  ratings_gb_movie = pd.merge(ratings_gb_movie,movies, how='left',
```

```
                on='movie_id')
In  [3]:   ratings_gb_movie.head()
Out [3]:      movie_id    user   rating    movie_name
           0    3077412       320      320        寻龙诀
           1    1292052       318      318        肖申克的救赎 - 电影
           2    25723907      317      317        捉妖记
           3    1291561       317      317        千与千寻
           4    2133323       316      316        白日梦想家 - 电影
```

可以看到，被评分次数最多的电影是《寻龙诀》，一共被评分 320 次。同样，user 和 rating 的数据是一致的，user 属于冗余数据。然后我们来看一下详细的统计数据和直方图，代码如 Code 9-10 所示。

Code 9-10　查看电影被评分次数的分布直方图

```
In  [1]:   ratings_gb_movie.user.describe()
Out [1]:   count     22847.000000
           mean         45.895522
           std          61.683860
           min           1.000000
           25%           4.000000
           50%          17.000000
           75%          71.000000
           max         320.000000
In  [2]:   ratings_gb_user.movie_id.hist(bins=50)
Out [2]:
```

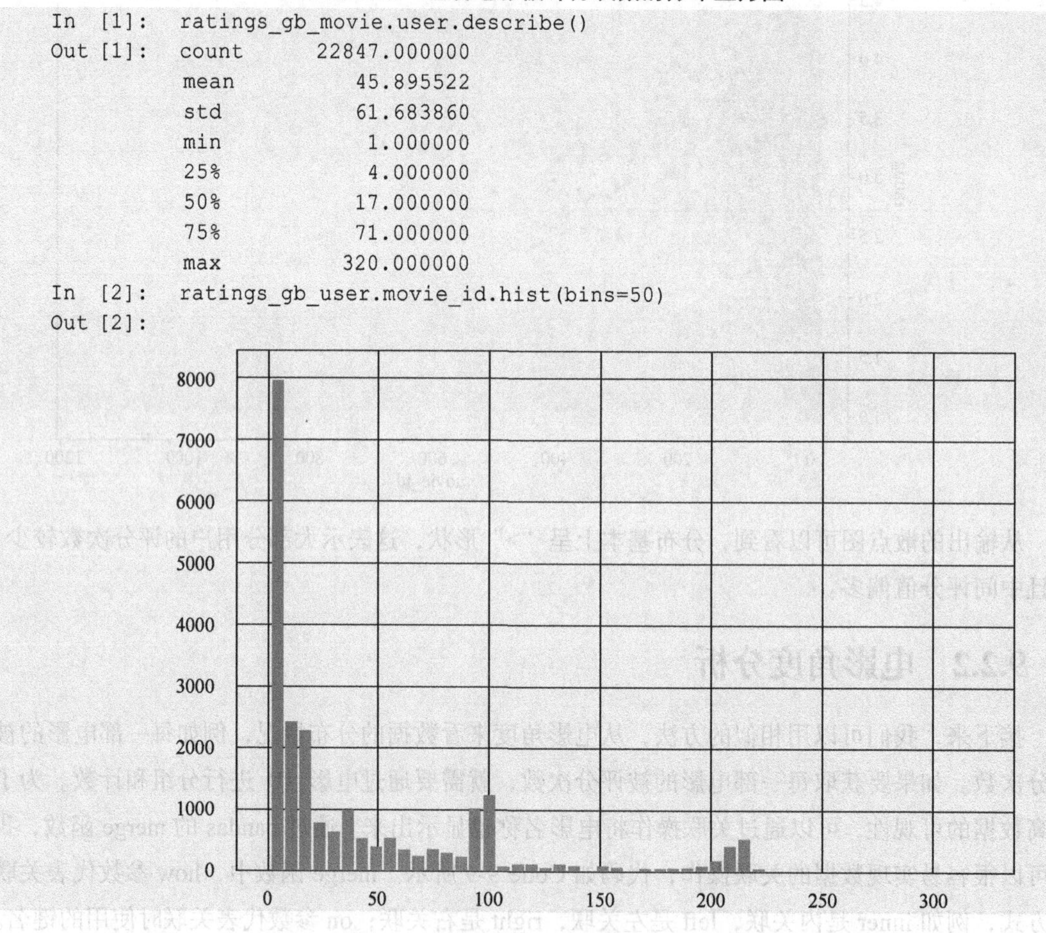

从统计数据可以看到，一共有 22847 部电影被用户评分，平均被评分次数接近 46，大部分（75%）电影被评分 71 次。从直方图可以看到，大约被评分 80 次之前的数据基本上是随着评分次数增加被评分的电影数量在减少，但是在评分 100 次和 200 次左右的电影却有不太正常的增加，再加上从统计数据可以看到分布的标准差也比较大，可以知道数据质量并不是很好，但整体的趋势还是基本符合常识。

接下来同样要对评分值进行观察，代码如 Code 9-11 所示。

Code 9-11　查看电影评分值的分布描述

```
In  [1]:   movie_rating =
           ratings.groupby('movie_id').mean().sort_values(by='rating',
           ascending=False)
In  [2]:   movie_rating.describe()
Out [2]:   count   22847.000000
           mean        3.225343
           std       0.786019
           min       1.000000
           25%       2.800000
           50%       3.333333
           75%       3.764022
           max       5.000000
```

从统计数据可以看出，所有电影的平均分数和中位数很接近，都在 3 左右，说明整体的分布比较均匀。然后我们可以将被评分次数和评分值结合进行观察，代码如 Code 9-12 所示。

Code 9-12　查看电影被评分次数和评分值的分布散点图

```
In  [1]:   ratings_gb_movie = pd.merge(ratings_gb_movie, movie_rating,
           how='left', on='movie_id')
In  [2]:   ratings_gb_movie.head()
Out [2]:   movie_id   user    rating_x movie_name          rating_y
           0  3077412        320       320      寻龙诀              3.506250
           1  1292052        318       318      肖申克的救赎-电影     4.672956
           2  25723907       317       317      捉妖记              3.192429
           3  1291561        317       317      千与千寻             4.542587
           4  2133323        316       316      白日梦想家            3.990506
In  [3]:   ratings_gb_movie.plot(x=' user', y='rating', kind='scatter')
Out [3]:
```

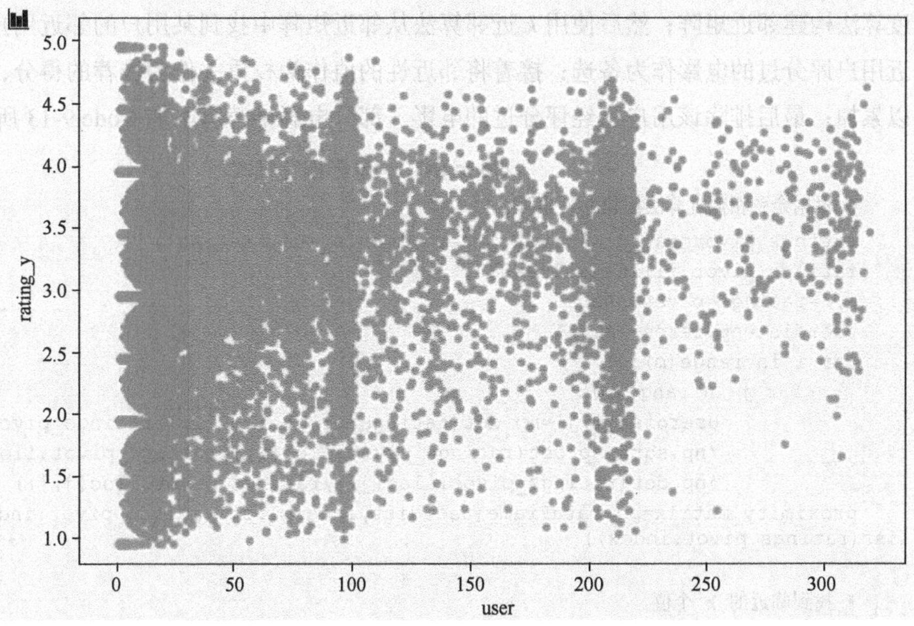

从输出的数据可以看出，有些电影如《寻龙诀》被评分次数很多，但是综合评分并不高，这也符合实际的情况。使用 plot 函数输出散点图。而从散点图可以看出，总体上数据还是呈“>”

分布，但是被评分次数在 100 和 200 左右出现了比较分散的情况，和之前的直方图是相对应的，这也许是一种特殊现象，而是不是一种规律就需要更多的数据来分析和研究。

提示

当前的分析结果也可以有较多用途，例如做一个用户评分量排行榜或者电影评分排行榜等，结合电影标签就可以进行用户的兴趣分析。

9.3 电影推荐

在对数据有足够的认识之后，我们需要继续完成我们的目标，也就是根据当前数据给用户推荐其没有看过的、但是很有可能会喜欢的电影。推荐算法大致可以分为 3 类：协同过滤推荐算法、基于内容的推荐算法和基于知识的推荐算法。其中，协同过滤推荐算法是诞生较早且较为著名的算法，它通过对用户历史行为数据的挖掘发现用户的偏好，基于不同的偏好对用户进行群组划分并推荐相似的商品。

协同过滤推荐算法分为两类，分别是基于用户的协同过滤算法（User-based Collaborative Filtering）和基于商品的协同过滤算法（Item-based Collaborative Filtering）。基于用户的协同过滤算法通过用户的历史行为数据（如商品购买、收藏、评论或分享）发现用户对商品或内容的喜好，并对这些喜好进行度量和打分。根据不同用户对相同商品或内容的态度和喜好程度计算用户之间的关系，然后在有相同喜好的用户间进行商品推荐。其中比较重要的是距离的计算，可以使用余弦相似度算法、Jaccard 相关系数来实现。整体的实现思路就是：首先使用余弦相似度算法构建邻近矩阵；然后使用 k 近邻算法从邻近矩阵中找到某用户的邻近用户，并将这些邻近用户评分过的电影作为备选；接着将邻近性的值作为权重并作为推荐的得分，相同的分数可以累加；最后排除该用户已经评分过的电影。部分电影推荐脚本如 Code 9-13 所示。

Code 9-13 电影推荐脚本

```
    # 根据余弦相似度算法构建邻近矩阵
    ratings_pivot=ratings.pivot('user','movie_id','rating')
    ratings_pivot.fillna(value=0)
    m,n=ratings_pivot.shape
    userdist=np.zeros([m,m])
    for i in range(m):
        for j in range(m):
            userdist[i,j]=np.dot(ratings_pivot.iloc[i,],ratings_pivot.iloc[j,]) \
            /np.sqrt(np.dot(ratings_pivot.iloc[i,],ratings_pivot.iloc[i,])\
            *np.dot(ratings_pivot.iloc[j,],ratings_pivot.iloc[j,]))
    proximity_matrix=pd.DataFrame(userdist,index=list(ratings_pivot.index),columns=
list(ratings_pivot.index))

    # 找到临近的 k 个值
    def find_user_knn(user, proximity_matrix=proximity_matrix, k=10):
        nhbrs=userdistdf.sort(user,ascending=False)[user][1:k+1]
        # 在一列中降序排序，除去第一个数据（自己）后的元素为近邻
```

```
        return nhbrs

    # 获取推荐电影的列表
    def recommend_movie(user, ratings_pivot=ratings_pivot,
     proximity_matrix=proximity_matrix):
        nhbrs=find_user_knn(user, proximity_matrix=proximity_matrix, k=10)
        recommendlist={}
        for nhbrid in nhbrs.index:
            ratings_nhbr=ratings[ratings['user']==nhbrid]
            for movie_id in ratings_nhbr['movie_id']:
                if movie_id not in recommendlist:
                    recommendlist[movie_id]=nhbrs[nhbrid]
                else:
    recommendlist[movie_id]=recommendlist[movie_id]+nhbrs[nhbrid]
        # 排除用户已经评分过的电影
       ratings_user =ratings[ratings['user']==user]
        for movie_id in ratings_user['movie_id']:
            if movie_id in recommendlist:
                recommendlist.pop(movie_id)
        output=pd.Series(recommendlist)
        recommendlistdf=pd.DataFrame(output, columns=['score'])
        recommendlistdf.index.names=['movie_id']
        return recommendlistdf.sort('score',ascending=False)
```

构建邻近矩阵是很消耗内存的操作，如果执行过程中出现内存错误，则需要换内存更大的计算机来运行，或者对数据进行采样处理，从而减少计算量。

代码中给出的是基于用户的协同过滤算法，读者可以试着写出基于电影的协同过滤算法来实现电影推荐，然后对比算法的优良性。

9.4　本章小结

本章我们通过一个影评数据分析与电影推荐的案例，介绍了数据分析的一般流程。数据分析其实是一个比较综合性的内容，其中很多步骤都可以单独作为一个研究方向，例如特征工程。而数据分析的过程又是持续迭代的过程，需要在不断的尝试中进行改进。本章的案例中所涉及的工具和算法只是极少的一部分，想要更好地对数据进行挖掘，就需要更好地掌握更多的工具和算法，然后借助这些工具和算法进行不同角度、不同方式的探索。这也是我们希望本章案例带给读者的启示。

第10章 实战：汽车贷款违约的数据分析

本案例主要是针对一组已经收集好的贷款购买汽车的客户的金融信誉数据来进行建模，并用来预测贷款购买汽车的客户将会违约的概率，以供金融机构判断是否放款。在本案例中主要展示了数据变量的分析、数据预处理的方法、进行数据建模的几种数据挖掘算法、模型可视化与结果分析等部分。

10.1 数据分析常用的Python库

NumPy、pandas和Matplotlib是数据分析的3个核心库。sklearn封装了许多常用的数据挖掘算法。正是由于Python各种强大的数据分析和数据挖掘库，使Python成为数据分析的一种主流工具。

1. NumPy

NumPy是Python数据分析的一个基础库，主要为Python提供了快速处理数组的功能，作为算法与库之间传递数据的容器。除此之外它还包含很多常用的运算方法。

2. pandas

pandas提供了大量能够快速、便捷处理结构化数据的标准数据模型和函数，是一种能够高效操作大型数据集的工具。它提供了复杂精细的索引功能，以便更为便捷地完成重塑、切片和切块、聚合以及选取数据子集等操作，所以本案例中，它被应用于数据清洗中。

3. Matplotlib

Matplotlib是一个Python的2D绘图库，常用于绘制图表和其他二维数据的可视化结果。开发者仅需要编写几行代码，便可以绘图。一般可绘制折线图、散点图、柱状图、饼图、直方图、子图等。Matplotlib是目前最流行的Python可视化库之一。除此之外，还有其他如seaborn这样免费的Python可视化库，开发者可以根据需要自行选择。

4. sklearn

sklearn是机器学习中一个常用的Python第三方模块，它对一些常用的机器学习算法进行了封装，其包含从数据预处理到训练模型的各个方面，使开发者在进行数据分析时无须特别关注算法实现，从而极大地节省编写代码的时间，将更多的精力放在分析数据上。本案例将展示使用 sklearn 构建模型来进行数据分析。

10.2　数据样本分析

数据分析一般是要带有一定的业务目标进行的。所以首先来看一下本案例的分析目标：建立一个数据模型，根据既往申请贷款来购车的客户的一些信息，判断这位客户将会违约的概率，并根据风险判断是否放款。根据这样的目标，就可以对样本进行变量划分了。

10.2.1　初步分析样本的所有变量

首先，需要分析一下数据样本以了解大致情况。数据样本是一份汽车贷款违约数据，其中各项属性如下。

- application_id：账户 ID。
- account_number：账号。
- bad_ind：是否违约。
- vehicle_year：汽车生产年份。
- vehicle_make：汽车制造商。
- bankruptcy_ind：曾经破产标识。
- tot_derog：5 年内信用不良事件数量（比如手机欠费销号）。
- tot_tr：全部账户数量。
- age_oldest_tr：最久账号存续时间（单位为月）。
- tot_open_tr：正在使用的账户数量。
- tot_rev_tr：正在使用的可循环贷款账户数量（信用卡数量）。
- tot_rev_debt：正在使用的可循环贷款账户余额（信用卡余额）。
- tot_rev_line：可循环贷款账户限额（信用卡授信额度）。
- rev_util：可循环贷款账户使用比例（余额/限额）。
- fico_score：FICO 评分。
- purch_price：汽车购买金额（单位为元）。
- msrp：建议售价。
- down_pyt：分期付款的首次交款金额。
- loan_term：贷款期限（单位为月）。
- loan_amt：贷款金额。
- ltv：贷款金额/建议售价×100。
- tot_income：月均收入（单位为元）。
- veh_mileage：行驶里程（单位为公里）。

- used_ind：是不是二手车。
- weight：样本权重。

首先看一下数据样本总体情况，代码如 Code 10-1 所示。

Code 10-1 数据样本总体情况

```
data.shape
#(5845, 25)
```

可以看出，本案例的数据样本一共有 5845 条，其中包含 25 条属性。接下来使用 describe 函数查看数据样本概况，代码如 Code 10-2 所示，运行结果如图 10-1 所示。

Code 10-2 数据样本概况

```
data.describe().T
```

	count	mean	std	min	25%	50%	75%	max
application_id	5845.0	5.039359e+06	2.880450e+06	4065.0	2513980.000	5110443.00	7526973.00	10000115.00
account_number	5845.0	5.021740e+06	2.873516e+06	11613.0	2567174.000	4988152.00	7556672.00	10010219.00
bad_ind	5845.0	2.047904e-01	4.035829e-01	0.0	0.000	0.00	0.00	1.00
vehicle_year	5844.0	1.901794e+03	4.880244e+02	0.0	1997.000	1999.00	2000.00	9999.00
tot_derog	5632.0	1.910156e+00	3.274744e+00	0.0	0.000	0.00	2.00	32.00
tot_tr	5632.0	1.708469e+01	1.081406e+01	0.0	9.000	16.00	24.00	77.00
age_oldest_tr	5629.0	1.543043e+02	9.994054e+01	1.0	78.000	137.00	205.00	588.00
tot_open_tr	4426.0	5.720063e+00	3.165783e+00	0.0	3.000	5.00	7.00	26.00
tot_rev_tr	5207.0	3.093336e+00	2.401923e+00	0.0	1.000	3.00	4.00	24.00
tot_rev_debt	5367.0	6.218620e+03	8.657668e+03	0.0	791.000	3009.00	8461.50	96260.00
tot_rev_line	5367.0	1.826266e+04	2.094261e+04	0.0	3235.500	10574.00	26196.00	205395.00
rev_util	5845.0	4.344448e+01	7.528998e+01	0.0	5.000	30.00	66.00	2500.00
fico_score	5531.0	6.935287e+02	5.784152e+01	443.0	653.000	693.00	735.50	848.00
purch_price	5845.0	1.914524e+04	9.356070e+03	0.0	12684.000	18017.75	24500.00	111554.00
msrp	5844.0	1.864318e+04	1.019050e+04	0.0	12050.000	17475.00	23751.25	222415.00
down_pyt	5845.0	1.325376e+03	2.435177e+03	0.0	0.000	500.00	1750.00	35000.00
loan_term	5845.0	5.680616e+01	1.454766e+01	12.0	51.000	60.00	60.00	660.00
loan_amt	5845.0	1.766007e+04	9.095268e+03	2133.4	11023.000	16200.00	22800.00	111554.00
ltv	5844.0	9.878525e+01	1.808215e+01	0.0	90.000	100.00	109.00	176.00
tot_income	5840.0	6.206255e+03	1.073186e+05	0.0	2218.245	3400.00	5156.25	8147166.66
veh_mileage	5844.0	2.016798e+04	2.946418e+04	0.0	1.000	8000.00	34135.50	999999.00
used_ind	5845.0	5.647562e-01	4.958313e-01	0.0	0.000	1.00	1.00	1.00
weight	5845.0	3.982036e+00	1.513436e+00	1.0	4.750	.75	4.75	4.75

图 10-1 数据样本概况

依据本次数据分析的目标，即预测客户是否违约，可以将数据样本划分为两部分，第一部分将 bad_ind 作为目标变量，是数据样本中判断客户是否违约的 *Y* 变量；第二部分是其他变量：vehicle_year、vehicle_make、bankruptcy_ind、tot_derog、tot_tr、age_oldest_tr、tot_open_tr、tot_rev_tr、tot_rev_debt、tot_rev_line、rev_util、fico_score、purch_price、、msrp、down_pyt、loan_term、loan_amt、ltv、tot_income、veh_mileage、used_ind、weight，它们作为判断客户是否违约的 *X* 变量。后文的数据模型就基于这些 *X* 变量，来预测客户是否违约。

application_id、account_number 二者作为账户 ID 和账号不具有统计意义，所以在下面的分析中就可以暂时忽略这两个变量，只分析其余 23 个变量即可。

10.2.2 变量类型分析

变量可以分为分类变量和连续变量。分类变量是如物品的品牌这样的非连续变量，而连续变量是如考试分数这样的连续变量。但在实践中，有些数据如生产年份会根据其需求划分为分类变量或连续变量，也会出现存储值是 0 和 1 这样数值型连续变量，但其含义是性别是男或女这样的分类变量。不同的变量类型有不同的处理方法。具体分析中本数据集的变量类型如下。

```
application_id        int64
account_number        int64
bad_ind               int64
vehicle_year          float64
vehicle_make          Object
bankruptcy_ind        Object
tot_derog             float64
tot_tr                float64
age_oldest_tr         float64
tot_open_tr           float64
tot_rev_tr            float64
tot_rev_debt          float64
tot_rev_line          float64
rev_util              int64
fico_score            float64
purch_price           float64
msrp                  float64
down_pyt              float64
loan_term             int64
loan_amt              float64
ltv                   float64
tot_income            float64
veh_mileage           float64
used_ind              int64
weight                float64
```

第一步，可以先粗略地划分 int64 变量和 float64 变量为连续变量，其他类型的变量为分类变量。第二步，在后文分析 X 变量并针对具体的每一项属性进行数据探索和分析时，根据变量的实际含义再次划分。

10.2.3 Python 代码实践

如 Code 10-3 所示，它完整地展示了数据引入与初步分析的过程。

Code 10-3　数据引入与初步分析

```
#引入库
```

```
import pandas as pd
import numpy as np
import matplotlib.pyplot as plt
import seaborn as sns
import os
#读入数据
  data = pd.read_csv(path_name)
#data = pd.read_csv('data.csv')
#查看样本形状、样本条数、样本属性数量
data.shape
#查看前 5 条数据
data.head()
#查看数据大概情况
  data.describe().T
#查看变量类型
  data.dtypes
  #通过 duplicated 函数检查，发现 application_id 和 account_number 都是样本的唯一编号，且二
者同值，取其一即可
data.loc[:,['application_id','account_number']].duplicated().sum()
  #分别划分 X 变量与 Y 变量
x_var_list=['vehicle_year', 'vehicle_make', 'bankruptcy_ind', 'tot_derog',
'tot_tr','age_oldest_tr', 'tot_open_tr', 'tot_rev_tr', 'tot_rev_debt',
'tot_rev_line','rev_util', 'fico_score', 'purch_price', 'msrp', 'down_pyt',
'loan_term', 'loan_amt','ltv', 'tot_income', 'veh_mileage', 'used_ind', 'weight']
data_x=data.loc[:,x_var_list]
data_y=data.loc[:,'bad_ind']
```

10.3 数据分析的预处理

样本划分好后，一般不能直接用来构建模型，因为原始数据可能会存在数据缺失、数据格式有误等，所以需要对原始数据进行清洗和标准化，以便得到想要的数据，然后进行更好的数据分析。

10.3.1 目标变量探索

首先查看一下数据正、负样本数量，代码如 Code 10-4 所示。

Code 10-4 查看数据正、负样本数量

```
data_y.value_counts()
#可以得到如下结果
#bad_ind   count
  #0    4648
#1      1197
```

可以看出，有 4648 条正样本、1197 条负样本。这说明违约率大约为 20%。但是假如正样本或者负样本数量非常小，例如负样本只有几十条，是非常不利于分析的，这可能需要考虑重新选定目标变量。

10.3.2　*X* 变量初步探索

接下来用 describe 函数来查看一下 22 个 *X* 变量的总体情况，如图 10-2 所示。其输出结果中的统计数据包括数量（count）、唯一数值（unique）、频次最高的项（top）、频次最高的数量（freq）、均值（mean）、标准差（std）、最小值（min）、25%～75%分位值、最大值（max）等，能够从总体上描述出 *X* 变量的总体情况。

	count	unique	top	freq	mean	std	min	25%	50%	75%	max
vehicle_year	5844	NaN	NaN	NaN	1901.79	488.024	0	1997	1999	2000	9999
vehicle_make	5546	154	FORD	1112	NaN	NaN	NaN	NaN	NaN	NaN	NaN
bankruptcy_ind	5628	2	N	5180	NaN	NaN	NaN	NaN	NaN	NaN	NaN
tot_derog	5632	NaN	NaN	NaN	1.91016	3.27474	0	0	0	2	32
tot_tr	5632	NaN	NaN	NaN	17.0847	10.8141	0	9	16	24	77
age_oldest_tr	5629	NaN	NaN	NaN	154.304	99.9405	1	78	137	205	588
tot_open_tr	4426	NaN	NaN	NaN	5.72006	3.16578	0	3	5	7	26
tot_rev_tr	5207	NaN	NaN	NaN	3.09334	2.40192	0	1	3	4	24
tot_rev_debt	5367	NaN	NaN	NaN	6218.62	8657.67	0	791	3009	8461.5	96260
tot_rev_line	5367	NaN	NaN	NaN	18262.7	20942.6	0	3235.5	10574	26196	205395
rev_util	5845	NaN	NaN	NaN	43.4445	75.29	0	5	30	66	2500
fico_score	5531	NaN	NaN	NaN	693.529	57.8415	443	653	693	735.5	848
purch_price	5845	NaN	NaN	NaN	19145.2	9356.07	0	12684	18017.8	24500	111554
msrp	5844	NaN	NaN	NaN	18643.2	10190.5	0	12050	17475	23751.2	222415
down_pyt	5845	NaN	NaN	NaN	1325.38	2435.18	0	0	500	1750	35000
loan_term	5845	NaN	NaN	NaN	56.8062	14.5477	12	51	60	60	660
loan_amt	5845	NaN	NaN	NaN	17660.1	9095.27	2133.4	11023	16200	22800	111554
ltv	5844	NaN	NaN	NaN	98.7852	18.0821	0	90	100	109	176
tot_income	5840	NaN	NaN	NaN	6206.26	107319	0	2218.24	3400	5156.25	8.14717e+06
veh_mileage	5844	NaN	NaN	NaN	20168	29464.2	0	1	8000	34135.5	999999
used_ind	5845	NaN	NaN	NaN	0.564756	0.495831	0	0	1	1	1
weight	5845	NaN	NaN	NaN	3.98204	1.51344	1	4.75	4.75	4.75	4.75

图 10-2　22 个 *X* 变量的总体情况

从图 10-2 可以看出大部分变量的数量都和数据样本总量不相等，即存在缺失值。那么接下来查看一下这些变量的缺失情况，代码如 Code 10-5 所示。

Code 10-5　查看各个变量的缺失情况

```
data_x.isnull().sum()
'''
结果如下：
vehicle_year        1
vehicle_make      299
bankruptcy_ind    217
tot_derog         213
tot_tr            213
age_oldest_tr     216
tot_open_tr       1419
tot_rev_tr        638
tot_rev_debt      478
tot_rev_line      478
rev_util          0
fico_score        314
purch_price       0
msrp              1
down_pyt          0
```

```
loan_term          0
loan_amt           0
ltv                1
tot_income         5
veh_mileage        1
used_ind           0
weight             0
'''
```

针对缺失值，一般可以采用填充和不填充两种处理方式。填充时，一般可以采用中位数或者均值填充；不填充时，一般可以把缺失值单独当作一类来分析。下面将分别对连续变量和分类变量举例以进行分析与预处理。

10.3.3 连续变量的缺失值处理

首先对连续变量 tot_income（月均收入）进行分析。首先，查看月均收入的总体分布情况和缺失值情况，代码如 Code 10-6 所示。

Code 10-6 查看月均收入的总体分布情况和缺失值情况

```
 data_x['tot_income'].value_counts(dropna=False)
#tot_income  count
  #2500.00    163
#2000.00    141
#5000.00    135
#3000.00    129
#4000.00    116
#0.00      115
#3500.00     93
#3333.33     87
#…
data_x['tot_income'].isnull().sum()
# 5
```

从上面的结果可以看到，月均收入有 5 条缺失值。然后，查看月均收入缺失时的客户违约分布情况，代码如 Code 10-7 所示。

Code 10-7 查看月均收入缺失时的客户违约分布情况

```
data_y.groupby(data_x['tot_income']).agg(['count','mean'])
# unknown          5  0.200000
```

可以看到，月均收入缺失时客户的违约率与 20%的平均违约率基本一致，这说明可以直接选择中位数进行填充。另一方面，由于缺失条数比较少，从统计意义上来看，当客户的违约率与平均违约率差异较大时，缺失值也不适合单独作为一类进行处理。所以针对这样的问题，直接选择该数据的中位数填充缺失值即可，代码如 Code 10-8 所示。

Code 10-8 对月均收入进行中位数填充

```
data_x['tot_income']=data_x['tot_income'].fillna(data_x['tot_income'].median())
```

此外，针对连续变量还可以进行数据盖帽的预处理操作。所谓盖帽，是一种异常值处理手段，目的是将变量的值控制在一定的范围内，一般采用分位数来限定其范围。一般限定数据的最大值为 75%分位值+1.5×（75%分位值-5%分位值）。现在查看月均收入的分布情况，代码如

Code 10-9 所示。

Code 10-9　查看月均收入的分布情况

```
q25=data_x['tot_income'].quantile(0.25)
q75=data_x['tot_income'].quantile(0.75)
max_qz=q75+1.5*(q75-q25)
sum(data_x['tot_income']>max_qz)
#359
```

根据计算得出，有 359 条数据超过了理论最大值。直接进行盖帽，用最大值替换超过最大值的样本数据值，代码如 Code 10-10 所示。

Code 10-10　对超过范围的月均收入进行盖帽操作

```
temp_series=data_x['tot_income']>max_qz
data_x.loc[temp_series,'tot_income']=max_qz
data_x['tot_income'].describe()
```

接下来，对另一个连续变量 tot_rev_line（信用卡授信额度）进行数据的预处理操作。首先，查看数据分布和缺失值情况，代码如 Code 10-11 所示。

Code 10-11　查看信用卡授信额度分布与缺失值情况

```
data_x['tot_rev_line'].value_counts(dropna=False)
data_x['tot_rev_line'].describe().T
data_x['tot_rev_line'].isnull().sum()
#478
```

可以看到，信用卡授信额度存在 478 条缺失值。然后，查看数据缺失时客户的违约情况，代码如 Code10-12 所示。

Code 10-12　查看信用卡授信额度缺失时客户的违约情况

```
data_x['tot_rev_line1']=data_x['tot_rev_line'].fillna('unknown')
data_y.groupby(data_x['tot_rev_line1']).agg(['count','mean'])
#unknown        478  0.336820
```

可以看到，该数据缺失时客户的违约率明显高于平均违约率，此时就不宜采用中位数填充的方法进行处理了，并且需要尽量保留这一信息。

然后，检查有无超出最大范围的异常值，若有这样的值，进行盖帽操作即可，代码如 Code10-13 所示。

Code 10-13　信用卡授信额度分布情况与盖帽操作

```
q25=data_x['tot_rev_line'].quantile(0.25)
q75=data_x['tot_rev_line'].quantile(0.75)
max_qz=q75+1.5*(q75-q25)
sum(data_x['tot_rev_line']>max_qz)
#259
temp_series=data_x['tot_rev_line']>max_qz
data_x.loc[temp_series,'tot_rev_line']=max_qz
data_x['tot_rev_line'].describe()
```

除了这些预处理手段，针对连续变量还可以选择对数据进行分箱操作。分箱就是按照某种规则将数据进行分类，一般可以等距或等频分类，这样可以简化模型，方便计算和分析。当对所有变量进行分箱时，可以将所有变量变换到相似的尺度上，这样利于分析。也可以把缺失值作为一组独立的箱带入模型。比如信用卡授信额度，将其缺失值标记为“999999”，作为独立的箱，并将其余数据分成 10 箱。具体代码如 Code 10-14 所示。

Code 10-14 信用卡授信额度分箱操作

```
    data_x['tot_rev_line_fx']=pd.qcut(data_x['tot_rev_line'],10,labels=False,
    duplicates='drop')
data_x['tot_rev_line_fx']=data_x['tot_rev_line_fx'].fillna(999999)
data_y.groupby(data_x['tot_rev_line_fx']).agg(['count','mean'])
'''
tot_rev_line_fx          count          mean
0.0                      544            0.351103
1.0                      530            0.286792
2.0                      546            0.271062
3.0                      535            0.244860
4.0                      529            0.219282
5.0                      537            0.182495
6.0                      536            0.128731
7.0                      536            0.093284
8.0                      537            0.093110
9.0                      537            0.057728
999999.0                 478            0.336820
'''
```

从分箱结果可以看出，信用卡授信额度越低，客户违约的可能性越大，且不填写信用卡额度的客户的违约率也非常高。

10.3.4 分类变量的缺失值处理

在前面初次划分变量时，将 int64 和 float64 变量划分成连续变量。但是有时这样分类并不准确，需要结合生产实际来进行判断。比如 vehicle_year（汽车生产年份），虽然是数值型变量却属于分类变量。

接下来对其进行预处理。首先，查看数据分布与缺失值情况，代码如 Code10-15 所示。

Code 10-15 汽车生产年份分布与缺失值情况

```
  data_x.loc[:,'vehicle_year'].value_counts().sort_index()
data_x['vehicle_year'].isnull().sum()
  data_y.groupby(data_x['vehicle_year']).agg(['count','mean'])
  '''
vehicle_year    count
0.0           298
1977.0          1
1982.0          1
1985.0          1
1986.0          2
1988.0          1
1989.0          3
1990.0         12
1991.0         19
1992.0         32
1993.0         79
1994.0        170
1995.0        272
1996.0        454
1997.0        713
```

```
1998.0    653
1999.0   1045
2000.0   2083
2001.0      1
9999.0      4
  vehicle_year    count    mean
  0.0             298      0.208054
1977.0            1        0.000000
1982.0            1        1.000000
1985.0            1        0.000000
1986.0            2        0.500000
1988.0            1        0.000000
1989.0            3        0.333333
1990.0            12       0.083333
1991.0            19       0.052632
1992.0            32       0.250000
1993.0            79       0.227848
1994.0            170      0.282353
1995.0            272      0.261029
1996.0            454      0.237885
1997.0            713      0.210379
1998.0            653      0.215926
1999.0            1045     0.210526
2000.0            2083     0.175228
2001.0            1        0.000000
9999.0            4        0.250000
'''
```

根据结果并结合实际情况得出，0 年和 9999 年都属于无效数据，可以将它们等同于缺失值进行处理。另外，这些无效数据的违约率并没有明显异常于平均违约率，所以采用中位数填充缺失值即可，代码如 Code 10-16 所示。

Code 10-16　汽车生产年份缺失值处理

```
    data_x.loc[:,'vehicle_year'][data_x.loc[:,'vehicle_year'].isin([0,9999])]
    =np.nan
data_x['vehicle_year']=data_x['vehicle_year'].fillna(data_x['vehicle_year'].
    median())
'''
  vehicle_year    count   mean
1977.0               1  0.000000
1982.0               1  1.000000
1985.0               1  0.000000
1986.0               2  0.500000
1988.0               1  0.000000
1989.0               3  0.333333
1990.0              12  0.083333
1991.0              19  0.052632
1992.0              32  0.250000
1993.0              79  0.227848
1994.0             170  0.282353
1995.0             272  0.261029
1996.0             454  0.237885
1997.0             713  0.210379
1998.0             653  0.215926
1999.0            1348  0.209941
```

```
2000.0        2083  0.175228
2001.0           1  0.000000
'''
```

接下来继续对分类变量 bankruptcy_ind（曾经破产标识）进行数据预处理。首先，查看数据分布与缺失值情况，代码如 Code 10-17 所示。

Code 10-17 曾经破产标识分布与缺失值情况

```
  data_x['bankruptcy_ind'].value_counts(dropna=False)
'''
  N     5180
Y      448
NaN    217
'''
```

可以看到，曾经破产标识存在 217 条缺失值。然后，查看数据缺失时客户的违约情况，代码如 Code 10-18 所示。

Code 10-18 曾经破产标识缺失时客户的违约情况

```
  data_x['bankruptcy_ind1']=data_x['bankruptcy_ind'].fillna('unknown')
data_y.groupby(data_x['bankruptcy_ind1']).agg(['count','mean'])
'''
  bankruptcy_ind   count   mean
N                 5180   0.196332
Y                  448   0.229911
unknown            217   0.354839
'''
```

此时，可以看出未破产过的客户的违约率和平均违约率相差不大，但缺失数据的客户的违约率明显高于平均违约率。这意味着缺失值是有意义的，所以最好保留缺失值，将其单独作为一类处理。

10.4 数据分析的模型建立与模型评估

前文对数据预处理进行了介绍，下面进入建立模型阶段。本节将会采用 sklearn 库建立几种不同的数据挖掘模型来分析数据。并且为了简化模型，本节将采用数值型的连续变量类型的 *X* 变量建立模型并采用中位数填充缺失值的方式进行数据预处理。

10.4.1 数据预处理与训练集划分

为了简化模型，本节只采用了连续变量，并以中位数填充缺失值。我们需要将样本划分为训练集与测试集，训练集用于对模型进行训练，测试集用于建立模型后，测试其准确性。一般测试集占数据集的 20%～30%。所以将数据集的 75%划分为训练集、25%划分为测试集。具体代码如 Code 10-19 所示。

Code 10-19 数据预处理与训练集划分

```
  # 重新划分 X 与 Y 变量
      x_var_list=['tot_derog', 'tot_tr', 'age_oldest_tr', 'tot_open_tr',
'tot_rev_tr', 'tot_rev_debt', 'tot_rev_line', 'rev_util', 'fico_score', 'purch_price',
'msrp', 'down_pyt', 'loan_term', 'loan_amt', 'ltv', 'tot_income', 'veh_mileage',
```

```
'used_ind']
    data_x=data.loc[:,x_var_list]
    data_y=data.loc[:,'bad_ind']

    #用中位数填充缺失值
    temp=data_x.median()
    temp_dict={}
    for i in range(len(list(temp.index))):
        temp_dict[list(temp.index)[i]]=list(temp.values)[i]
    data_x_fill=data_x.fillna(temp_dict)

    #使用 train_test_split 划分训练集与测试集
    from sklearn.model_selection import train_test_split
    train_x, test_x, train_y, test_y=train_test_split(data_x_fill, data_y,
        test_size=0.25, random_state=12345)
```

10.4.2 采用回归模型进行数据分析

回归模型是一种常用的数据挖掘模型，本次采用的模型是回归模型中的线性回归模型。线性回归模型是回归模型中最简单也是最常用的一种回归模型，刻画了 X 变量与 Y 变量的线性关系。具体代码如 Code 10-20 所示。

Code 10-20　使用线性回归模型进行数据分析

```
    #引入线性回归库
    from sklearn.linear_model import LinearRegression
    linear = LinearRegression()
    #模型训练
    model = linear.fit(train_x,train_y)
    #查看相关系数
    linear.intercept_
    linear.coef_
    #排序得出权重最大的几个变量
    var_coef=pd.DataFrame()
    var_coef['var']=x_var_list
    var_coef['coef']=linear.coef_
    var_coef.sort_values(by='coef', ascending=False)
    '''
                  var          coef
    0       tot_derog     4.599054e-03
    14            ltv     2.893293e-03
    3     tot_open_tr     2.534583e-03
    4      tot_rev_tr     2.319716e-03
    7        rev_util     1.917781e-04
    11       down_pyt     2.219079e-06
    9     purch_price     9.165468e-07
    10           msrp     7.331697e-07
    16    veh_mileage    -1.595561e-08
    15     tot_income    -8.046111e-08
    6    tot_rev_line    -3.459463e-07
      13        loan_amt  -1.490595e-06
    5    tot_rev_debt    -2.911129e-06
    2   age_oldest_tr    -1.479418e-04
```

```
12     loan_term    -3.261733e-04
8      fico_score   -1.790735e-03
1        tot_tr     -2.394301e-03
17      used_ind    -4.796894e-03
'''
```

经过训练，对模型的各个变量根据权重进行排序，得到 tot_derog（5 年内信用不良事件数量）、ltv（贷款金额）、tot_open_tr（正在使用的账户数量）、tot_rev_tr（信用卡数量）等变量对 *Y* 变量的影响最大的结论。接下来用测试集对模型进行评估，代码如 Code 10-21 所示。

Code 10-21　评估线性回归模型

```
 import sklearn.metrics as metrics
fpr, tpr, th = metrics.roc_curve(test_y, linear.predict(test_x))
metrics.auc(fpr, tpr)

 # 0.7692524355490755
```

这里采用 auc 评估指标来进行模型评估。auc 指 ROC 曲线下的面积，它是评估二分类预测模型优劣的标准。而 ROC 曲线指的是横坐标代表预测结果的伪阳性率、纵坐标代表预测结果的真阳性率的二维图像。ROC 曲线距离左上角越近，证明分类效果越好，即（0,1）是最完美的预测结果。

针对测试集 test_x 预测 *Y* 变量的值为 1（违约）或 0（未违约）的结果，结合测试集的真实结果集 test_y，得出 auc 评估指标为 0.7692524355490755。然后，绘制 ROC 曲线来查看预测结果，代码如 Code 10-22 所示，绘制结果如图 10-3 所示。

Code 10-22　线性回归模型 ROC 曲线

```
 import matplotlib.pyplot as plt
plt.figure(figsize=[8, 8])
plt.plot(fpr, tpr, color='b')
plt.plot([0, 1], [0, 1], color='r', alpha=.5, linestyle='--')
plt.show()
```

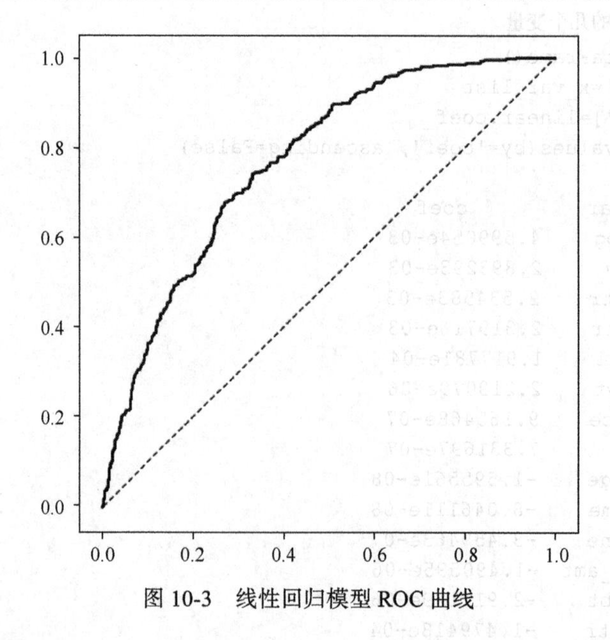

图 10-3　线性回归模型 ROC 曲线

10.4.3　采用决策树模型进行数据分析

决策树是一种常用的分类和数据挖掘模型。通过计算每个阶段的最大信息增益，添加分支来建立决策树。浅层的决策树具有视觉上比较直观、易于理解的特点。但是随着树的深度的增加，也带来了易于过拟合、难以理解等缺点。

首先，采用默认参数来建立模型，查看模型分析的效果，代码如 Code 10-23 所示。

Code 10-23　使用默认参数建立决策树模型以进行数据分析

```
##采用决策树模型进行数据分析
from sklearn.tree import DecisionTreeClassifier
tree = DecisionTreeClassifier()
#模型训练
tree.fit(train_x,train_y)
#查看树的深度
len(np.unique(tree2.apply(train_x))
#此时树的深度为 649
#查看模型训练效果
fpr,tpr,th = metrics.roc_curve(test_y, tree.predict_proba(test_x.values)[:,1])
metrics.auc(fpr, tpr)
#0.5654643559325778
```

此时的 auc 评估指标为 0.5654643559325778，不是很理想，且树的深度为 649。前文介绍决策树时说过，深层的决策树很容易造成过拟合等问题，所以下面调整参数，比如树的深度和叶子节点大小，来重新建立决策树，代码如 Code 10-24 所示。

Code 10-24　调整参数以重新建立决策树模型

```
#调整参数，重新建立决策树,重新设置树的深度和叶子节点大小
tree2 = DecisionTreeClassifier(max_depth=20,min_samples_leaf=100)
tree2.fit(train_x,train_y)
#查看树的深度
len(np.unique(tree2.apply(train_x)))
#优化后树的深度为 32
#查看 auc 评估指标
fpr,tpr,th= metrics.roc_curve(test_y, tree2.predict_proba(test_x.values)[:,1])
metrics.auc(fpr, tpr)
#0.746244504826916
```

此时，训练结果的 auc 评估指标为 0.746244504826916，相比于默认值，提升了非常多。但是为什么要将树的深度设置为 20、叶子节点大小设置为 100 呢？这都是通过经验和多次调试得来的。大家可以尝试采用不同的参数组合分别建立模型，找出 auc 评估指标最高的参数组合。

我们可以查看训练后生成的决策树（如图 10-4 所示），代码如 Code 10-25 所示。最后，对决策树模型进行评估，得到 ROC 曲线（如图 10-5 所示），代码如 Code 10-26 所示。

Code 10-25　查看决策树

```
#查看决策树，通过 plot_tree 函数，绘制决策树的整体结构
plt.figure(figsize=[16,10])
plot_tree(tree2, filled=True)
plt.show()
```

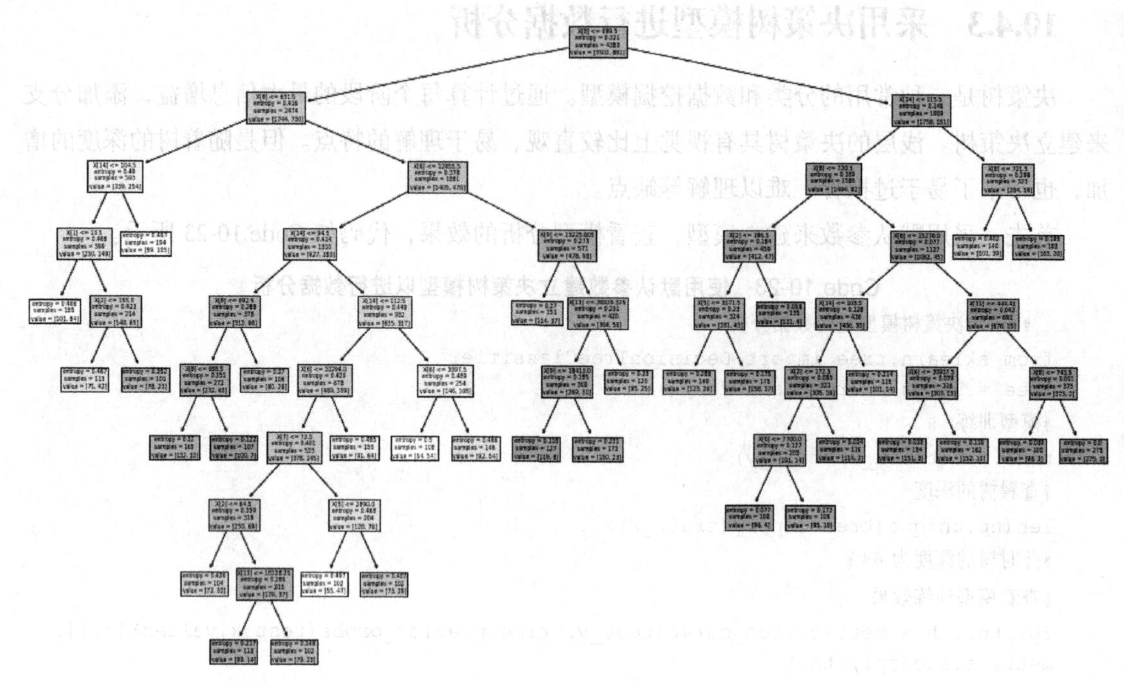

图 10-4　决策树

Code 10-26　评估决策树模型

```
#查看 ROC 曲线
plt.figure(figsize=[8, 8])
plt.plot(fpr, tpr, color='b')
plt.plot([0, 1], [0, 1], color='r', alpha=.5, linestyle='--')
plt.show()
```

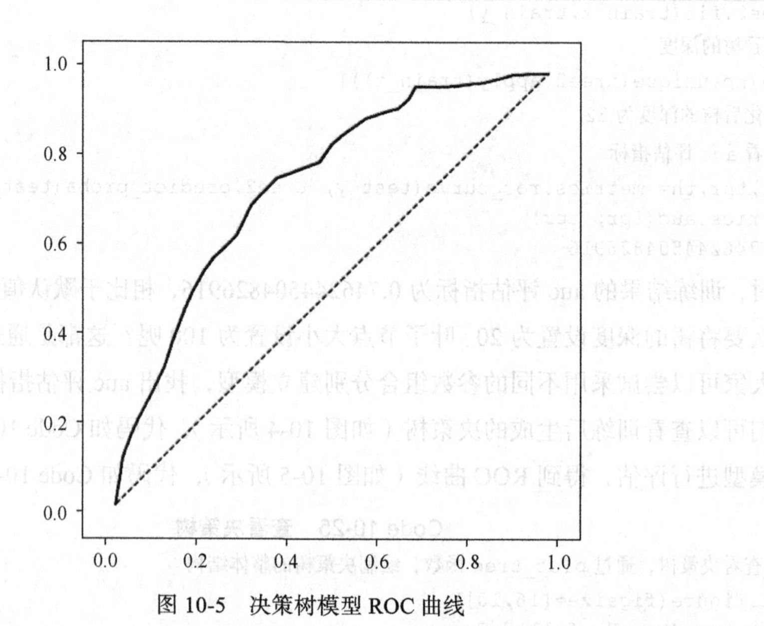

图 10-5　决策树模型 ROC 曲线

10.4.4　采用随机森林模型优化决策树模型

随机森林是一种包含多个决策树的分类器，一般取随机森林的众数，这样能够减少决策树模型的误差，提高分类的精准性。首先，查看默认参数下的随机森林模型，代码如 Code 10-27 所示。

Code 10-27　使用默认参数建立随机森林模型以进行数据分析

```
#采用随机森林模型进行分类预测
from sklearn.ensemble import RandomForestClassifier
forest =  RandomForestClassifier()
#模型训练
forest.fit(train_x,train_y)
#查看 auc 评估指标
fpr,tpr,th=metrics.roc_curve(test_y,
    forest.predict_proba(test_x.values)[:,1])
metrics.auc(fpr, tpr)
#0.7069692049395807
```

此时的 auc 评估指标为 0.7069692049395807，相比于默认参数下的决策树模型，有很大的提升。然后，调整树的深度等参数，重新建立随机森林模型，代码如 Code 10-28 所示。

Code 10-28　调整参数以重新建立随机森林模型

```
#调整参数，重新建立随机森林模型
forest1=RandomForestClassifier(n_estimators=100,max_depth=20,min_samples_leaf=100,
    random_state=11223)
#建立新的随机森林模型
forest1.fit(train_x,train_y)
#查看 auc 评估指标
fpr,tpr,th=metrics.roc_curve(test_y,forest1.predict_proba(test_x.values)[:,1])
metrics.auc(fpr, tpr)
#0.7636136700024301
```

此时的 auc 评估指标为 0.7636136700024301，相比于默认参数，有了显著的提升。上述参数也是需要结合经验经过不断调整才能确定的。最后，对随机森林模型进行评估，得到 ROC 曲线（如图 10-6 所示），代码如 Code 10-29 所示。

Code 10-29　评估随机森林模型

```
#查看 ROC 曲线
plt.figure(figsize=[8, 8])
plt.plot(fpr, tpr, color='b')
plt.plot([0, 1], [0, 1], color='r', alpha=.5, linestyle='--')
plt.show()
```

以上就是采用了 3 种数据挖掘模型进行数据分析的过程，并且其中使用了 auc 评估指标和 ROC 曲线来评估预测结果。但是实际项目中的数据分析往往比这要复杂得多，经常需要不断地调试模型，采用多种不同的评估指标，最终得到一个比较理想的模型，以供决策人员进行分析、决策。

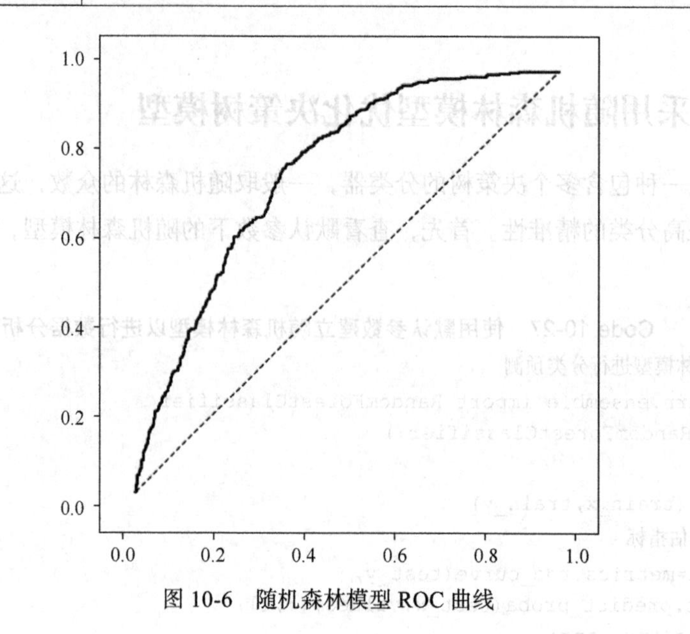

图 10-6　随机森林模型 ROC 曲线

10.5　本章小结

本章通过一个案例，展示了数据分析的基本流程，具体包括数据问题提出、数据预处理、数据的模型建立与模型评估。本章使用了几个常用的数据分析工具 pandas、NumPy、sklearn，以及一个常用的模型评估标准 auc 评估指标和 ROC 曲线。最后本章案例属于有监督学习，但是实际生产中有时没有一个明确的 *Y* 变量，此时就需要结合经验采用半监督和无监督学习建立数据模型了。

第 11 章 实战：Python 表格数据分析

Excel 是 Microsoft Office 系列中可编程性最好的办公应用软件。读取、修改和创建大数据量的 Excel 表格是使用 Excel 时经常会遇到的问题，纯粹依靠手工完成这些工作十分耗时，而且操作的过程十分容易出错。在本章中，将会引导读者借助 Python 的“openpyxl”模块完成这些工作，提升工作效率。本章主体将首先介绍“openpyxl”模块的基本概念和基本方法，以及工具的安装，Excel 的文件创建和基本读写；进而通过几个具体的例子来说明如何使用“openpyxl”向 Excel 表格中添加样式、计算公式和图表；最后本章还介绍了如何将“openpyxl”与 pandas，Matplotlib 等其他 Python 工具结合起来，更高效地展开分析与可视化工作。

11.1 背景介绍

Office 办公软件在日常工作和学习中“无处不在”。其中，Excel 是可编程性最好的办公软件之一，读取、修改和创建包含大量数据的 Excel 文件是使用 Excel 时经常会遇到的问题，纯粹依靠手工完成这些工作十分耗时，而且操作的过程十分容易出错。本章将会介绍如何借助 Python 的 openpyxl 工具完成这些工作，提升工作效率。Python 中的 openpyxl 工具能够对 Excel 文件进行创建、读取以及修改操作，它让计算机自动进行大量烦琐的 Excel 文件处理成为可能。本章将围绕以下几个重点展开。

- 修改已有的 Excel 工作表。
- 从 Excel 工作表中提取信息。
- 创建更复杂的 Excel 工作表，为表格添加样式、图表等。

在此之前，读者应该熟知 Python 的基本语法，能够熟练使用 Python 的基本数据结构，包括字典、列表等，并且理解面向对象编程的基本概念。

在开始之前，读者可能会有疑问：什么时候我应该选择使用 openpyxl 这样的编程工具，而不是直接使用 Excel 来完成我的工作呢？虽然这样的实际场景数不胜数，但以下几个例子十分有代表性，提供给读者参考。

- 假设你在经营一个网店，当你每次需要将新商品上架到网页上时，需要将相应的商品信息填入店铺系统中，而所有的商品信息一开始都记录在若干个 Excel 工作表中。如果你需要将这些信息导入店铺系统中，就必须遍历 Excel 工作表的每一行，并在店铺系统中重新输入信息。我们将这种情景抽象成从 Excel 工作表中导出信息。

- 假设你是一个用户信息系统的管理员，公司在某次促销活动中需要导出所有用户的联系方式到可打印的文件中，并交给销售人员进行电话营销。显然，Excel 工作表是可视化这些信息的不二之选。对于这样的场景，我们可以称之为向 Excel 工作表中导入信息。
- 假设你是一所中学的数学老师，一次期中测验后你需要整理 20 个班级的成绩，并制作相应的统计图表。而令人绝望的是，你发现每个班级的成绩散落在不同的文件中，无法使用 Excel 内置的统计工具来汇总。我们将这种场景称为 Excel 工作表内部的信息聚合与提取。

管中窥豹，类似的问题难以枚举，却无不例外地令人头痛。但是，如果学会使用 openpyxl 工具，这些都不再是问题。

本章主体内容分为 3 部分，11.2 节将介绍 openpyxl 的基本概念和基本方法，以及 openpyxl 工具的安装、Excel 文件的创建和基本读/写；11.3 节将通过几个具体的例子来说明如何使用 openpyxl 向 Excel 工作表中添加样式、计算公式和图表；11.4 节将介绍如何将 openpyxl 与 pandas、Matplotlib 等其他 Python 工具结合起来，更高效地展开数据分析与可视化工作。

11.2 前期准备与基本操作

11.2.1 基本术语概念说明

后文将会用表 11-1 中的术语来指代表格操作中的具体概念，在此统一向读者说明。

表 11-1 基本术语

术语	含义
工作簿	指创建或者操作的主要文件对象。通常来讲，一个扩展名为.xlsx 的文件对应一个工作簿
工作表	工作表通常用来划分工作簿中的不同内容，一个工作簿中可以包含多个不同的工作表
列	一列指工作表中垂直排列的一组数据，在 Excel 中，通常用大写字母来指代一列，如第一列通常是 A
行	一行指工作表中水平排列的一组数据，在 Excel 中，通常用数字来指代一行，如第一行通常是 1
单元格	一个单元格由一个行号和一个列号唯一确定，如 A1 指位于第 A 列第 1 行的单元格

11.2.2 安装 openpyxl 并创建一个工作簿

如同大多数 Python 工具，我们可以通过 pip 工具来安装 openpyxl，只需要在命令行终端中执行如 Code 11-1 所示的命令即可。

Code 11-1 安装 openpyxl

```
1.    pip install openpyxl
```

安装完毕之后，读者就可以编写几行代码创建一个十分简单的工作簿了，如 Code 11-2 所示。

Code 11-2　创建工作簿

```
1.    from openpyxl import Workbook
2.
3.    workbook = Workbook()
4.    sheet = workbook.active
5.
6.    sheet["A1"] = "hello"
7.    sheet["B1"] = "world!"
8.
9.    workbook.save(filename="hello_world.xlsx")
```

首先，从 openpyxl 模块中导入 Workbook 类，并在第 3 行创建一个实例 workbook。然后，在第 4 行中，通过 workbook 的 active 属性，获取默认的工作表。接下来，在第 6 行、第 7 行中，向工作表的 A1 和 B1 两个位置分别插入“hello”和“world!”两个字符串。最后，通过 workbook 的 save 函数，将新工作簿存储为 hello_world.xlsx 文件。打开该文件，可以看到文件内容，如图 11-1 所示。

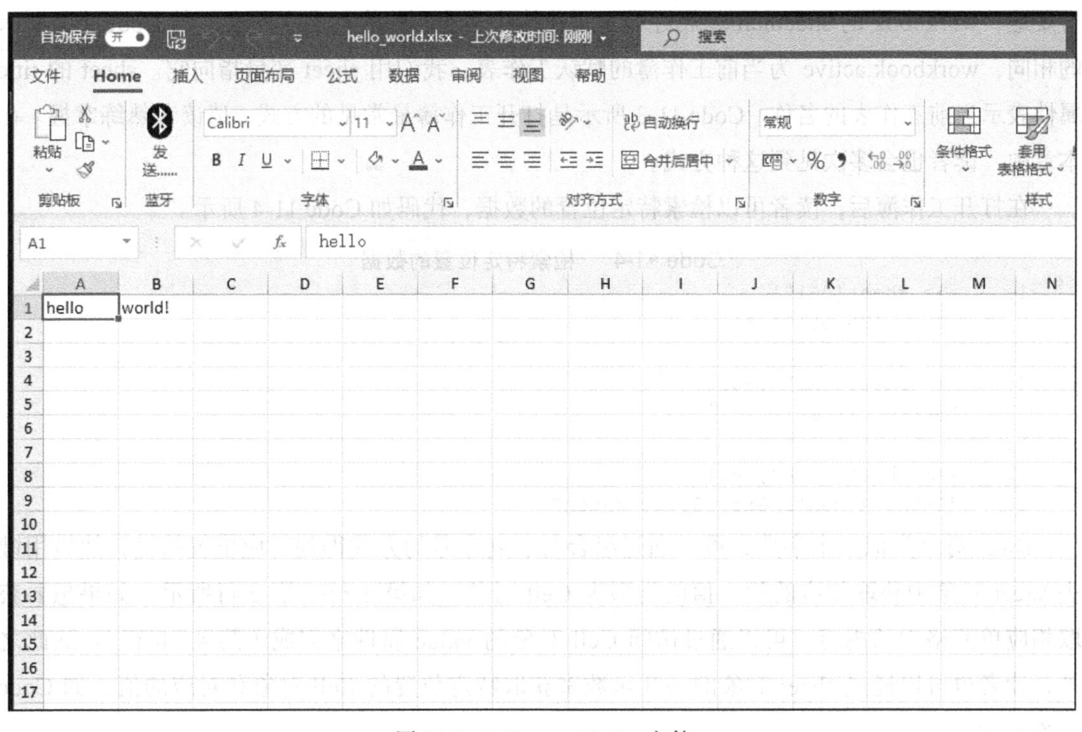

图 11-1　hello_world.xlsx 文件

11.2.3　从 Excel 工作簿中读取数据

本章为读者提供了实践用的样例工作簿 sample.xlsx，其中包含一些亚马逊中在线商店的商品评价数据。读者可以在本章对应的资源文件中找到这个文件，并放置在实验代码的根目录下。

之后的样例程序将在样例工作簿的基础上进行演示。

准备好文件后，就可以在 Python 命令行终端尝试打开并读取一个 Excel 工作簿了。请读者先在命令行终端中输入 python 命令，进入 Python 命令行终端，然后输入如 Code 11-3 所示的代码。

Code 11-3 打开并读取工作簿

```
1.    >>> from openpyxl import load_workbook
2.    >>> workbook = load_workbook(filename="sample.xlsx")
3.    >>> workbook.sheetnames
4.    ['Sheet 1']
5.
6.    >>> sheet = workbook.active
7.    >>> sheet
8.    <Worksheet "Sheet 1">
9.
10.   >>> sheet.title
11.   'Sheet 1'
```

为了读取工作簿，需要按照第 1 行的命令从 openpyxl 模块中导入 load_workbook 函数。在第 2 行中，通过调用 load_workbook 函数并指定路径名，我们可以得到一个工作簿对象。非常直观地，workbook 的 sheetnames 属性表示工作簿中所有工作表的名字列表。与 Code11-2 所示的相同，workbook.active 为当前工作簿的默认工作表，我们用 sheet 变量指向它。sheet 的 title 属性表示当前工作表的名称。Code 11-3 所示是打开工作簿最常见的方式，请读者熟练掌握。在本章中，读者也会多次见到这种方式。

在打开工作簿后，读者可以检索特定位置的数据，代码如 Code 11-4 所示。

Code 11-4 检索特定位置的数据

```
1.    >>> sheet["A1"]
2.    <Cell 'Sheet 1'.A1>
3.
4.    >>> sheet["A1"].value
5.    'marketplace'
6.
7.    >>> sheet["F10"].value
8.    "G-Shock Men's Grey Sport Watch"
```

sheet 对象类似一个字典，可以通过组合行、列序号的方式得到对应位置的键，然后用键去 sheet 对象中获取相应的值。值的类型为 Cell 对象，如第 1 行、第 2 行所示。如果想要获取相应单元格中的内容，可以通过访问 Cell 对象的 value 属性来完成（第 4～8 行）。除此之外，读者也可以通过 sheet 对象的 cell 函数来获取特定位置的 Cell 对象和对应的值，如 Code 11-5 所示。

Code 11-5 cell 函数的使用

```
1.    >>> sheet.cell(row=10, column=6)
2.    <Cell 'Sheet 1'.F10>
3.
4.    >>> sheet.cell(row=10, column=6).value
5.    "G-Shock Men's Grey Sport Watch"
```

特别需要注意的是，尽管在 Python 中索引的序号总是从 0 开始的，但对 Excel 工作簿而言，行号和列号总是从 1 开始的，在使用 cell 函数时需要留意这一点。

11.2.4　迭代访问数据

本节将会讲解如何遍历访问 Excel 工作表中的数据。openpyxl 提供了十分方便的数据选取工具，而且其使用方式十分接近 Python 语法。依据不同的需求，有如下几种不同的访问方式。

第一种方式是通过组合两个单元格的位置选择一个矩形区域的 Cell 对象，如 Code 11-6 所示。

Code 11-6　通过单元格位置选择区域

```
1.    >>> sheet["A1:C2"]
2.    ((<Cell 'Sheet 1'.A1>, <Cell 'Sheet 1'.B1>, <Cell 'Sheet 1'.C1>),
3.     (<Cell 'Sheet 1'.A2>, <Cell 'Sheet 1'.B2>, <Cell 'Sheet 1'.C2>))
```

第二种方式是通过指定行号或列号来选择一整行或一整列的数据，如 Code 11-7 所示。

Code 11-7　通过行号或列号选择数据

```
1.    >>> # Get all cells from column A
2.    >>> sheet["A"]
3.    (<Cell 'Sheet 1'.A1>,
4.     <Cell 'Sheet 1'.A2>,
5.     ...
6.     <Cell 'Sheet 1'.A99>,
7.     <Cell 'Sheet 1'.A100>)
8.
9.    >>> # Get all cells for a range of columns
10.   >>> sheet["A:B"]
11.   ((<Cell 'Sheet 1'.A1>,
12.     <Cell 'Sheet 1'.A2>,
13.   ...
14.     <Cell 'Sheet 1'.A99>,
15.     <Cell 'Sheet 1'.A100>),
16.    (<Cell 'Sheet 1'.B1>,
17.     <Cell 'Sheet 1'.B2>,
18.     ...
19.     <Cell 'Sheet 1'.B99>,
20.     <Cell 'Sheet 1'.B100>))
21.
22.   >>> # Get all cells from row 5
23.   >>> sheet[5]
24.  (<Cell 'Sheet 1'.A5>,
25.   <Cell 'Sheet 1'.B5>,
26.   ...
27.   <Cell 'Sheet 1'.N5>,
28.   <Cell 'Sheet 1'.O5>)
29.
30.  >>> # Get all cells for a range of rows
31.  >>> sheet[5:6]
32.  ((<Cell 'Sheet 1'.A5>,
33.    <Cell 'Sheet 1'.B5>,
34.    ...
35.    <Cell 'Sheet 1'.N5>,
```

```
36.    <Cell 'Sheet 1'.O5>),
37.   (<Cell 'Sheet 1'.A6>,
38.    <Cell 'Sheet 1'.B6>,
39.    ...
40.    <Cell 'Sheet 1'.N6>,
41.    <Cell 'Sheet 1'.O6>))
```

第三种方式是通过 Python 迭代器的如下两个函数选择单元格。

- iter_rows。
- iter_cols。

两个函数都可以接收如下 4 个参数。

- min_row。
- max_row。
- min_col。
- max_col。

具体代码如 Code 11-8 所示。

Code 11-8　通过迭代器选择单元格

```
1.   >>> for row in sheet.iter_rows(min_row=1,
2.   ...                               max_row=2,
3.   ...                               min_col=1,
4.   ...                               max_col=3):
5.   ...     print(row)
6.   (<Cell 'Sheet 1'.A1>, <Cell 'Sheet 1'.B1>, <Cell 'Sheet 1'.C1>)
7.   (<Cell 'Sheet 1'.A2>, <Cell 'Sheet 1'.B2>, <Cell 'Sheet 1'.C2>)
8.
9.
10.   >>> for column in sheet.iter_cols(min_row=1,
11.   ...                                 max_row=2,
12.   ...                                 min_col=1,
13.   ...                                 max_col=3):
14.   ...     print(column)
15.   (<Cell 'Sheet 1'.A1>, <Cell 'Sheet 1'.A2>)
16.   (<Cell 'Sheet 1'.B1>, <Cell 'Sheet 1'.B2>)
17.   (<Cell 'Sheet 1'.C1>, <Cell 'Sheet 1'.C2>)
```

如果在调用函数时将 values_only 参数设置为 True，将会只返回每个单元格的值，如 Code 11-9 所示。

Code 11-9　values_only 的使用

```
1.   >>> for value in sheet.iter_rows(min_row=1,
2.   ...                                 max_row=2,
3.   ...                                 min_col=1,
4.   ...                                 max_col=3,
5.   ...                                 values_only=True):
6.   ...     print(value)
7.   ('marketplace', 'customer_id', 'review_id')
8.   ('US', 3653882, 'R3O9SGZBVQBV76')
```

同时，sheet 对象的 rows 和 columns 对象本身是一个迭代器，如果不需要指定特定的行/列，而是想遍历整个数据集，就可以使用 Code 11-10 中的方式访问数据。

Code 11-10　迭代 rows 对象

```
1.    >>> for row in sheet.rows:
2.    ...     print(row)
3.    (<Cell 'Sheet 1'.A1>, <Cell 'Sheet 1'.B1>, <Cell 'Sheet 1'.C1>
4.    ...
5.    <Cell 'Sheet 1'.M100>, <Cell 'Sheet 1'.N100>, <Cell 'Sheet 1'.O100>)
```

通过使用上述的方法，相信读者已经学会如何读取 Excel 工作表中的数据了。Code 11-11 展示了一个完整的读取数据并将其转化为 JSON 序列的流程。

Code 11-11　读取数据并将其转化为 JSON 序列

```
1.    import json
2.    from openpyxl import load_workbook
3.
4.    workbook = load_workbook(filename="sample.xlsx")
5.    sheet = workbook.active
6.
7.    products = {}
8.
9.    # Using the values_only because you want to return the cells' values
10.   for row in sheet.iter_rows(min_row=2,
11.                              min_col=4,
12.                              max_col=7,
13.                              values_only=True):
14.       product_id = row[0]
15.       product = {
16.           "parent": row[1],
17.           "title": row[2],
18.           "category": row[3]
19.       }
20.       products[product_id] = product
21.
22.   # Using json here to be able to format the output for displaying later
23.   print(json.dumps(products))
```

11.2.5　修改与插入数据

在 11.2.2 节中，已经向读者介绍了如何向单个单元格中添加数据。需要说明的是，如 Code 11-12 所示，当向 B10 单元格中添加了数据之后，openpyxl 会自动插入前 8 行数据，中间未定义的位置的值为 None。

Code 11-12　openpyxl 自动填充未定义的位置

```
1.    >>> def print_rows():
2.    ...     for row in sheet.iter_rows(values_only=True):
3.    ...         print(row)
4.
5.    >>> # Before, our spreadsheet has only 1 row
6.    >>> print_rows()
7.    ('hello', 'world!')
8.
9.    >>> # Try adding a value to row 10
10.   >>> sheet["B10"] = "test"
11.   >>> print_rows()
```

```
12.   ('hello', 'world!')
13.   (None, None)
14.   (None, None)
15.   (None, None)
16.   (None, None)
17.   (None, None)
18.   (None, None)
19.   (None, None)
20.   (None, None)
21.   (None, 'test')
```

接下来介绍如何插入和删除行/列，openpyxl 提供了非常直观的如下 4 个函数。

- insert_rows。
- delete_rows。
- insert_cols。
- delete_cols。

每个函数接受两个参数，分别是 idx 和 amount。idx 指明了从哪个位置开始插入或删除，amount 指明了插入或删除的数量。请读者首先阅读 Code 11-13 中的示例程序。

Code 11-13　插入、删除行或列

```
1.    >>> print_rows()
2.    ('hello', 'world!')
3.
4.    >>> # Insert a column before the existing column 1 ("A")
5.    >>> sheet.insert_cols(idx=1)
6.    >>> print_rows()
7.    (None, 'hello', 'world!')
8.
9.    >>> # Insert 5 columns between column 2 ("B") and 3 ("C")
10.   >>> sheet.insert_cols(idx=3, amount=5)
11.   >>> print_rows()
12.   (None, 'hello', None, None, None, None, None, 'world!')
13.
14.   >>> # Delete the created columns
15.   >>> sheet.delete_cols(idx=3, amount=5)
16.   >>> sheet.delete_cols(idx=1)
17.   >>> print_rows()
18.   ('hello', 'world!')
19.
20.   >>> # Insert a new row in the beginning
21.   >>> sheet.insert_rows(idx=1)
22.   >>> print_rows()
23.   (None, None)
24.   ('hello', 'world!')
25.
26.   >>> # Insert 3 new rows in the beginning
27.   >>> sheet.insert_rows(idx=1, amount=3)
28.   >>> print_rows()
29.   (None, None)
30.   (None, None)
31.   (None, None)
32.   (None, None)
33.   ('hello', 'world!')
```

```
34.
35.    >>> # Delete the first 4 rows
36.    >>> sheet.delete_rows(idx=1, amount=4)
37.    >>> print_rows()
38.    ('hello', 'world!')
```

读者需要留意的是，当使用函数插入数据时，插入实际发生在 idx 参数所指定行或列的前一个位置。比如调用 insert_rows(idx=1)，新插入的行将会在原先的第 1 行之前，成为新的第 1 行。

11.3　进阶内容

11.3.1　为 Excel 工作簿添加公式

公式计算可以说是 Excel 中最重要的功能之一，也是 Excel 工作簿相比其他数据记录工具最为强大的地方。通过使用公式，读者可以在任意单元格的数据上应用数学方程，并得到期望的统计或计量结果。在 openpyxl 中使用公式和在 Excel 工作簿中编辑公式一样简单。Code 11-14 展示了如何查看 openpyxl 中支持的公式类型。

Code 11-14　查看公式类型

```
1.    >>> from openpyxl.utils import FORMULAE
2.    >>> FORMULAE
3.    frozenset({'ABS',
4.               'ACCRINT',
5.               'ACCRINTM',
6.               'ACOS',
7.               'ACOSH',
8.               'AMORDEGRC',
9.               'AMORLINC',
10.              'AND',
11.              ...
12.              'YEARFRAC',
13.              'YIELD',
14.              'YIELDDISC',
15.              'YIELDMAT',
16.              'ZTEST'})
```

向单元格中添加公式的操作类似于赋值操作，如 Code 11-15 所示，我们计算 H 列中第 2～100 行的平均值。

Code 11-15　计算平均值

```
1.    >>> workbook = load_workbook(filename="sample.xlsx")
2.    >>> sheet = workbook.active
3.    >>> # Star rating is column "H"
4.    >>> sheet["P2"] = "=AVERAGE(H2:H100)"
5.    >>> workbook.save(filename="sample_formulas.xlsx")
```

操作后的 Excel 工作簿如图 11-2 所示。

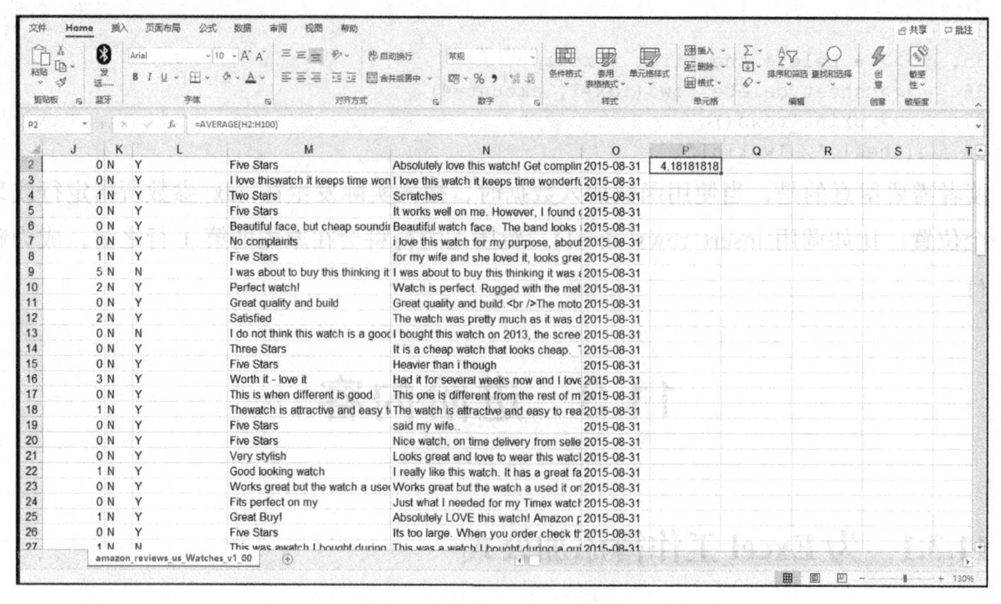

图 11-2　sample_formulas.xlsx

在需要添加的公式中有时候会出现引号标注的字符串，这个时候需要特别留意。有两种方式应对这个问题：将最外面的引号改为单引号，或者对公式中的双引号使用转义符。比如我们要统计第 I 列的数据中大于 0 的个数，如 Code 11-16 所示。

Code 11-16　统计满足条件的值的数量

```
1.   >>> # The helpful votes are counted on column "I"
2.   >>> sheet["P3"] = '=COUNTIF(I2:I100, ">0")'
3.   >>> # or sheet["P3"] = "=COUNTIF(I2:I100, \">0\")"
4.   >>> workbook.save(filename="sample_formulas.xlsx")
```

统计结果如图 11-3 所示。

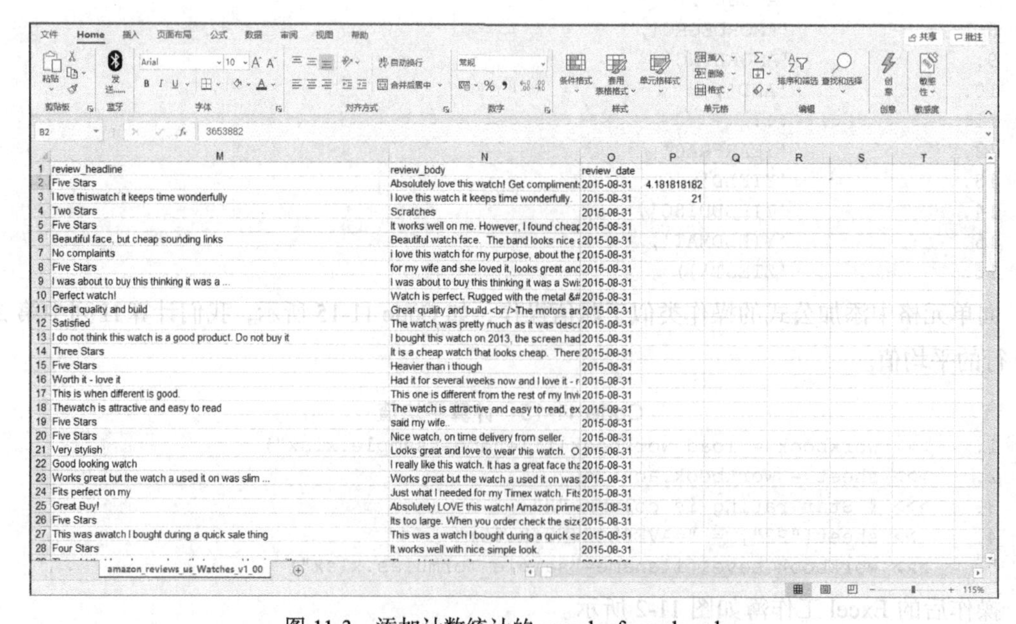

图 11-3　添加计数统计的 sample_formulas.xlsx

11.3.2　为 Excel 工作簿添加条件格式

条件格式是指工作簿根据单元格中不同的数据自动地应用预先设定的不同种类的格式。举一个比较常见的例子，如果你想让成绩统计册中所有没及格的学生都高亮地显示出来，那么条件格式就是最恰当的工具。

下面在 sample.xlsx 工作簿上为读者演示几个示例。

Code 11-17 实现了这样一个简单的功能：将所有评分在 3 颗星以下的行标成红色。

Code 11-17　标红所有评分在 3 颗星以下的行

```
1.    >>> from openpyxl.styles import PatternFill, colors
2.    >>> from openpyxl.styles.differential import DifferentialStyle
3.    >>> from openpyxl.formatting.rule import Rule
4.
5.    >>> red_background = PatternFill(bgColor=colors.RED)
6.    >>> diff_style = DifferentialStyle(fill=red_background)
7.    >>> rule = Rule(type="expression", dxf=diff_style)
8.    >>> rule.formula = ["$H1<3"]
9.    >>> sheet.conditional_formatting.add("A1:O100", rule)
10.   >>> workbook.save("sample_conditional_formatting.xlsx")
```

注意，第 1 行从 openpyxl.styles 中引入了 PatternFill、colors 两个类。这两个类用于设定目标数据行的格式属性。在第 2 行中引入了 DifferentialStyle 包装类，它可以将字体、边界、对齐等多种不同的属性聚合在一起。第 3 行引入了 Rule 类，通过 Rule 类可以设定填充属性需要满足的条件。如第 5～10 行所示，应用条件格式的主要流程为，先构建 PatternFill 对象 red_background，再构建 DifferentialStyle 对象 diff_style，diff_style 将作为 rule 对象的参数。构建 rule 对象时，需要指明 rule 对象的类型为 expression，即通过表达式进行选择。在第 8 行中，指明了 rule 对象的公式为筛选出第 H 列数值小于 3 的相应行。此处的公式语法与 Excel 中的公式语法一致。

如图 11-4 所示，评分在 3 颗星以下的行均被标红。

方便起见，openpyxl 提供了如下 3 种内置的格式，可以让使用者快速地创建条件格式。

- ColorScale Rule。
- IconSet Rule。
- DataBar Rule。

ColorScale Rule 可以根据数值的大小创建色阶，具体代码如 Code 11-18 所示。

Code 11-18　ColorScale Rule 的使用

```
1.    >>> from openpyxl.formatting.rule import ColorScaleRule
2.    >>> color_scale_rule = ColorScaleRule(start_type="num",
3.    ...                                   start_value=1,
4.    ...                                   start_color=colors.RED,
5.    ...                                   mid_type="num",
6.    ...                                   mid_value=3,
7.    ...                                   mid_color=colors.YELLOW,
8.    ...                                   end_type="num",
```

B2 3653882

	customer_id	review_id	product_id	product_parent	product_title	product_category	star_rating	helpful_votes	total_votes	vine	verified_purchase	review_headline
2	3653882	R3O9SGZBVQBV76	B00FALQ1	937001370	Invicta Women's 15150 "Angel" 18k Yellow Gold Ion-Plated Stainless Ste	Watches	5	0	0	N	Y	Five Stars
3	14661224	RKH8BNC3L5DLF	B00D3RGO	484010722	Kenneth Cole New York Women's KC4944 Automatic Silver Automatic M	Watches	5	0	0	N	Y	I love thiswatch it keeps time wonderfull
4	27324930	R2HLE8WKZSU3NL	B00DKYC7	361166390	Ritche 22mm Black Stainless Steel Bracelet Watch Band Strap Pebble Ti	Watches	2	1	1	N	Y	Two Stars
5	7211452	R31U3UH5AZ42LL	B000EQS1	958035625	Citizen Men's BM8180-03E Eco-Drive Stainless Steel Watch with Green	Watches	5	0	0	N	Y	Five Stars
6	12733322	R2SV659OUJ945Y	B00A6GFD	765328221	Orient ER27009B Men's Symphony Automatic Stainless Steel Black Dial	Watches	4	0	0	N	Y	Beautiful face, but cheap sounding links
7	6576411	RA51CP8TR5A2L	B00EYSOS	230493695	Casio Men's GW-9400BJ-1JF G-Shock Master of G Rangeman Digital So	Watches	5	0	0	N	Y	No complaints
8	11811565	RB2Q7DLDN6TH6	B00WM0Q	549298279	Fossil Women's ES3851 Urban Traveler Multifunction Stainless Steel Wa	Watches	5	1	1	N	Y	Five Stars
9	49401598	R2RHFJV0UYBK3Y	B00A4EYB	844009113	INFANTRY Mens Night Vision Analog Quartz Wrist Watch with Nato Nyl	Watches	1	1	5	N	N	I was about to buy this thinking it was a
10	45925069	R2Z6JOQ94LFHEP	B00MAMPG	263720892	G-Shock Men's Grey Sport Watch	Watches	5	1	2	N	Y	Perfect watch!
11	44751341	RX27XIIWY5JPB	B004LBPB7	124278407	Heiden Quad Watch Winder in Black Leather	Watches	4	0	0	N	Y	Great quality and build
12	9962330	R15C7QEZT0LGZN	B00KGTVG	28017857	Fossil Women's ES3621 Serena Crystal-Accented Two-Tone Stainless	Watches	4	2	2	N	Y	Satisfied
13	18097204	R361XSS37V0N0Z	B0039UT5C	685450910	Casio General Men's Watches Sporty Digital AE-2000W-1AVDF - WW	Watches	1	0	0	N	N	I do not think this watch is a good produ
14	51330346	ROTNLALUAJAUB	B00MPF0X	767769082	2Tone Gold Silver Cable Band Ladies Bangle Cuff Watch	Watches	3	0	0	N	Y	Three Stars
15	4201739	R2DYX7QU6BGOHR	B003P1OH	648595227	Bulova Men's 98B143 Precisionist Charcoal Grey Dial Bracelet Watch	Watches	5	0	0	N	Y	Five Stars
16	26339765	RWASY7FKI7QOT	B00R70YE	457338020	Casio - G-Shock - Gulfmaster - Black - GWN1000C-1A	Watches	5	2	3	N	Y	Worth it - love it
17	2692576	R2KKYZIN3CCL21	B000FVE3E	824370661	Invicta Men's 3329 Force Collection Lefty Watch	Watches	5	0	0	N	Y	This is when different is good.
18	44713366	R22H4FGVD5O52O	B008X6JB1	814431355	Seiko Women's SUT068 Dress Solar Classic Diamond-Accented Two-Tc	Watches	4	1	1	N	Y	Thewatch is attractive and easy to read
19	32778769	R11UACZERCM4ZY	B0040UOF	187700878	Anne Klein Women's 109271MPTT Swarovski Crystal Accented Two-Tc	Watches	5	0	0	N	Y	Five Stars
20	27258523	R1AT8NQ38UQOL6	B00UR2R5	594315262	Guess U13630G1 Men's day and date Gunmetal dial Gunmetal tone brac	Watches	5	0	0	N	Y	Five Stars
21	42646538	R2NCZRQGIF1Q75	B00HFF57L	520810507	Nixon Men's Geo Volt Sentry Stainless Steel Watch with Link Bracelet	Watches	4	0	0	N	Y	Very stylish
22	46017899	RJ9HWWMU4IAHF	B00F5O06E	601596859	Nautica Men's N14699G BFD 101 Chrono Classic Stainless Steel Watch	Watches	4	1	1	N	Y	Good looking watch
23	37192375	R3CNTCKG352GL1	B00CHS39	798261110	HDE Watch Link Pin Remover Band Strap Repair Tool Kit for Watchmake	Watches	4	0	0	N	Y	Works great but the watch a used it on v
24	11710007	R9Q2LDSES6NBL	B003OQ4T	557813802	Timex Women's Q7B860 Padded Calfskin 8mm Black Replacement Watc	Watches	4	0	0	N	Y	Fits perfect on my
25	6673146	R3629T8HDV5VWU	B007X0SYI	22870009	Movado Men's 0606545 "Museum" Perforated Black-Rubber Strap Sport	Watches	5	1	1	N	Y	Great Buy!
26	7899951	R2CLMKC0IVZ9UX	B005KPL7F	269520616	Invicta Men's 6674 Corduba Chronograph Black Dial Polyurethane Watcl	Watches	5	0	0	N	Y	Five Stars
27	27979201	R2QGEJRU4ENYN2	B00FNIFI2O	330558574	Szanto Men's SZ 2001 2000 Series Classic Vintage-Inspired Stainless S	Watches	5	1	1	N	N	This was awatch I bought during a quick
28	912779	R2E5STTYU6LTSC	B005JVP0F	220345054	Casio Men's MRW200H-7EV Sport Resin Watch	Watches	4	0	0	N	Y	Four Stars
29	44345527	RI97MTVX08KWX	B004M23SI	299884359	Casio F-108WH-2AEF Mens Blue Digital Watch	Watches	3	0	0	N	Y	Thought that I read somewhere that you
30	2659331	RK20LJG750ERC	B00RV2L8	714311106	August Steiner Men's AS8160TTG Silver And Gold Swiss Quartz Watcl	Watches	5	0	0	N	Y	Great Watch
31	805483	R1HQZDBB90LMFH	B000JQJS6	926299553	Invicta Men's 8928OB Pro Diver Gold Stainless Steel Two-Tone Automal	Watches	5	2	2	N	Y	Very Impressive
32	42590995	R2XHQHGXIEYTNI	B00VXLJD	578998634	BOS Men's Automatic self-wind mechanical Pointer Skeleton Watch Blac	Watches	3	1	3	N	Y	The epitome of form before function.
33	48880662	R2BVFRIR7A5UD1	B004EFGB	727624097	Luminox Men's 3081 Evo Navy SEAL Chronograph Watch	Watches	5	0	0	N	Y	Five Stars
34	112967	R3O51G2D52W9DD	B00G9X76	86861596	INFANTRY Mens 50mm Big Face Military Tactical Analog Digital Sport Wr	Watches	5	1	1	N	Y	Surpassed my expectations
35	51346302	R2O0LW0AZ67P3X	B00SFTTZ	8403354	BUREI Dress Women's Minimalist Wrist Watches with Date Analog Quart	Watches	5	4	5	N	N	A classy looking watch
36	32555369	R2KBTEW8GUENVS	B00NC8PM	944169262	Motorola Moto 360 Modern Timepiece Smart Watch - Black Leather 0041	Watches	5	0	1	N	Y	Great buy
37	150916	R2R4XPHTT9CCBN	B00C1C5J9	851584415	Domire Fashion Accessories Trial Order New Quartz Fashion Weave W	Watches	5	0	0	N	Y	Love this watch
38	36363182	R7GHUDPGT3WJC	B000GB0G	492842685	Casio Women's LQ139B-1B Classic Round Analog Watch	Watches	3	0	0	N	Y	Nice watch but band is a little small
39	10356300	R364RU4ZRZ60NZ	B00F8AWK	397547155	Invicta Men's 15256 I-Force Gunmetal Ion-Plated Stainless Steel Watch	Watches	1	0	0	N	Y	One Star
40	52437550	R2D5SV3UNHQPYZ	B005MDPA	645499118	Casio Men's Slim Solar Multi-Function Analog-Digital Watch	Watches	4	0	0	N	Y	Easy to read with lots of features
41	14495291	R15OQG60W2R4PQ	B006C8NJ	865472849	TS6202BLK 8 Belt Box Organizer Black Leather XL Compartments	Watches	5	0	0	N	Y	amazing product keeps everything safe
42	16192612	R2XF4SMK4HKNVV	B00791YUI	310034618	Casio Men's GW2310FB-1CR G-Shock Shock Resistant Multifunction Wa	Watches	3	0	0	N	Y	Size of a woman's watch
43	19983148	RQ70UFZVX7UVJ	B00SE9FOI	408011595	U.S. Polo Assn. Sport Men's US9506 Analog-Digital Display Silver-Tone	Watches	1	0	0	N	Y	poor quality
44	27325652	R2288KJ7D0H149	B00C7IQBR	201258316	Cerentino Women's CR106-TQ Turquoise Silicone Rubber Rhinestones	Watches	4	1	1	N	Y	Really cute watch
45	14530627	RKJ0UN6XEJKIP	B009S4U1T	830280907	Batman Kids' BAT4072 Black Rubber Batman Logo Strap Watch	Watches	5	0	0	N	Y	Five Stars
46	6648801	R3VFQZTESTOL7U	B000B5SAE	851729310	Timex Easy Reader Day-Date Leather Strap Watch	Watches	5	0	0	N	Y	Love it!
47	15920046	RLQ8MLTO09215	B0053HDR	576694666	Casio F108WH Water Resistant Digital Blue Resin Strap Watch	Watches	5	0	0	N	Y	Five Stars
48	2902435	R2PCHVAM074L1I	B00NC8PM	944169262	Motorola Moto 360 Modern Timepiece Smart Watch - Black Leather 0041	Watches	4	0	0	N	Y	Decent price-tag, more than average pro
49	13929294	R2WV1IG5ORN33W	B008OIOLC	340110662	Ingersoll Men's IN1824CR Monticello Fine Automatic Timepiece Cream Di	Watches	5	0	0	N	Y	A very beautul and well-made pilots wat
50	12696721	R2X7VDDS4ISTBC	B009PQB0	696981257	Lucien Piccard Men's 11576-YG-01 Clariden Black Textured Dial Watch	Watches	5	0	1	N	Y	Great looking watch!
51	4774720	R2POCZUBL0D0NX	B007X0E17	953514677	XOXO Women's XO5478 Rhinestone-Accented Two-Tone Watch	Watches	5	0	0	N	Y	Five Stars
52	12074902	R2Z9C8BYOJF24I	B00BXQSH	714629498	Watch Case Press with 12 Nylon Dies, Watch Case Closer Set	Watches	5	0	0	N	Y	Sturdy and well constructed
53	44068063	R1EBMIQ69CZ64	B00ZI3SGX	294102740	Stuhrling Original Women's 956.02 Symphony Gold-Tone Watch with Br	Watches	4	0	0	N	Y	Four Stars
54	916000	R2PVH1MHLKN9A7	B0053A0HI	199546574	Casio G-shock Mudman Multiband6 Japanese Model [Gw-9300-1jf]	Watches	5	0	0	N	Y	excellent product

amazon_reviews_us_Watches_v1_00

图 11-4 评分在 3 颗星以下的行均被标红

```
9.    ...                                 end_value=5,
10.   ...                                 end_color=colors.GREEN)
11.
12.   >>> # Again, let's add this gradient to the star ratings, column "H"
13.   >>> sheet.conditional_formatting.add("H2:H100", color_scale_rule)
14.   >>> workbook.save(filename="sample_conditional_formatting_color_
scale_3.xlsx")
```

效果如图 11-5 所示，单元格的颜色随着评分由高到低逐渐由绿变红。

IconSet Rule 可以依据单元格的值来添加相应的图标，具体代码如 Code 11-19 所示。只需要指定图标的类别和相应值的范围，就可以直接应用到工作表上。对于完整的图标列表，读者可以在 openpyxl 的官方文档中找到。

Code 11-19 IconSet Rule 的使用

```
1.   >>> from openpyxl.formatting.rule import IconSetRule
2.
3.   >>> icon_set_rule = IconSetRule("5Arrows", "num", [1, 2, 3, 4, 5])
4.   >>> sheet.conditional_formatting.add("H2:H100", icon_set_rule)
5.   >>> workbook.save("sample_conditional_formatting_icon_set.xlsx")
```

效果如图 11-6 所示。

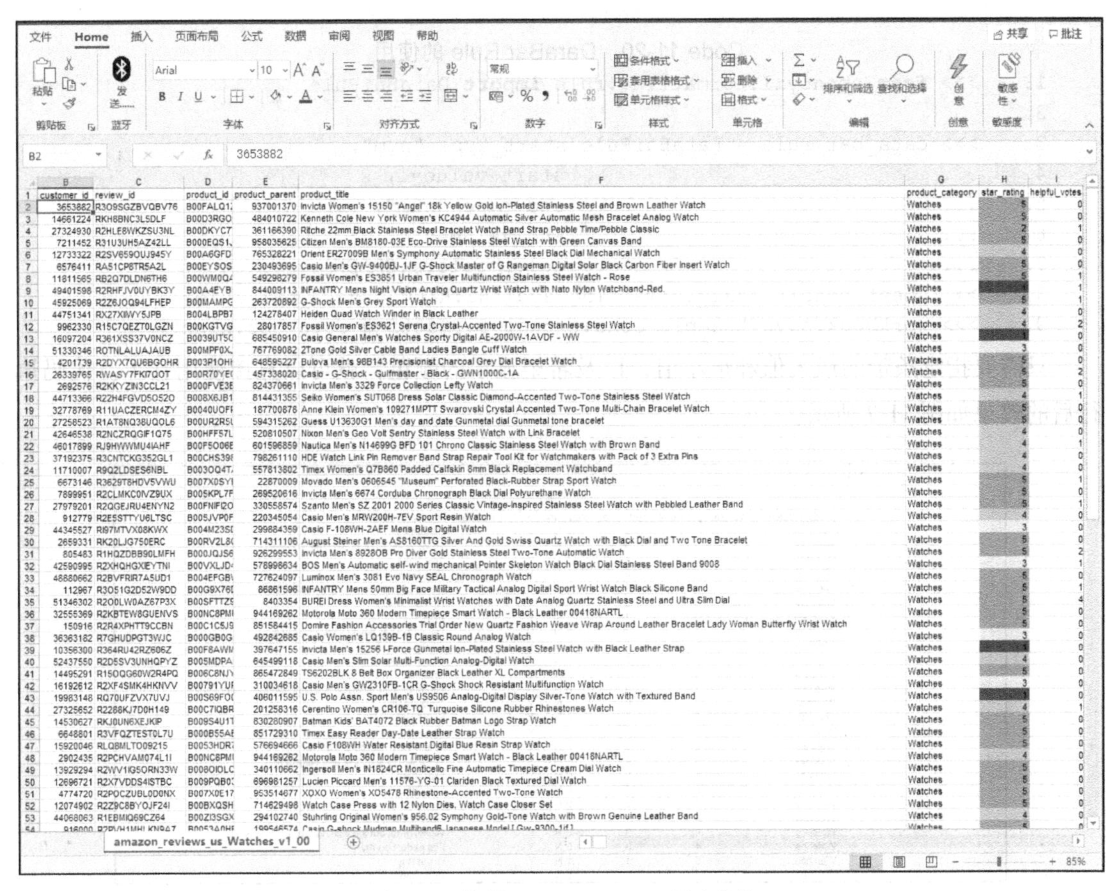

图 11-5　使用 ColorScale Rule 创建色阶

A1　marketplace

	product_category	star_rating	helpful_votes	total_votes	vine	verified_purchase	review_headline
2	Watches	5	0	0	N	Y	Five Stars
3	Watches	5	0	0	N	Y	I love thiswatch it keeps time wonderfully
4	Watches	2	1	1	N	Y	Two Stars
5	Watches	5	0	0	N	Y	Five Stars
6	Watches	4	0	0	N	Y	Beautiful face, but cheap sounding links
7	Watches	5	0	0	N	Y	No complaints
8	Watches	5	1	1	N	Y	Five Stars
9	Watches	1	1	5	N	N	I was about to buy this thinking it was a ...
10	Watches	5	1	2	N	Y	Perfect watch!
11	Watches	4	0	0	N	Y	Great quality and build
12	Watches	4	2	2	N	Y	Satisfied
13	Watches	1	0	0	N	N	I do not think this watch is a good product. Do not buy it
14	Watches	3	0	0	N	Y	Three Stars
15	Watches	5	0	0	N	Y	Five Stars
16	Watches	5	2	3	N	Y	Worth it - love it
17	Watches	5	0	0	N	Y	This is when different is good.
18	Watches	4	1	1	N	Y	Thewatch is attractive and easy to read
19	Watches	5	0	0	N	Y	Five Stars
20	Watches	5	0	0	N	Y	Five Stars
21	Watches	4	0	0	N	Y	Very stylish
22	Watches	4	1	1	N	Y	Good looking watch
23	Watches	4	0	0	N	Y	Works great but the watch a used it on was slim ...
24	Watches	4	0	0	N	Y	Fits perfect on my
25	Watches	5	1	1	N	Y	Great Buy!
26	Watches	5	0	0	N	Y	Five Stars

图 11-6　添加了图标的工作表

DataBar Rule 允许在单元格中添加类似进度条一样的条带，以直观地展示数值的大小，具体代码如 Code 11-20 所示。

Code 11-20　DaraBar Rule 的使用

```
1.    >>> from openpyxl.formatting.rule import DataBarRule
2.
3.    >>> data_bar_rule = DataBarRule(start_type="num",
4.    ...                             start_value=1,
5.    ...                             end_type="num",
6.    ...                             end_value="5",
7.    ...                             color=colors.GREEN)
8.    >>> sheet.conditional_formatting.add("H2:H100", data_bar_rule)
9.    >>> workbook.save("sample_conditional_formatting_data_bar.xlsx")
```

只需要指定条带的最大值和最小值，以及希望显示的颜色，就可以直接使用它了。代码执行后的效果如图 11-7 所示。

A1　fx　marketplace

	G	H	I	J	K	L	M
1	product_category	star_rating	helpful_votes	total_votes	vine	verified_purchase	review_headline
2	Watches	5	0	0	N	Y	Five Stars
3	Watches	5	0	0	N	Y	I love thiswatch it keeps time wonderfully
4	Watches	2	1	1	N	Y	Two Stars
5	Watches	5	0	0	N	Y	Five Stars
6	Watches	4	0	0	N	Y	Beautiful face, but cheap sounding links
7	Watches	5	0	0	N	Y	No complaints
8	Watches	5	1	1	N	Y	Five Stars
9	Watches	1	1	5	N	N	I was about to buy this thinking it was a ...
10	Watches	5	1	2	N	Y	Perfect watch!
11	Watches	4	0	0	N	Y	Great quality and build
12	Watches	4	2	2	N	Y	Satisfied
13	Watches	1	0	0	N	N	I do not think this watch is a good product. Do not buy it
14	Watches	3	0	0	N	Y	Three Stars
15	Watches	5	0	0	N	Y	Five Stars
16	Watches	5	2	3	N	Y	Worth it - love it
17	Watches	5	0	0	N	Y	This is when different is good.
18	Watches	4	1	1	N	Y	Thewatch is attractive and easy to read
19	Watches	5	0	0	N	Y	Five Stars
20	Watches	5	0	0	N	Y	Five Stars
21	Watches	4	0	0	N	Y	Very stylish
22	Watches	4	1	1	N	Y	Good looking watch
23	Watches	4	0	0	N	Y	Works great but the watch a used it on was slim ...
24	Watches	4	0	0	N	Y	Fits perfect on my
25	Watches	5	1	1	N	Y	Great Buy!
26	Watches	5	0	0	N	Y	Five Stars

图 11-7　添加了条带的工作表

使用条件格式可以实现很多非常棒的功能，虽然限于篇幅，本小节只展示了一部分样例，但读者可以通过查阅 openpyxl 的官方文档来获得更多信息。

11.3.3　为 Excel 工作簿添加图表

Excel 工作簿可以生成十分具有表现力的数据图表，包括柱状图、饼图、折线图等，使用 openpyxl 一样可以实现对应的功能。

在展示如何添加图表之前，需要先构建一组数据来作为样例，如 Code 11-21 所示。

Code 11-21　构建样例数据

```
1.    from openpyxl import Workbook
2.    from openpyxl.chart import BarChart, Reference
3.
4.    workbook = Workbook()
5.    sheet = workbook.active
6.
7.    rows = [
8.        ["Product", "Online", "Store"],
9.        [1, 30, 45],
10.       [2, 40, 30],
11.       [3, 40, 25],
```

```
12.         [4, 50, 30],
13.         [5, 30, 25],
14.         [6, 25, 35],
15.         [7, 20, 40],
16.  ]
17.
18.  for row in rows:
19.      sheet.append(row)
```

接下来，就可以通过 BarChart 类来为工作表添加柱状图了。我们希望柱状图展示每类商品的总销量，具体代码如 Code 11-22 所示。

Code 11-22　BarChart 的使用

```
1.   chart = BarChart()
2.   data = Reference(worksheet=sheet,
3.                    min_row=1,
4.                    max_row=8,
5.                    min_col=2,
6.                    max_col=3)
7.
8.   chart.add_data(data, titles_from_data=True)
9.   sheet.add_chart(chart, "E2")
10.
11.  workbook.save("chart.xlsx")
```

如图 11-8 所示，简洁的柱状图就已经生成好了。

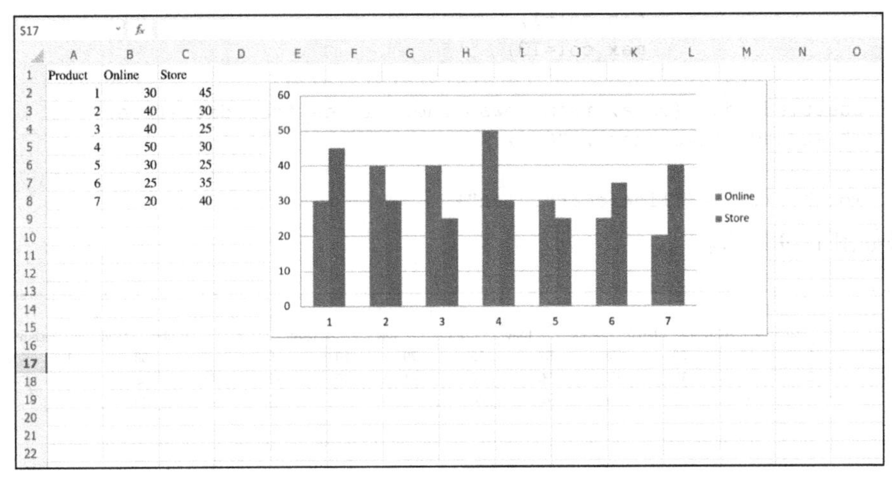

图 11-8　插入了柱状图的工作表

插入图表的左上角将和代码指定的单元格对齐，这里将柱状图对齐在单元格 E2 处。

如果想绘制一个折线图，可以简单修改 Code 11-22 中的代码，使用 LineChart 类，如 Code 11-23 所示。

Code 11-23　LineChart 的使用

```
1.   import random
2.   from openpyxl import Workbook
3.   from openpyxl.chart import LineChart, Reference
4.
5.   workbook = Workbook()
```

```
6.  sheet = workbook.active
7.
8.  # Let's create some sample sales data
9.  rows = [
10.     ["", "January", "February", "March", "April",
11.     "May", "June", "July", "August", "September",
12.     "October", "November", "December"],
13.     [1, ],
14.     [2, ],
15.     [3, ],
16. ]
17.
18. for row in rows:
19.     sheet.append(row)
20.
21. for row in sheet.iter_rows(min_row=2,
22.                            max_row=4,
23.                            min_col=2,
24.                            max_col=13):
25.     for cell in row:
26.         cell.value = random.randrange(5, 100)
27.
28. chart = LineChart()
29. data = Reference(worksheet=sheet,
30.                  min_row=2,
31.                  max_row=4,
32.                  min_col=1,
33.                  max_col=13)
34.
35. chart.add_data(data, from_rows=True, titles_from_data=True)
36. sheet.add_chart(chart, "C6")
37.
38. workbook.save("line_chart.xlsx")
```

效果如图 11-9 所示。

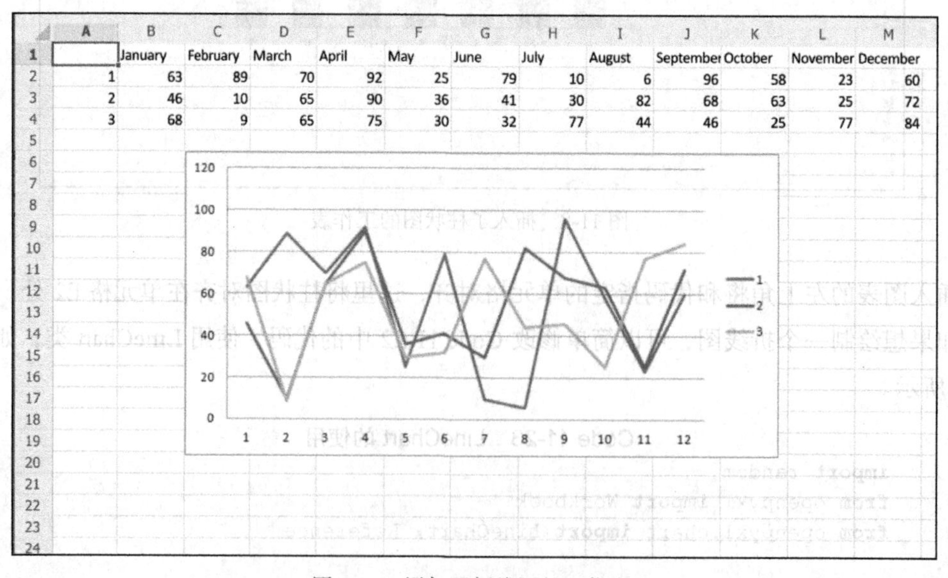

	A	B	C	D	E	F	G	H	I	J	K	L	M
1		January	February	March	April	May	June	July	August	September	October	November	December
2	1	63	89	70	92	25	79	10	6	96	58	23	60
3	2	46	10	65	90	36	41	30	82	68	63	25	72
4	3	68	9	65	75	30	32	77	44	46	25	77	84

图 11-9　添加了折线图的工作表

11.4　数据分析实例

11.4.1　背景与前期准备

本实例中使用的数据为 Consumer Reviews of Amazon 数据集中的一部分，读者可以在随书的资源文件中找到名为“Consumer_Reviews_of_Amazon.xlsx”的文件。Consumer Reviews of Amazon 数据集有超过 34 000 条针对亚马逊产品（如 Kindle、Fire TV 等）的用户评论，以及 Datafiniti 产品数据库提供的更多评论。数据集中包括基本产品信息、评分、评论文本等相关信息。本节提供的数据截取了数据集中的一部分，完整的数据集可从 Datafiniti 的网站获得。

通过这些数据，读者可以了解亚马逊的电子产品销售情况，分析每次交易中用户的评论，甚至可以进一步建立机器学习模型来对其产品的销售情况进行预测，比如针对以下问题进行预测。

- 最受欢迎的亚马逊产品是什么？
- 每个产品的初始和当前用户评论数量是多少？
- 产品发布后的前 90 天内的评论与产品价格有何关系？
- 产品发布后的前 90 天内的评论与可销售的日子有何关系？
- 用户的评论是否包含着强烈的情感态度？这些情感态度与评分有着怎样的关系？

本节聚焦于数据的可视化分析，展示了如何使用 openpyxl 读取数据、如何与 pandas 和 Matplotlib 等工具交互，以及如何将其他工具生成的可视化结果重新导入 Excel 工作簿中。

读者首先需要新建一个工作目录，将 Consumer_Reviews_of_Amazon.xlsx 复制到当前工作目录下，并通过 Code 11-24 所示的命令安装额外的环境依赖。

Code 11-24　安装额外的环境依赖

```
1.    pip install numpy matplotlib sklearn pandas Pillow
```

准备完成后就可以开始本次实例了。

11.4.2　使用 openpyxl 读取数据并将其转化为 Dataframe 对象

如 Code 11-25 所示，首先，在第 4 行加载准备好的文件，并在第 5 行获得默认工作表 sheet；然后，在第 7 行通过 sheet 的 values 属性提取工作表中所有的数据。接下来，在第 10 行将 data 的第 1 行单独取出，作为 pandas 中 Dataframe 对象的列名，并在第 11 行将 data 生成器转化为 Python 列表（注意，这里的 Python 列表不包含原工作表中的第 1 行，请读者自行思考原因）；最后，在第 13 行将数据转化为 DataFrame 对象，留至下一步使用。

Code 11-25　读取数据并将其转化为 Dataframe 对象

```
1.    import pandas as pd
2.    from openpyxl import load_workbook
3.
4.    workbook = load_workbook(filename="Consumer_Reviews_of_Amazon.xlsx")
```

```
5.    sheet = workbook.active
6.
7.    data = sheet.values
8.
9.    # Set the first row as the columns for the DataFrame
10.   cols = next(data)
11.   data = list(data)
12.
13.   df = pd.DataFrame(data, columns=cols)
```

11.4.3 绘制数值列直方图

得到待分析的数据后，通常要做的第一步就是统计各列的数值分布，使用直方图的形式直观展示出来。我们将自定义一个较为通用的直方图绘制函数。该函数将工作表的所有数值中可枚举（2～50 种）的列使用直方图展示出来。

如 Code 11-26 所示，plotPerColumnDistribution 函数接受 3 个参数：df 为 DataFrame 对象，nGraphShown 为图片总数的上限，nGraphPerRow 为每行的图片数。在第 10 行首先使用 pandas 的 nunique 函数获得每一列的不重复值的总数，在第 11 行将不重复值的总数为 2～50 的列保留，其余剔除。第 12～14 行计算总行数，并设置 Matplotlib 的画布尺寸和布局。从第 15 行开始依次绘制每个子图。绘制过程中需要区分值的类型，如果该列不是数值类型，则需要对各种值的出现数量进行统计，并通过 plot.bar 函数绘制到画布上（第 18～20 行）；如果该列是数值类型，则调用 hist 函数即可完成绘制（第 22 行）。在第 23～26 行设置图题以及坐标轴标签。第 27～28 行调整布局后即可通过 plt.show 函数查看绘制结果，如图 11-10 所示。

Code 11-26 直方图绘制函数

```
1.    from mpl_toolkits.mplot3d import Axes3D
2.    from sklearn.preprocessing import StandardScaler
3.    import matplotlib.pyplot as plt # plotting
4.    import numpy as np # linear algebra
5.    import os # accessing directory structure
6.
7.    # Distribution graphs (histogram/bar graph) of column data
8.    def plotPerColumnDistribution(df, nGraphShown, nGraphPerRow):
9.        nunique = df.nunique()
10.       df = df[[col for col in df if nunique[col] > 1 and nunique[col] < 50]]
# For displaying purposes, pick columns that have between 1 and 50 unique values
11.       nRow, nCol = df.shape
12.       columnNames = list(df)
13.       nGraphRow = (nCol + nGraphPerRow - 1) / nGraphPerRow
14.       plt.figure(num = None, figsize = (6 * nGraphPerRow, 8 * nGraphRow),
dpi = 80, facecolor = 'w', edgecolor = 'k')
15.       for i in range(min(nCol, nGraphShown)):
16.           plt.subplot(nGraphRow, nGraphPerRow, i + 1)
17.           columnDf = df.iloc[:, i]
18.           if (not np.issubdtype(type(columnDf.iloc[0]), np.number)):
19.               valueCounts = columnDf.value_counts()
20.               valueCounts.plot.bar()
21.           else:
22.               columnDf.hist()
```

```
23.            plt.ylabel('counts')
24.            plt.xticks(rotation = 90)
25.            plt.title(f'{columnNames[i]} (column {i})')
26.            plt.tight_layout(pad = 1.0, w_pad = 1.0, h_pad = 1.0)
27.            plt.show()
28.            plt.savefig('./ColumnDistribution.png')
29.
30.     plotPerColumnDistribution(df, 10, 5)
```

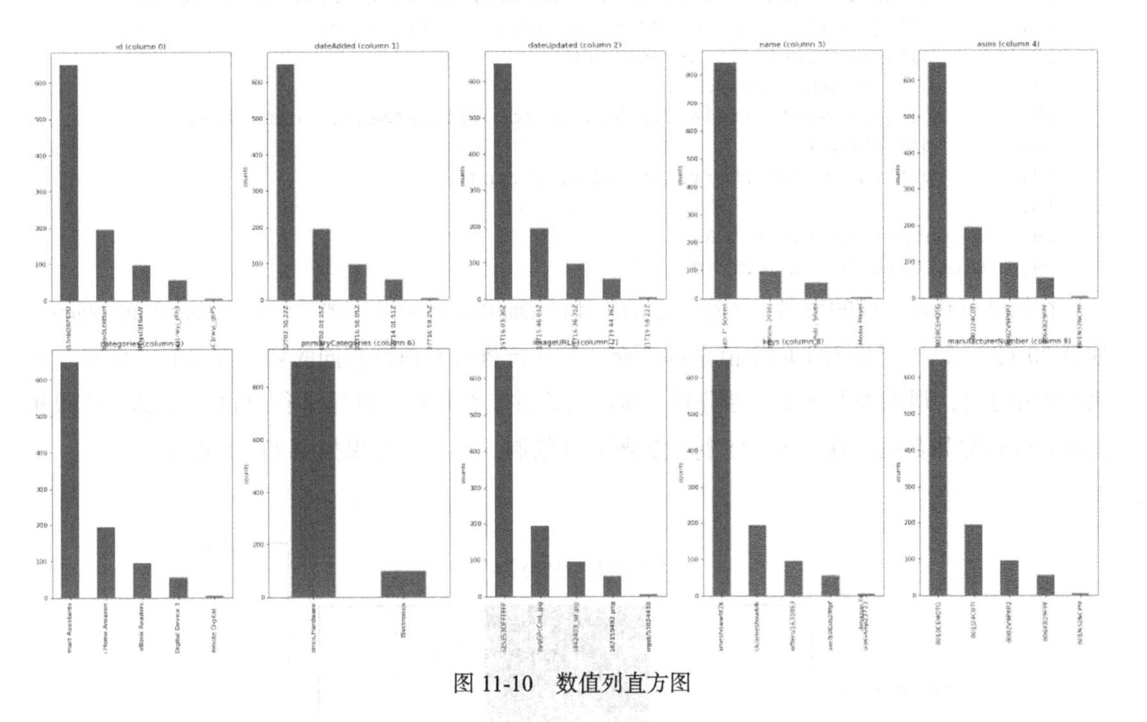

图 11-10　数值列直方图

11.4.4　绘制相关性矩阵

相关性矩阵是表示变量之间的相关系数的表格。表格中的每个单元格均显示两个变量之间的相关性。通常在进行数据建模之前需要计算相关性矩阵，有下面 3 个主要原因。

- 通过相关性矩阵，可以较为清晰、直观地看出数据中的潜藏特征。
- 相关性矩阵可以作为其他分析的输入特征。例如，使用相关性矩阵作为探索性因素分析、确认性因素分析、结构方程模型的输入，或者在线性回归时用来成对排除缺失值。
- 相关性矩阵可以作为检查其他分析结果时的诊断因素。例如，对于线性回归，变量间相关性过高则表明线性回归的估计值是不可靠的。

同样，在本节将会定义一个较为通用的相关性矩阵绘制函数，如 Code 11-27 所示。

Code 11-27　相关性矩阵绘制函数

```
1.    def plotCorrelationMatrix(df, graphWidth):
2.        filename = df.dataframeName
3.        df = df.dropna('columns') # drop columns with NaN
4.        df = df[[col for col in df if df[col].nunique() > 1]] # keep columns where
there are more than 1 unique values
```

```
5.         if df.shape[1] < 2:
6.             print(f'No correlation plots shown: The number of non-NaN or constant
 columns ({df.shape[1]}) is less than 2')
7.             return
8.         corr = df.corr()
9.         plt.figure(num=None, figsize=(graphWidth, graphWidth), dpi=80, facecolor=
'w', edgecolor='k')
10.        corrMat = plt.matshow(corr, fignum = 1)
11.        plt.xticks(range(len(corr.columns)), corr.columns, rotation=90)
12.        plt.yticks(range(len(corr.columns)), corr.columns)
13.        plt.gca().xaxis.tick_bottom()
14.        plt.colorbar(corrMat)
15.        plt.title(f'Correlation Matrix for {filename}', fontsize=15)
16.        plt.show()
17.        plt.savefig('./CorrelationMatrix.png')
18.
19.    df.dataframeName = 'CRA'
20.    plotCorrelationMatrix(df, 8)
```

在第 2 行获得当前的表名（注意：手动构建的 Dataframe 对象需要手工指定 dataframeName，如第 20 行）。第 3 行将表中的空值全部丢弃。第 4 行将所有值都相同的列全部丢弃。此时，如果列数小于 2，则无法进行相关性分析，输出警告并直接返回。在第 8 行通过 corr 函数获得相关性矩阵的原始数据。在第 9～15 行设置画布并绘制。最终的效果如图 11-11 所示。

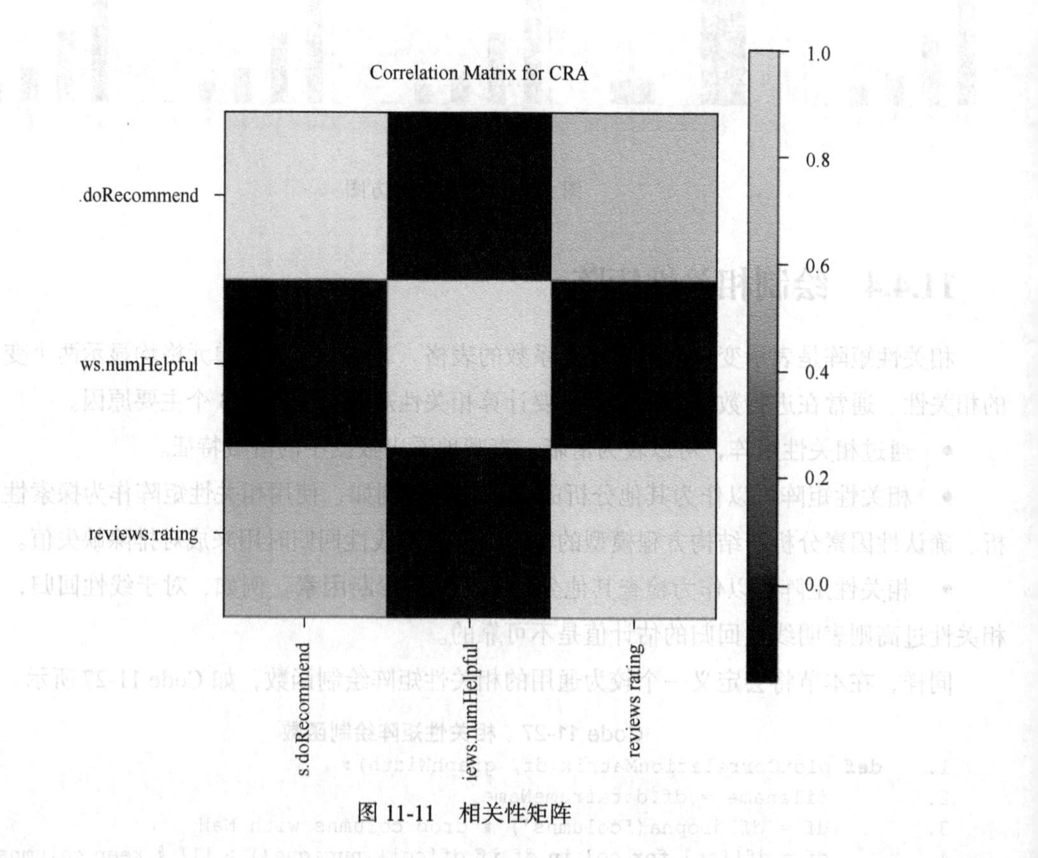

图 11-11　相关性矩阵

在图 11-11 中，颜色越浅表示相关性越高。通过这张图我们可以看到，用户是否对商品进行评分与是否进行评论的相关性很强。这表明评论与评分是两个关联极强的因素，我们可以进一步设计模型来根据其中一个因素预测另一个因素。

11.4.5　绘制散布矩阵

散布矩阵（Scatter Plot Matrix）又叫 Scagnostic，是一种常用的高维度数据可视化技术。它将高维度的数据中的每两个变量组成一个散点图，再将它们按照一定的顺序组成散点图矩阵。通过这样的可视化方式，能够将高维度数据中所有变量两两之间的关系展示出来。散布矩阵最初是由 John 和 Paul Turkey 提出的，它能够让分析者一眼就看出所有变量两两之间的相关性。

下面将介绍如何构建一个简单的散布矩阵绘制函数，如 Code 11-28 所示。

Code 11-28　散布矩阵绘制函数

```
1.    def plotScatterMatrix(df, plotSize, textSize):
2.        df = df.select_dtypes(include =[np.number]) # keep only numerical columns
3.        # Remove rows and columns that would lead to df being singular
4.        df = df.dropna('columns')
5.        df = df[[col for col in df if df[col].nunique() > 1]] # keep columns where
there are more than 1 unique values
6.        columnNames = list(df)
7.        if len(columnNames) > 10: # reduce the number of columns for matrix inversion
of kernel density plots
8.            columnNames = columnNames[:10]
9.        df = df[columnNames]
10.       ax = pd.plotting.scatter_matrix(df, alpha=0.75, figsize=[plotSize,
plotSize],diagonal='kde')
11.       corrs = df.corr().values
12.       for i, j in zip(*plt.np.triu_indices_from(ax, k = 1)):
13.           ax[i, j].annotate('Corr. coef = %.3f' % corrs[i, j], (0.8, 0.2),
 xycoords='axes fraction', ha='center', va='center', size=textSize)
14.       plt.suptitle('Scatter and Density Plot')
15.       plt.show()
16.       plt.savefig('./ScatterMatrix.png')
17.
18.   plotScatterMatrix(df, 9, 10)
```

在第 2 行去除所有非数字类型的列。第 4 行将表中的空值全部丢弃。第 5 行将所有值都相同的列全部丢弃。第 7～8 行截取了前 10 列来进行展示，这是因为如果列数过多会超出屏幕的显示范围，读者可以自行选择需要绘制的特定列。第 10 行通过 pd.plotting.scatter_matrix 来初始化画布。第 11 行获取相关性系数。第 12～13 行将依次获取不同的列组合，并绘制该组合的相关性图表。第 14～16 行绘制并保存图片。最终的可视化结果如图 11-12 所示。

在图 11-12 中，从左上到右下的对角线展示了 numHelpful 和 rating 的数据分布：可以看到，绝大多数商品的 numHelpful 数量为 0，其他数量的分布比较平均；而绝大部分商品的 rating 为 5 分，20%左右的商品是 4 分，低于 4 分的商品数量较少。从左下到右上的散点图展示了数据在交叉的两个维度上的分布，绝大部分的 numHelpful 评论都来源于评分为 5 分的商品。并且分数越低，出现 numHelpful 评论的概率越小，这符合我们日常生活的常识。

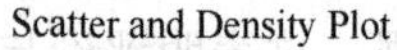

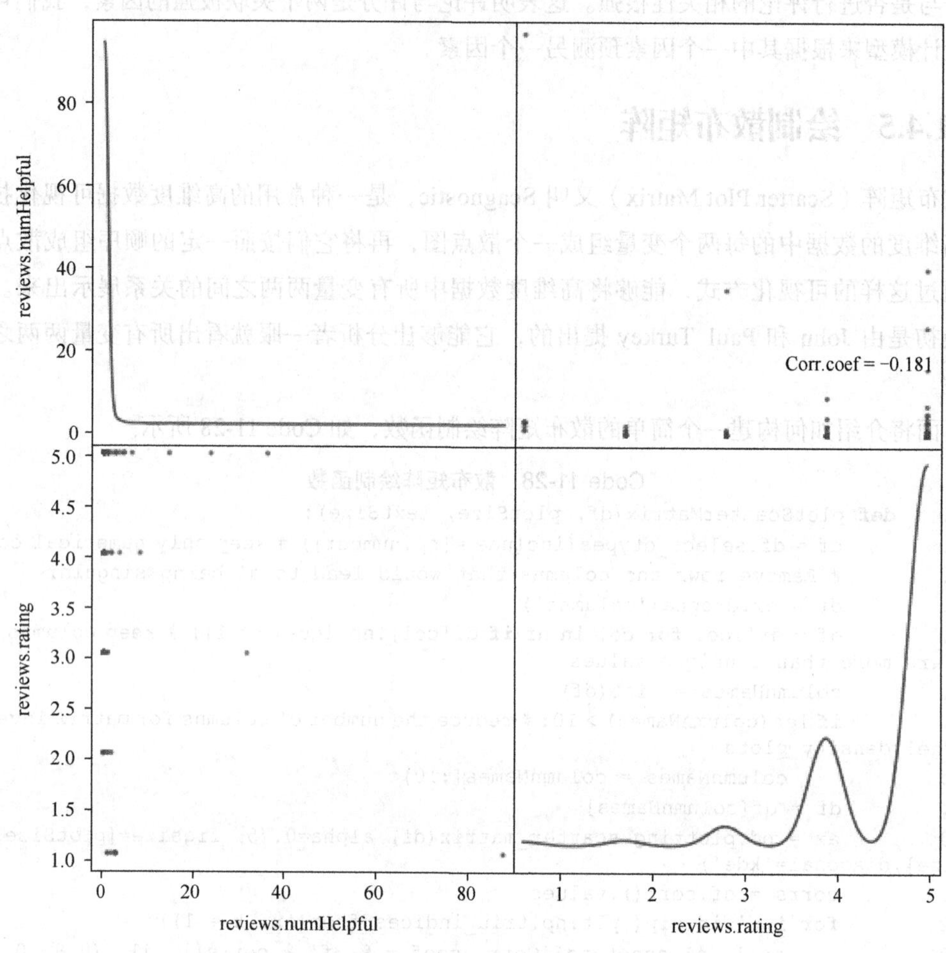

图 11-12　散布矩阵

11.4.6　将可视化结果插入 Excel 工作簿中

前面几个小节的可视化图表都以 PNG 图片格式存储在工作路径中，下面将向读者演示如何将图片插入 Excel 工作簿中，如 Code 11-29 所示。

Code 11-29　向 Excel 工作簿中插入图片

```
1.   from openpyxl import Workbook
2.   from openpyxl.drawing.image import Image
3.
4.   workbook = Workbook()
5.   sheet = workbook.active
6.
7.   vis = Image("ScatterMatrix.png")
8.
9.   # A bit of resizing to not fill the whole spreadsheet with the logo
10.  vis.height = 600
11.  vis.width = 600
12.
13.  sheet.add_image(vis, "A1")
14.  workbook.save(filename="visualization.xlsx")
```

首先创建了一个新的工作簿，然后通过 openpyxl 的 Image 类加载了预先生成的 ScatterMatrix.png。在调整了图片的大小后，将其插入 A1 单元格中。最后保存了工作簿。流程十分清晰简单，最终的效果如图 11-13 所示。

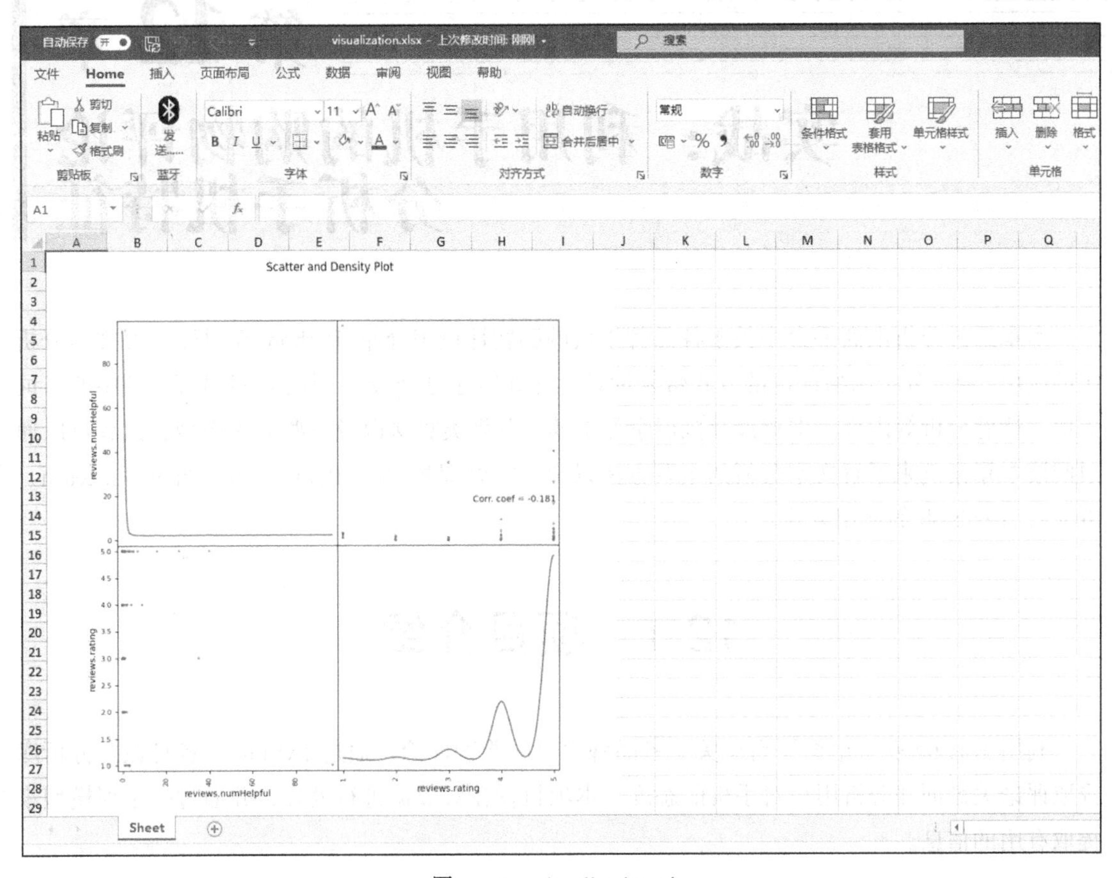

图 11-13　visualization.xlsx

11.5　本章小结

通过若干实例，本章向读者展示了如何使用 Python 的 openpyxl 工具来创建 Excel 工作簿、迭代访问数据、添加数据、添加公式、添加条件格式和图表等，基本满足了日常操作 Excel 进行自动化办公的需求。此外，本章还介绍了如何在 openpyxl 的基础上引入其他更复杂的 Python 编程库来进行可视化分析，并将分析结果再次存入 Excel 工作簿中。虽然初次使用编程工具进行数据操作会有很多难以习惯的地方，但是编程工具可以使大量需要手工重复的工序自动化，让每次的工作可复制、可拓展，帮助读者完成更多看似不可能的任务。openpyxl 还有许多强大的功能在本章中没有被提及，读者可以参考官方文档进行更多的探索。

第12章 实战：利用手机的购物评论分析手机特征

本章通过分析电商平台中关于各品牌手机的购物评论来介绍 Python 在机器学习文本分析中的应用，通过分析购物评论的方式带领读者学习如何通过 Python 进行自然语言处理中的名词提取、情感分析等内容。本章涉及机器学习中的一些聚类算法以及一些嵌入模型，读者可以通过阅读本章案例来了解文本分析的主要方法以及文本处理相关的 Python 库，如 scikit-learn、Spacy、Textblob 的使用方式。

12.1 项目介绍

利用 Kaggle 获取电商平台中关于各品牌手机的购物评论，通过 Python 中各种数据分析库提取评论关键词并分析用户对手机的态度。本项目旨在对数据进行处理，并通过一系列模型来提取有用的信息。

12.2 从 Kaggle 上下载数据

Kaggle 是一个数据建模和数据分析竞赛平台。使用者可以从 Kaggle 网站上发布数据、下载其他用户的数据来进行分析，也可以上传个人的参赛模型。Kaggle 上拥有海量的数据集，我们可以通过搜索找到自己想要研究的数据集。

首先，我们打开 Kaggle 网站，打开之后如图 12-1 所示。

单击页面上方的 Datasets 进入 Datasets 页面，来搜索我们想要使用的数据集。Datasets 页面如图 12-2 所示。

在本文搜索框中输入“cell phone reviews”后，可以看到有一个数据集可供使用。单击这个数据集，进入如图 12-3 所示的页面。

在页面左下角的 Data Sources 中可以看到这个数据集包含 6 个文件，而文件名右边的数字反映的是每个文件的行数和列数。选中某一个文件，在页面下方可以看到这个文件的描述以及这个文件每列的相关信息。

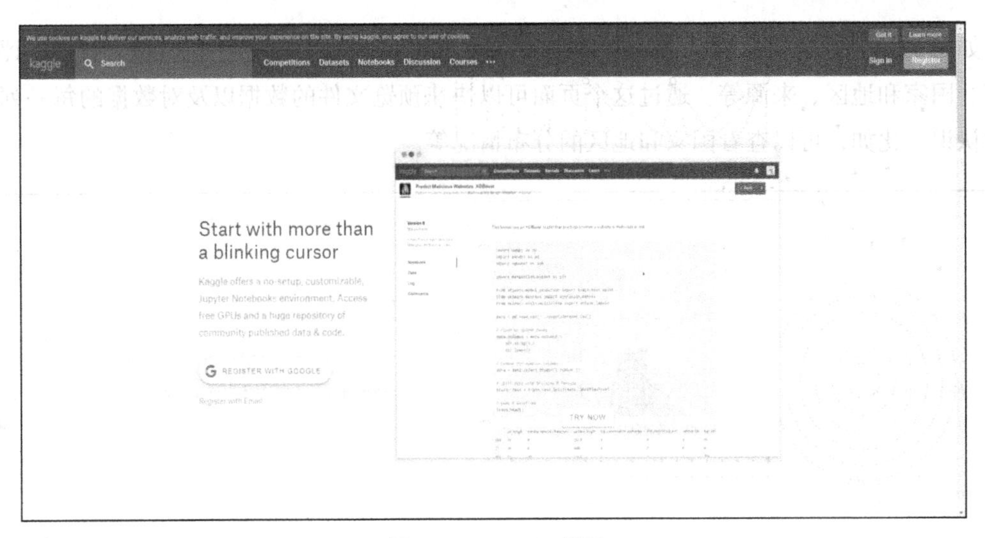

图 12- 1　Kaggle 首页

图 12-2　Datasets 页面

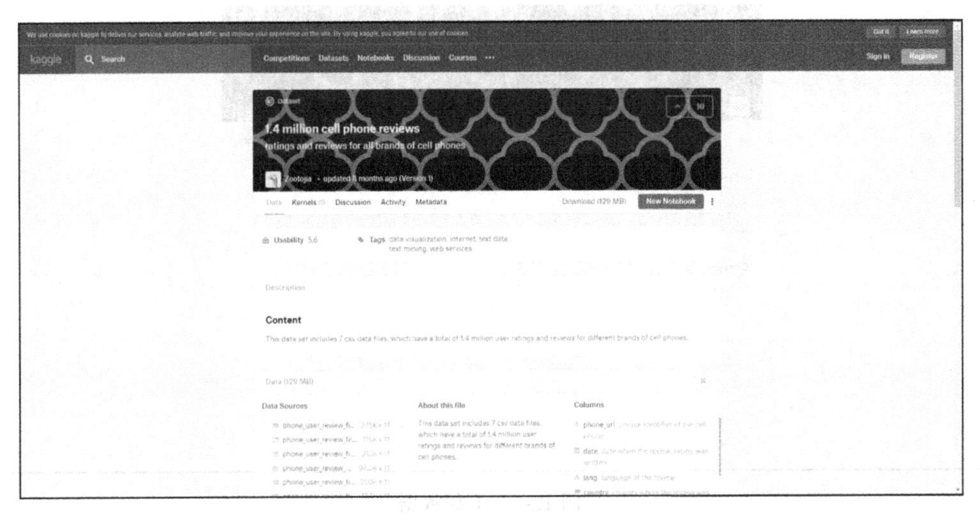

图 12-3　million cell phone reviews 数据集页面 1

如图 12-4 所示，可以看到 phone_user_review_file_1.csv 文件包括手机链接、日期、评论的语言、国家和地区、来源等。通过这个页面可以快速预览文件的数据以及对数据的每一列有大概的认识。比如，可以查看国家和地区的分布情况等。

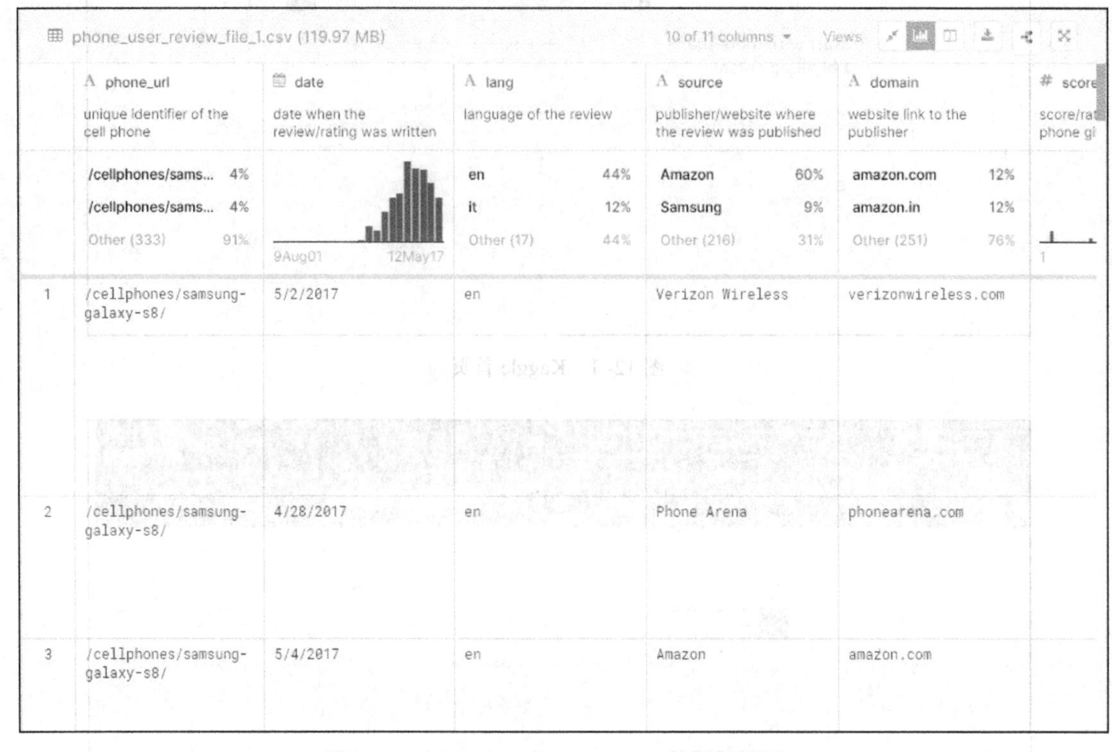

图 12-4　million cell phone reviews 数据集页面 2

单击图 12-5 所示的页面上方的 Download 来下载数据。

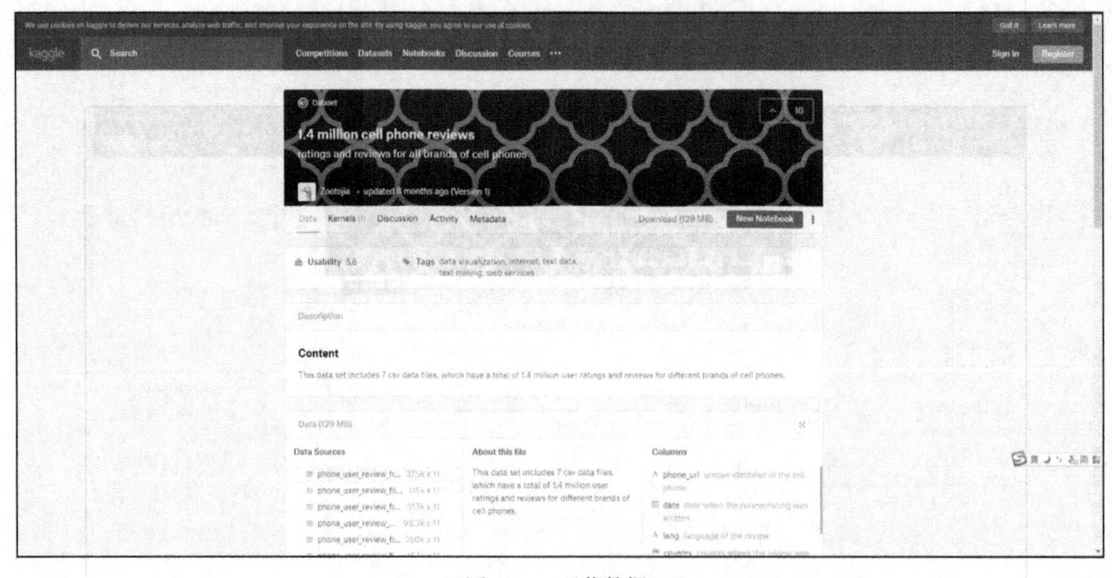

图 12-5　下载数据

如果没有登录的话，网站会提示先登录才能下载数据，如图 12-6 所示。用户可以使用邮箱进行注册之后下载数据。

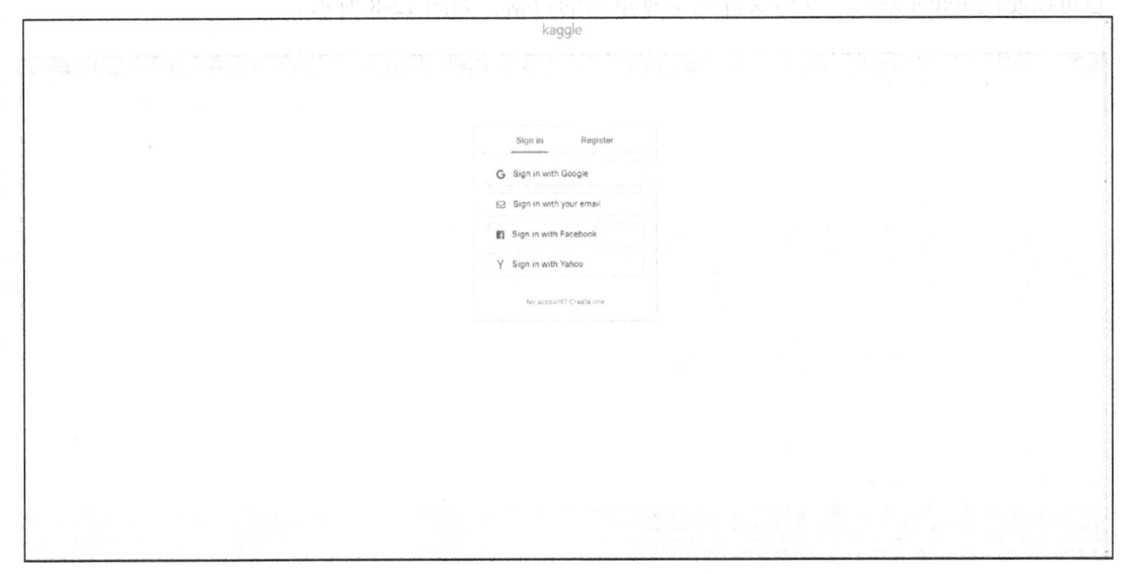

图 12-6　登录页面

将数据下载到一个独立的文件夹中，例如名为 Cellphone_review_analysis 的文件夹，如图 12-7 所示。

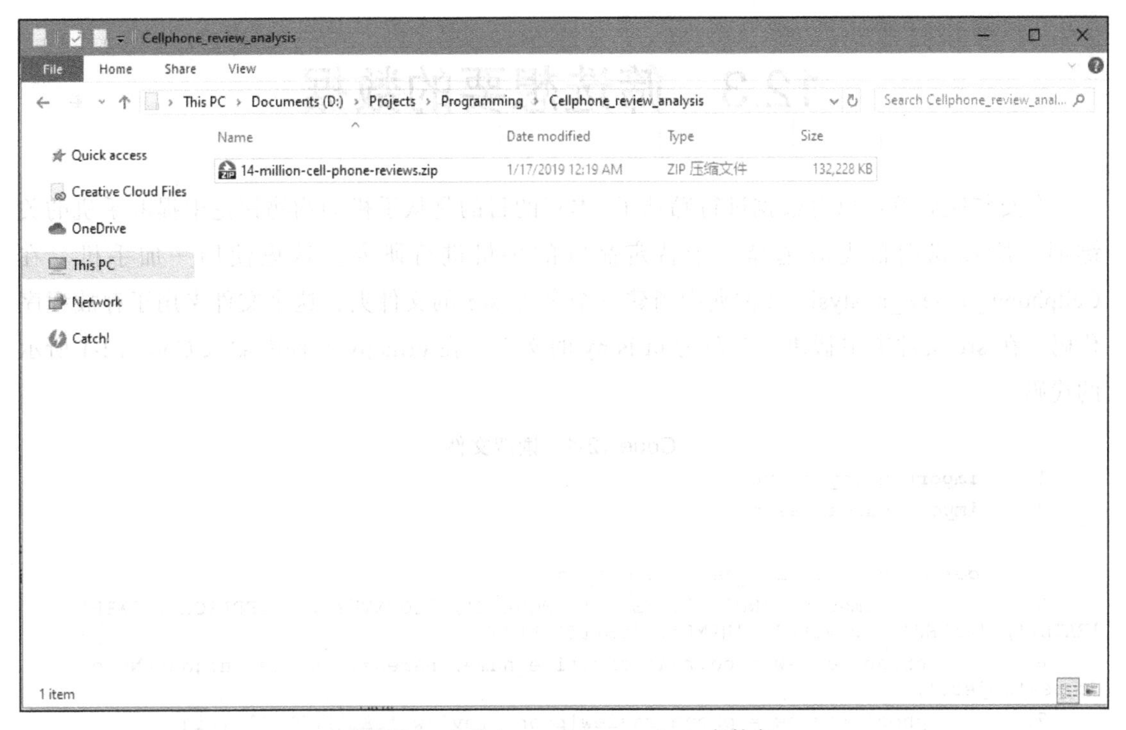

图 12-7　Cellphone_review_analysis 文件夹

由于这个数据集有多个文件，因此建议在 Cellphone_review_analysis 文件夹中新建一个名为 data 的文件夹，再将这个数据集中的每个文件解压到 data 文件夹中，从而方便管理。同时，也可以使用 Excel 来打开这些文件以检查里面的数据，如图 12-8 所示。

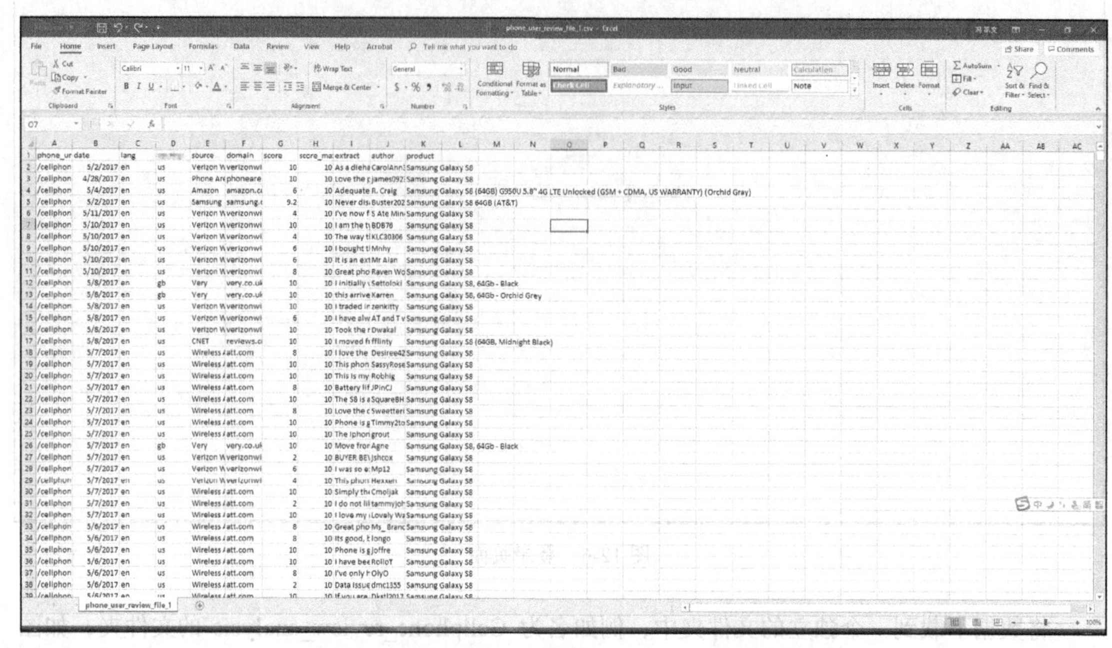

图 12- 8　phone_user_review_file_1.csv 中的数据

12.3　筛选想要的数据

在安装完后就可以对数据进行筛选了。本章的目的是从手机的购物评论中提取手机的关键词，所以我们首先应选择一个特定品牌的手机进行研究。这里使用一加手机。在 Cellphone_review_analysis 文件夹中新建一个名为 src 的文件夹，这个文件夹用于存放程序代码。在 src 文件夹中新建一个名为 utils.py 的文件。在 utils.py 文件中输入 Code 12-1 所示的代码。

Code 12-1　读取文件

```
    1.    import numpy as np
    2.    import pandas as pd
    3.
    4.    def read_file(file_name, phone_name):
    5.        colnames = ['NN', 'TIME', 'LANGUAGE', 'COUNTRY', 'OPERATOR', 'WEB',
'RATE1', 'RATE2', 'REVIEW', 'NAME', 'CELLPHONE']
    6.        phone_review = pd.read_csv(file_name, names=colnames, header=None,
dtype='object')
    7.        phone_review = phone_review[phone_review['CELLPHONE'].isin
([phone_name])]
    8.        phone_review = phone_review['REVIEW']
```

```
9.        return phone_review
10.  if __name__ == '__main__':
11.       phone_review = read_file("../data/phone_user_review_file_1.csv",
"OnePlus 3")
12.       print(phone_review[0:1])
```

在 Code 12-1 中，我们实现了一个名为 read_file 的函数。使用这个函数时可以通过传入文件路径以及想要获取的手机名称，获取手机的购物评论。这里我们使用的手机名称为 OnePlus 3。

不过，第一次运行时会得到 Code 12-2 所示的报错信息。

Code 12-2 读取文件报错信息

```
1.    Traceback (most recent call last):
2.     File "pandas/_libs/parsers.pyx", line 1151, in
pandas._libs.parsers.TextReader._convert_tokens
3.     File "pandas/_libs/parsers.pyx", line 1281, in
pandas._libs.parsers.TextReader._convert_with_dtype
4.     File "pandas/_libs/parsers.pyx", line 1297, in
pandas._libs.parsers.TextReader._string_convert
5.     File "pandas/_libs/parsers.pyx", line 1520, in
pandas._libs.parsers._string_box_utf8
6.    UnicodeDecodeError: 'utf-8' codec can't decode byte 0xd1 in position 254:
unexpected end of data
7.
8.    During handling of the above exception, another exception occurred:
9.
10.   Traceback (most recent call last):
11.     File "D:/Projects/Programming/Cellphone_review_analysis/src/utils.py",
line 11, in <module>
12.       phone_review = read_file("../data/phone_user_review_file_1.csv", "OnePlus 3")
13.     File "D:/Projects/Programming/Cellphone_review_analysis/src/utils.py",
line 6, in read_file
14.       phone_review = pd.read_csv(file_name, names=colnames, header=None)
15.     File "C:\Python38\lib\site-packages\pandas\io\parsers.py", line 685, in
parser_f
16.       return _read(filepath_or_buffer, kwds)
17.     File "C:\Python38\lib\site-packages\pandas\io\parsers.py", line 463, in _read
18.       data = parser.read(nrows)
19.     File "C:\Python38\lib\site-packages\pandas\io\parsers.py", line 1154, in
read
20.       ret = self._engine.read(nrows)
21.     File "C:\Python38\lib\site-packages\pandas\io\parsers.py", line 2059, in
read
22.       data = self._reader.read(nrows)
23.     File "pandas/_libs/parsers.pyx", line 881, in
pandas._libs.parsers.TextReader.read
24.     File "pandas/_libs/parsers.pyx", line 896, in
pandas._libs.parsers.TextReader._read_low_memory
25.     File "pandas/_libs/parsers.pyx", line 973, in
pandas._libs.parsers.TextReader._read_rows
26.     File "pandas/_libs/parsers.pyx", line 1105, in
pandas._libs.parsers.TextReader._convert_column_data
27.     File "pandas/_libs/parsers.pyx", line 1158, in
pandas._libs.parsers.TextReader._convert_tokens
```

```
28.    File "pandas/_libs/parsers.pyx", line 1281, in
pandas._libs.parsers.TextReader._convert_with_dtype
29.    File "pandas/_libs/parsers.pyx", line 1297, in
pandas._libs.parsers.TextReader._string_convert
30.    File "pandas/_libs/parsers.pyx", line 1520, in
pandas._libs.parsers._string_box_utf8
31.  UnicodeDecodeError: 'utf-8' codec can't decode byte 0xd1 in position 254:
unexpected end of data
```

通过观察报错信息，可以发现是因为 utf-8 解码器而无法解码这个文件。此时可以通过直接修改读取文件时的编码格式来正常读取文件。在这个文件中需要使用“latin-1”编码。测试代码及部分输出如 Code 12-3 和 Code 12-4 所示。

Code 12-3　修改读取文件时的编码格式

```
1.   with open('../data/phone_user_review_file_1.csv','r',encoding="latin-1") as f:
2.       lines = f.readlines()
3.       for line in lines:
4.           print(line)
```

Code 12-4　读取文件成功时的部分输出

```
1.   /cellphones/samsung-galaxy-j3-duos/,7/5/2016,fr,fr,Amazon,amazon.fr,10,10,
J'ai fait tomber mon tÃ©lÃ©phone portable Ã  plusieurs reprises. L'Ã©cran est intact.
Ã‡a vaut le coup car Ã§a m'a permis de ne pas en racheter un.,AISSETOU MAGASSA,Access-
Discount SAMSUNG GALAXY J3 2016 coque silicone Gel TPU + FILM PROTECTION Ecran en VERRE
TrempÃ© Galaxy J3 (2016) J320F J3-6
2.
3.   /cellphones/samsung-galaxy-j3-duos/,7/5/2016,fr,fr,Amazon,amazon.fr,6,10,
"Coque nickels'adapte parfaitement, concernant le verre trempÃ©, reÃ§u cassÃ© lors de
la livraison, aprÃ¨s un mail auprÃ¨s du vendeur, protection renvoyÃ©e trÃ¨s rapidement!
Un peu dÃ©Ã§u par ce dernier trop petit sur les cÃ´tÃ©s et s'adapte mal sur les bords
( il n'adhÃ¨re pas..) achat mitigÃ© mais SAV au top!",Marie,Access-Discount SAMSUNG GALAXY
J3 2016 coque silicone Gel TPU + FILM PROTECTION Ecran en VERRE TrempÃ© Galaxy J3 (2016)
J320F J3-6
```

为了让以后更加方便读取文件，可以编写一个数据清洗脚本，把 6 个文件重新编码成 UTF-8 格式的文件。另外，可以注意到的是，6 个文件中，评论中使用了多种语言，为了简化数据分析的难度，本次研究仅针对英语评论进行分析。

筛选英语评论的数据清洗脚本如 Code 12-5 所示。

Code 12-5　筛选英语评论

```
1.   with open('../data/phone_review.csv','w',encoding='utf-8') as w:
2.       for i in range(1,7):
3.           with open('../data/phone_user_review_file_'+str(i)+'.csv','r',
encoding="latin-1") as f:
4.               lines = f.readlines()
5.               for line in lines:
6.                   line_split = line.split(',')
7.                   if line_split[2] == 'en':
8.                       w.write(line)
```

运行完清洗脚本之后，再次运行读取文件程序以检测是否能成功读取文件。注意要将../data/phone_user_review_file_1.csv 修改为../data/phone_review.csv。

运行结果如图 12-9 所示。

```
C:\Python38\python.exe D:/Projects/Programming/Cellphone_review_analysis/src/utils.p
34083    This is the best Android phone on the market h ...
34084    There are those who always tries powerful phon ...
34092    Before buying this mobile,I watched so many te ...
34093    Since many years i am using android phones sin ...
34094    Ã°Å¸â□□ The Good: -------------------- + Buil ...
34095    Looking at the physical appearance which is ow ...
34096    The One Plus 3 is the best value for money hig ...
34131    this is a great phone for the price ... it has  ...
34132    So i have owned this phone for a bit less than ...
34133    Build quality is Amazing, colors are grear i g ...
34134    I had a GS5 and oh man it was an upgrade, this ...
34135    I am the kind of person who use to vacillate m ...
34136    Over the last two years i've used LG-G2, S6Edg ...
34369    I never felt so satisfied after buying a devic ...
34458    Definitely a premium phone. With the price alm ...
38292       Great device, near stock Android is wonderful.
38464    best phone of 2016 after samsung galaxy s7 edg ...
38920    OnePlus 3 is overall a really good phone, and  ...
41853    The phone has A very premium feeling. with te  ...
41854    One of the best android phones for the price t ...
41855    I using this ph. From 5 months .. so, i can say ...
Name: REVIEW, dtype: object

Process finished with exit code 0
```

图 12-9　修改后的程序运行结果

12.4　分析数据

目前我们已经从 Kaggle 网站上下载了数据，并对数据进行了清洗，获取到了易于使用的数据。接下来，我们将使用不同的词向量化方法，如 Count Vectorizer、TF-IDF，配合不同的无监督学习聚类算法，如 k 均值 BIRCH，对清洗过的数据进行分析，并提取出关键词。在提取关键词之后，我们还将对不同种类手机的评论进行情感分析，来判断用户对手机的态度。

12.4.1　算法介绍

在正式分析数据之前，需要简单地介绍一下将会使用的算法以及词向量化方法。在了解这些算法的工作原理之后，我们才能更好地将这些算法运用到实际项目中。

1. 词袋算法

首先，现有的机器学习算法都需要通过将文字转化为向量（Vector）的方式才能继续分析。

在将文字向量化的方式中，相对简易的方式是使用词袋算法（Bag of Words，BoW）。词袋算法主要有两种，一种是 Count Vectorizer，另一种是 TF-IDF。

（1）Count Vectorizer

Count Vectorizer 简单记录了文本中每个单词出现的次数，之后根据出现的次数进行向量化。但常常出现频率最高的词并不是具有研究价值的实词，而是虚词。例如英语中冠词“a”和“the”在评论中出现频率较高，为避免其被向量化，可以使用 TF-IDF 方式进行向量化。

（2）TF-IDF

在 TF-IDF 模型中，字词的重要性随着它在文件中出现的次数成正比增强，但同时会随着它在语料库中出现的频率成反比减弱。因此，TF-IDF 倾向于过滤在语料库中出现频率较高的词汇，保留重要的词汇。

将文字用向量表示之后，就可以使用机器学习算法进行文本挖掘了。因为只从数据中提取信息，所以可以使用一些无监督学习算法如 k 均值、BIRCH 来聚类。

2. 无监督学习算法

（1）k 均值

k 均值算法首先将所有的数据随机分成 K 类，之后分别求出每一类中的数据中心点。在求出中心点之后，利用新的中心点将所有的数据重新分为 K 类，每一个数据点的类别是距离它最近的中心点的类别。最后重复上述求中心点、将数据重新分为 K 类的过程，直到中心点趋于稳定。

（2）BIRCH

BIRCH 算法同样用于无监督学习，它使用了层次化聚类方法，重复将最近的数据点分为一类，直至所有的数据点都被分为 K 类。BIRCH 可以高效地处理大规模的数据。

12.4.2 算法应用

1. Count Vectorizer 和 k 均值

下面我们就先用 Count Vectorizer 结合 k 均值提取数据。

首先，在 src 文件夹中新建一个名为 countvec_kmeans.py 的文件，并在该文件中编写如 Code 12-6 所示的代码。

Code 12-6 使用 Count Vectorizer 与 k 均值提取数据

```
1.    import pandas as pd
2.    import numpy as np
3.    from sklearn.cluster import KMeans
4.    from sklearn.feature_extraction.text import TfidfVectorizer, CountVectorizer
5.    from sklearn.pipeline import Pipeline
6.    from collections import Counter
7.    # variables
8.    n_clusters = 5
9.    phone_name = "OnePlus"
10.   # get review data
11.   colnames = ['NN', 'TIME', 'LANGUAGE', 'COUNTRY', 'OPERATOR', 'WEB', 'RATE1', 
'RATE2', 'REVIEW', 'NAME', 'CELLPHONE']
12.   phone_review = pd.read_csv('../data/phone_review.csv', names=colnames, 
header=None)
```

```
13.   oneplus = phone_review[phone_review['CELLPHONE'].isin(['OnePlus 3T (Gunmetal,
6GB RAM + 64GB memory)'])]
14.   oneplus = oneplus['REVIEW']
15.
16.   # Train
17.   pipeline = Pipeline(
18.       [('feature_extraction', TfidfVectorizer()), ('cluster', KMeans
(n_clusters=n_clusters))])
19.   pipeline.fit(oneplus)
20.   labels = pipeline.predict(oneplus)
21.
22.   # output summary
23.   c = Counter(labels)
24.   for cluster_number in range(n_clusters):
25.       print("Cluster {} contains {} samples".format(cluster_number,
26.                                             c[cluster_number]))
27.   # cluster data to CSV
28.   oneplus = pd.DataFrame(oneplus)
29.   oneplus.insert(1, "CLuster", labels, True)
30.   oneplus.to_csv("../data-analysis/"+phone_name+str(n_clusters)+".csv")
```

然后，在根目录中创建一个名为 data-analysis 的文件夹。之后运行 Code 12-6 中的代码，这会在 data-analysis 文件夹中创建一个名为 OnePlus5.csv 的文件，同时输出如下信息。

```
Cluster 0 contains 141 samples
Cluster 1 contains 1116 samples
Cluster 2 contains 203 samples
Cluster 3 contains 122 samples
Cluster 4 contains 301 samples
```

程序的输出信息给出了每一类都包含多少个样本。使用 Excel 打开 OnePlus5.csv 文件，可以看到如图 12-10 所示的信息。

	REVIEW	Cluster
59090	I have not received hanc	1
59092	Very nice best camera re	1
59148	Heating issue when. Dov	1
59149	Worst Product , Not a val	1
59150	I bought this oneplus3T :	0
59151	i have already oneplus 1	1
59152	everything works well e:	4
59153	worst phone ever bough	4
59154	great phone!! supaa dup	1

图 12-10　OnePlus5.csv

在 One Plus 5.csv 文件中，REVIEW 列是每个手机的评论，Cluster 列是指这条评论被分到了哪一类。由于我们所使用的 k 均值算法是无监督学习算法，换句话说，我们无法知道每一类评论具体代表什么意思，只知道算法认为同一类中的数据具有一定的相似性。为了观察不同类的特征，我们在 Excel 中根据 Cluster 列进行了排序。

遗憾的是，在大致浏览这 5 类评论之后，我们似乎不能很轻易地看出每一类都表示着什么意思，唯一比较容易看出的特点是，第 1 类的评论都比较短，而其他几类的评论都很长。所以我们可以尝试使用 TF-IDF 算法加以改进。

2. TF-IDF 和 *k* 均值

同样，在 src 文件夹中新建一个名为 tfidf_kmeans.py 的文件，并编写 Code 12-7 所示的代码。

Code 12-7 使用 TF-IDF 和 *k* 均值提取数据

```
1.    import pandas as pd
2.    import numpy as np
3.    from sklearn.cluster import KMeans
4.    from sklearn.feature_extraction.text import TfidfVectorizer, CountVectorizer
5.    from sklearn.pipeline import Pipeline
6.    from collections import Counter
7.    # variables
8.    n_clusters = 5
9.    phone_name = "OnePlus"
10.   # get review data
11.   colnames = ['NN', 'TIME', 'LANGUAGE', 'COUNTRY', 'OPERATOR', 'WEB', 'RATE1',
'RATE2', 'REVIEW', 'NAME', 'CELLPHONE']
12.   phone_review = pd.read_csv('../data/phone_review.csv', names=colnames,
 header=None)
13.   oneplus = phone_review[phone_review['CELLPHONE'].isin(['OnePlus 3T (Gunmetal,
6GB RAM + 64GB memory)'])]
14.   oneplus = oneplus['REVIEW']
15.
16.   # Train
17.   pipeline = Pipeline(
18.        [('feature_extraction', TfidfVectorizer()), ('cluster', KMeans
(n_clusters=n_clusters))])
19.   pipeline.fit(oneplus)
20.   labels = pipeline.predict(oneplus)
21.
22.   # output summary
23.   c = Counter(labels)
24.   for cluster_number in range(n_clusters):
25.       print("Cluster {} contains {} samples".format(cluster_number,
26.                                                     c[cluster_number]))
27.   # cluster data to CSV
28.   oneplus = pd.DataFrame(oneplus)
29.   oneplus.insert(1, "Cluster", labels, True)
30.   oneplus.to_csv("../data-analysis/"+phone_name+"TF-IDF"+str(n_clusters)+
".csv")
```

Code 12-7 所示的代码与前文中提到的 Code 12-6 所示的代码非常相似，只需要修改 CountVectorizer 为 TfidfVectorizer，以及最后一行中的文件名即可。

如图 12-11 所示，在第 0 类中可以看到大部分的评论都包含与“Value for money”相关的词语，这可理解为“性价比”。词组在图 12-11 中已用红色标出。但是其他类别中就很少出现这个词组。通过观察这些评论的大致含义，我们可以轻松地了解到用户普遍认为 OnePlus 3 手机的性价比是不错的。但并不是所有包含该关键词的评论都是积极倾向的评论，例如图 12-11 中第一条评论就说明“这部手机不好，有很多问题”。TF-IDF 和 *k* 均值算法的结合比较简单，它不能区分评论是正面的还是负面的，所以在研究这样的结果时，需要人工观察，才能大体得出结论。

	REVIEW	Cluster
59149	Worst Product , Not a value for money , Call Drops/ heating ... Lot more issues.	0
59203	excellent features powerful device. Good Value for money	0
59499	Value for money product. Full satisfaction	0
59619	Very good phone with all high end features. Which no other phones have till nov	0
59775	I've been using it for a week now and it is working great. The only struggle i had v	0
59790	It do shows lag sometimes..Overall a good one...Value for money..	0
59823	Value for money. Best in its class.	0
59868	Excellent phone with so many advanced features and great value for the money.	0
60065	Just Great. Perfectly satisfied with this phone. Gives you 100% value for you hard	0
60117	Best value money can buy . Fast charging.good is. No lags. No complaints so far. I	0

图 12-11　“Value for money”在第 0 类中出现频率很高

虽然在其他几类中也能看出来有一些词是经常会出现的，例如 nice、good 等。但这些词不能明确说明该品牌手机的特点，所以需要继续使用其他算法深入研究。

在前两个算法中我们已经发现 TF-IDF 比 Count Vectorizer 效果要好，接下来就可以继续对聚类算法进行改进了。

3. TF-IDF 和 BIRCH

与前两个算法一样，在 src 文件夹中新建一个名为 tfidf_birch.py 的文件，并将 Code 12-8 中的“KMeans”改为“Birch”。

Code 12-8　修改“KMeans”为“Birch”

```
1.   pipeline = Pipeline(
2.       [('feature_extraction',TfidfVectorizer()),('cluster',KMeans
(n_clusters=n_clusters))])
```

再将 Code 12-9 中的“TF-IDF”改为“TF-IDF-Birch”。

Code 12-9　修改“TF-IDF”为“TF-IDF-Birch”

```
1.     oneplus.to_csv("../data-analysis/"+phone_name+"TF-IDF"+str(n_clusters)+
".csv")
```

运行这个算法，并用同样的方式分析，结果如图 12-12 所示。

	REVIEW	Cluster
60101	Very good looking phone with excellent performance. Lightning fast speed.. Very happy with my new one	2
60112	Very good decision	2
60209	Nice phone...Nice delivery....	2
60261	Im very happy with this phone. It's just amazing. Very fast and smooth	2
60304	Hi, Writing this review after extensive usage of one and half month; 1. A very good Hardware - RAM workir	2
60400	Very good performance	2
60787	Awesome phone very happy !!!	2
60794	Very nice phone.	2
60797	It is a very good Mobile phone in short	2
60803	The mobile is very good	2

图 12-12　应用 BIRCH 算法的部分结果

可以看到效果依然不是很理想，在使用同样的数据集以及词向量化方法时聚类算法的效果基本差不多。为此我们仍需修改评论数据集以及词向量化方法。

4. 名词提取

（1）安装 spaCy

spaCy 是一个工业级自然语言处理库，可以很轻松地提取出各种语言中单词的词性。安装 spaCy 的方法很简单，在命令行中输入如下命令即可安装：

```
pip install -U spacy
```

（2）名词提取

在文本挖掘中，大部分真正有意义的词汇都是名词，在手机评论分析中我们想要了解的手机特征，例如电池性能、性价比、摄像头等特征，也确实都是名词。所以我们可以直接提取评论里所有名词，排除所有非名词，如 good、nice 等表达情感倾向的形容词。

在 src 文件夹中新建一个名为 noun_extraction.py 的文件，并编写如 Code 12-10 所示的代码。

Code 12-10 提取手机评论中的名词

```
1.   import spacy
2.   import pandas as pd
3.   def getNoun():
4.       """
5.       This files is used as Noun words Extractor.
6.       :return:
7.       """
8.       # get review data
9.       # phone_review = pd.read_csv('phone_review_oneplus_noun.csv') #input file
10.      colnames = ['NN', 'TIME', 'LANGUAGE', 'COUNTRY', 'OPERATOR', 'WEB', 'RATE1',
'RATE2', 'REVIEW', 'NAME', 'CELLPHONE']
11.      phone_review = pd.read_csv('../data/phone_review.csv', names=colnames,
header=None)
12.      phone_review = phone_review[phone_review['CELLPHONE'].isin(['OnePlus 3T
(Gunmetal, 6GB RAM + 64GB memory)'])]
13.      phone_review = phone_review['REVIEW'] #review data
14.      row_nums = phone_review.shape[0]
15.      nlp = spacy.load("en_core_web_sm")
16.      data_noun_str = []
17.      for i in range(row_nums):
18.          doc = nlp(phone_review.iloc[i]) # init nlp data
19.          line_str = []
20.          for token in doc:
21.              if token.pos_ == "NOUN": # if it is NOUN
22.                  line_str.append(token.text)
23.          line = " ".join(line_str)
24.          data_noun_str.append(line)
25.      review_noun = pd.DataFrame({'noun':data_noun_str})
26.      review_noun.to_csv('../data/phone_review_oneplus_noun.csv') #write
files
27.      print(review_noun)
28.  if __name__ == '__main__':
29.      getNoun()
```

第一次运行程序会显示如图 12-13 所示的报错信息。

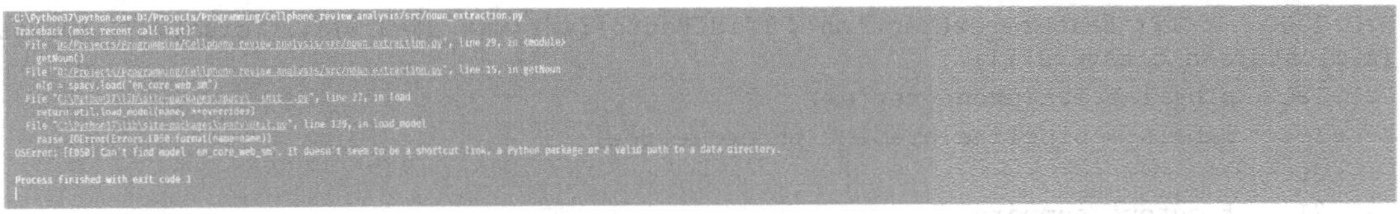

```
C:\Python37\python.exe D:/Projects/Programming/Cellphone_review_analysis/src/noun_extraction.py
Traceback (most recent call last):
  File "D:/Projects/Programming/Cellphone_review_analysis/src/noun_extraction.py", line 29, in <module>
    getNoun()
  File "D:/Projects/Programming/Cellphone_review_analysis/src/noun_extraction.py", line 15, in getNoun
    nlp = spacy.load("en_core_web_sm")
  File "C:\Python37\lib\site-packages\spacy\__init__.py", line 27, in load
    return util.load_model(name, **overrides)
  File "C:\Python37\lib\site-packages\spacy\util.py", line 139, in load_model
    raise IOError(Errors.E050.format(name=name))
OSError: [E050] Can't find model 'en_core_web_sm'. It doesn't seem to be a shortcut link, a Python package or a valid path to a data directory.

Process finished with exit code 1
```

图 12-13　找不到英语词库

报错信息的意思是 spaCy 库找不到英语词库，所以需要用如下命令下载英语词库：

```
python -m spacy download en
```

成功后会显示如图 12-14 所示的信息。

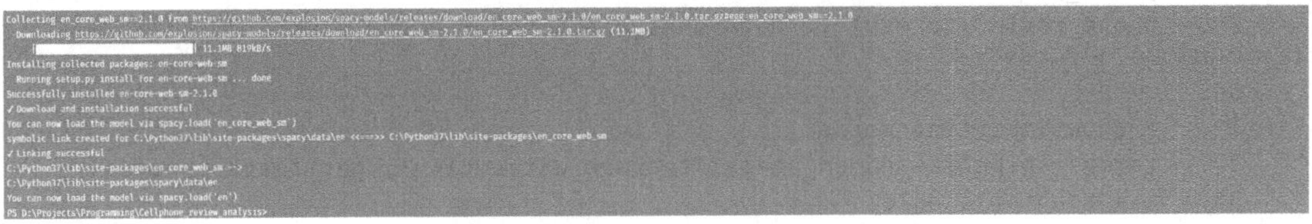

```
Collecting en_core_web_sm==2.1.0 from https://github.com/explosion/spacy-models/releases/download/en_core_web_sm-2.1.0/en_core_web_sm-2.1.0.tar.gz#egg=en_core_web_sm==2.1.0
  Downloading https://github.com/explosion/spacy-models/releases/download/en_core_web_sm-2.1.0/en_core_web_sm-2.1.0.tar.gz (11.1MB)
     |████████████████████████████████| 11.1MB 819kB/s
Installing collected packages: en-core-web-sm
  Running setup.py install for en-core-web-sm ... done
Successfully installed en-core-web-sm-2.1.0
✓ Download and installation successful
You can now load the model via spacy.load('en_core_web_sm')
symbolic link created for C:\Python37\lib\site-packages\spacy\data\en <<===>> C:\Python37\lib\site-packages\en_core_web_sm
✓ Linking successful
C:\Python37\lib\site-packages\en_core_web_sm -->
C:\Python37\lib\site-packages\spacy\data\en
You can now load the model via spacy.load('en')
PS D:\Projects\Programming\Cellphone_review_analysis>
```

图 12-14　spaCy 英语词库安装成功

之后再次运行程序，即可看到程序正常显示，如图 12-15 所示。

```
C:\Python37\python.exe D:/Projects/Programming/Cellphone_review_analysis/src/noun_extraction.py
                                                   noun
0                                        handset mobile
1                                        camera results
2                    Heating issue setup lot battery lot
3                       value money heating lot issues
4     oneplus3 T GB DECEMBER'16 launch half month he ...
...                                                 ...
1878  reviews trust s7 edge iphone year year phone date
1879                                              phone
1880  phones touch speed performance features mind m ...
1881                 phone voice jio sim redmi end devices
1882                                               cell

[1883 rows x 1 columns]

Process finished with exit code 0
```

图 12-15　名词提取程序运行结果

（3）重新分析数据

在获得了新的名词数据集之后，我们可以直接对已有的代码进行修改，也可以重新创建一个新的文件，修改后的代码如 Code 12-11 所示。

Code 12-11　使用 TF-IDF 与 *k* 均值提取名词

```
1.   import pandas as pd
2.   import numpy as np
3.   from sklearn.cluster import KMeans
4.   from sklearn.feature_extraction.text import TfidfVectorizer, CountVectorizer
5.   from sklearn.pipeline import Pipeline
6.   from collections import Counter
7.   # variables
8.   n_clusters = 5
9.   phone_name = "OnePlus"
10.  # get review data
11.  colnames = ['idx','REVIEW']
12.  phone_review = pd.read_csv('../data/phone_review_oneplus_noun.csv', 
names=colnames, header=None)
13.  phone_review = phone_review['REVIEW']
14.
15.  # Train
16.  pipeline = Pipeline(
```

```
17.         [('feature_extraction', TfidfVectorizer(max_df=0.6)), ('cluster', KMeans
(n_clusters=n_clusters))])
18.     pipeline.fit(phone_review)
19.     labels = pipeline.predict(phone_review)
20.
21.     # output summary
22.     c = Counter(labels)
23.     for cluster_number in range(n_clusters):
24.         print("Cluster {} contains {} samples".format(cluster_number,
25.                                                        c[cluster_number]))
26.     # cluster data to CSV
27.     phone_review = pd.DataFrame(phone_review)
28.     phone_review.insert(1, "Cluster", labels, True)
29.     phone_review.to_csv("../data-analysis/noun" + phone_name + "TF-IDF" + str
(n_clusters) + ".csv")
30.
31.     # show important words
32.     terms = pipeline.named_steps['feature_extraction'].get_feature_names()
33.     c = Counter(labels)
34.     for cluster_number in range(n_clusters):
35.         print("Cluster {} contains {} samples".format(cluster_number,c[cluster_
number]))
36.         print(" Most important terms")
37.         centroid = pipeline.named_steps['cluster'].cluster_centers_[cluster_
number]
38.         most_important = centroid.argsort()
39.         for i in range(5):
40.             term_index = most_important[-(i + 1)]  # the last one is the most
important
41.             print(" {0}: {1} (score: {2:.4f})".format(i + 1, terms[term_index],
 centroid[term_index]))
```

需要注意的是，我们除了修改了数据集的来源，还设定了 TfidfVectorizer 中的参数，max_df 参数用于过滤一些高频词汇。在此基础上，我们还在最后添加了一部分代码，这部分代码用于显示每一类中最重要的词汇。

运行之后会得到如图 12-16 所示的信息。

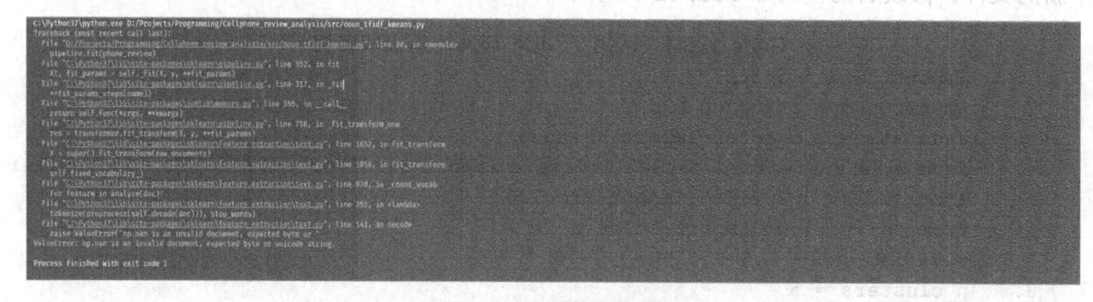

图 12-16　空数据报错

可以看到出现了 np.nan 相关的报错，通过查看名词数据集的内容发现，有些行，如图 12-17 中的第 27 行是空的。这是由于原本的评论中不包含任何名词，因此在名词提取的时候就显示为空。由于这一行不包含要提取的数据，因此程序会报错。

为了解决这个问题，我们可以人工在空白处添加一些无意义的文字，但是更好的方法是直接删除这些空行。

	noun
0	handset mobile
1	camera results
2	Heating issue setup lot battery lot
3	value money heating Lot issues
4	oneplus3 T GB DECEMBER'16 launch half month heating battery days customer care instructions
5	oneplus one phone oneplus
6	everything wifi connectivity issue times
7	phone issues set issue boot
8	phone supaa dupaa everything
9	battery I m software office use m opportunities
10	phone application
11	glass bubbles ear speaker
12	bay brick
13	Phone battery management mark
14	phone
15	screen crispness display everything
16	performance t competition way comparison videos processing capabilities t outperform markets end s7 edge pixel speed test
17	phone beast
18	minutes phone % dash charger phone
19	iphone smartphone
20	phone market phone guy Battery camera everything 30k
21	Phone specs k years need k phone end day money views u
22	mobile camera quality premium mobile
23	battery backup solution
24	phone
25	smartphone conqueror smartphone
26	wife mind one years t phone market guys
27	
28	month phone spearkers hardware error someone

图 12-17　空数据错误

将 Code 12-12 的代码添加在 Code 12-11 第 13 行之后。

Code 12-12　删除空行

```
1.    phone_review = phone_review.dropna(axis=0,how='any')
```

再次运行程序，并打开新产生的 CSV 文件，进行分析。

如图 12-18 所示，可以很轻易地看出第 1 类的评论主要在描述电池。

1044	PHONE TIMES BATTERY PHONE BUGS TOO	1
1063	phone budget mobile heating problem battery drain need phone processor option:	1
1067	phone s7 edge performance quality battery life	1
1079	choice battery	1
1097	phone Dash charge life saver day backup usage charges hour Software	1
1099	phone use battery phone heat camera image	1
1106	phone battery life heating issue	1
1112	phone battery backup	1
1125	T experience phone experience battery day use	1
1127	battery	1
1137	Battery problem	1
1142	days phone pros cons Pros quality battery life camera light weight games	1
1171	phone speed camera Games battery life	1
1179	OP2 accident phone thoughts OP terms usage phone Battery life users	1
1181	device battery drain issue device expectations	1
1183	phone battery day G network	1
1186	thing battery charge	1
1236	battery drain hell battery j7 phn drain hr movie surfing gaming opinion phone batte	1
1242	delight t heating issues premium apps battery life mine day phone charges jet spee	1
1245	month mast hai bhai battery backup	1
1257	phone battery life speed performance camera stars	1
1269	phone positives screen camera dash charge battery rate hangs call product	1

图 12-18　部分结果

而程序的输出也证实了第 1 类中 battery 是最重要的词，如图 12-19 所示。

```
Cluster 1 contains 220 samples
 Most important terms
 1: battery (score: 0.3009)
 2: life (score: 0.0952)
 3: phone (score: 0.0903)
 4: day (score: 0.0772)
 5: backup (score: 0.0737)
```

图 12-19　程序的部分输出

因为我们将所有的评论中的形容词都过滤了，所以不能判断出用户对电池的评论是正面的还是负面的。如何判断用户的情感会在后文的情感分析部分中进行介绍。

5. 情感分析

除了根据评论提取出一些共性的关键词，我们还可以对评论进行情感分析，去了解这些情感是正面的还是负面的。通过情感分析，我们能了解到用户对不同品牌手机的特点持正面评价还是负面评价。

TextBlob 是 Python 中另一个自然语言处理库，它可以很方便地对文本的情感进行分析。安装 TextBlob 只需在命令行中输入如下命令：

```
pip install textblob
```

（1）修改名词提取

在前文中我们已经从所有评论中提取出了其中的名词，并将其存储在 phone_review_oneplus_noun.csv 文件中。虽然只用名词非常易于实现聚类算法，但是对于情感分析而言，只用名词是远远不够的，大部分表示情感的词，例如 good、bad 等都是形容词，所以我们需要使用原本的评论进行分析。

修改 noun_extraction.py 文件，具体代码如 Code 12-13 所示。

Code 12-13　修改名词提取代码

```
1.    import spacy
2.    import pandas as pd
3.    def getNoun():
4.        """
5.        This files is used as Noun words Extractor.
6.        :return:
7.        """
8.        # get review data
9.        # phone_review = pd.read_csv('phone_review_oneplus_noun.csv') #input file
10.       colnames = ['NN', 'TIME', 'LANGUAGE', 'COUNTRY', 'OPERATOR', 'WEB', 
'RATE1', 'RATE2', 'REVIEW', 'NAME', 'CELLPHONE']
11.       phone_review = pd.read_csv('../data/phone_review.csv', names=colnames, 
header=None)
12.       phone_review = phone_review[phone_review['CELLPHONE'].isin(['OnePlus 3T 
 (Gunmetal, 6GB RAM + 64GB memory)'])]
13.       phone_review = phone_review[['REVIEW','RATE1']] #review data
14.       review = phone_review['REVIEW']
15.       review = review.copy()
16.       row_nums = phone_review.shape[0]
17.       nlp = spacy.load("en_core_web_sm")
```

```
18.        for i in range(row_nums):
19.            doc = nlp(review.iloc[i]) # init nlp data
20.            line_str = []
21.            for token in doc:
22.                if token.pos_ == "NOUN": #if it is NOUN
23.                    line_str.append(token.text)
24.            line = " ".join(line_str)
25.            review.iloc[i] = line
26.        phone_review = pd.concat([phone_review,review],axis=1)
27.        phone_review.to_csv('../data/phone_review_noun_with_rate.csv',header=
['REVIEW','RATE1','NOUN']) #write files
28.        print(phone_review)
29.    if __name__ == '__main__':
30.        getNoun()
```

这段代码相比于之前的版本，保留了原本的评论和对手机的评分。

（2）情感分析

新建一个名为 SentimentAnalysis.py 的文件并编写如 Code 12-14 所示的代码。

Code 12-14　情感分析

```
1.  from textblob import TextBlob
2.  import pandas as pd
3.  import matplotlib.pyplot as plt
4.  data = pd.read_csv("../data-analysis/OnePlusTF-IDF-for-SA5.csv")
5.  data.dropna(axis=0,how='any')
6.  review_list = data.REVIEW.tolist()
7.  label_list = data.Cluster.tolist()
8.  n_clusters = max(label_list)
9.  print("n_clusters: ", n_clusters+1)
10. sentiment_list = []
11. score_per_cluster = []
12. row_number = data.shape[0]
13. sentiment_score = []
14.
15. for i in range(row_number): # generate sentiment score
16.     review = data.iloc[i].REVIEW
17.     tb = TextBlob(review)
18.     sentiment_score.append(tb.sentiment.polarity)
19. data['SentiScore'] = sentiment_score
20. print(data)
21.
22. def adjust_score(df, lowThre, highThre):
23.     row_number = df.shape[0]
24.     for i in range(row_number):
25.         if df.loc[i,'SentiScore'] >= highThre:
26.             df.loc[i,'SentiScore'] = 10
27.         elif df.loc[i,'SentiScore'] >=lowThre:
28.             df.loc[i,'SentiScore'] = 5
29.         else:
30.             df.loc[i,'SentiScore'] = 0
31.     return df
32. data = adjust_score(data, 0, 0.15)
33. avg = data.groupby(['Cluster']).mean()
34. print(avg)
35. x = avg.index.tolist()
```

```
36.  y1 = avg.RATE1.tolist()
37.  y2 = avg.SentiScore.tolist()
38.  plt.figure()
39.  fig, ax = plt.subplots(1, 1)
40.  bar1 = plt.bar([i - 0.2 for i in range(5)], y1, 0.3,
41.                 alpha=0.8, label="Rate")
42.  bar2 = plt.bar([i + 0.2 for i in range(5)], y2, 0.3,
43.                 alpha=0.8, label="Sentiment Score")
44.  plt.ylim(ymin=5)
45.  ax.set_title("Sentiment Score and Rate Score")
46.  ax.set_xlabel("Cluster")
47.  ax.set_ylabel("Score")
48.  ax.legend()
49.  plt.show()
```

在 Code 12-14 中，首先读取了所有评论数据并对每一行的评论进行了情感分析，然后给出其情感得分，这个得分的取值范围为-1～1。

为了使其能够与已有的手机评分进行比较，我们对这个情感得分做了一定修正，也就是 adjust_score 函数部分。

之后通过柱状图比较用户实际评分（Rate）和用户情感得分（Sentiment Score），如图 12-20 所示。

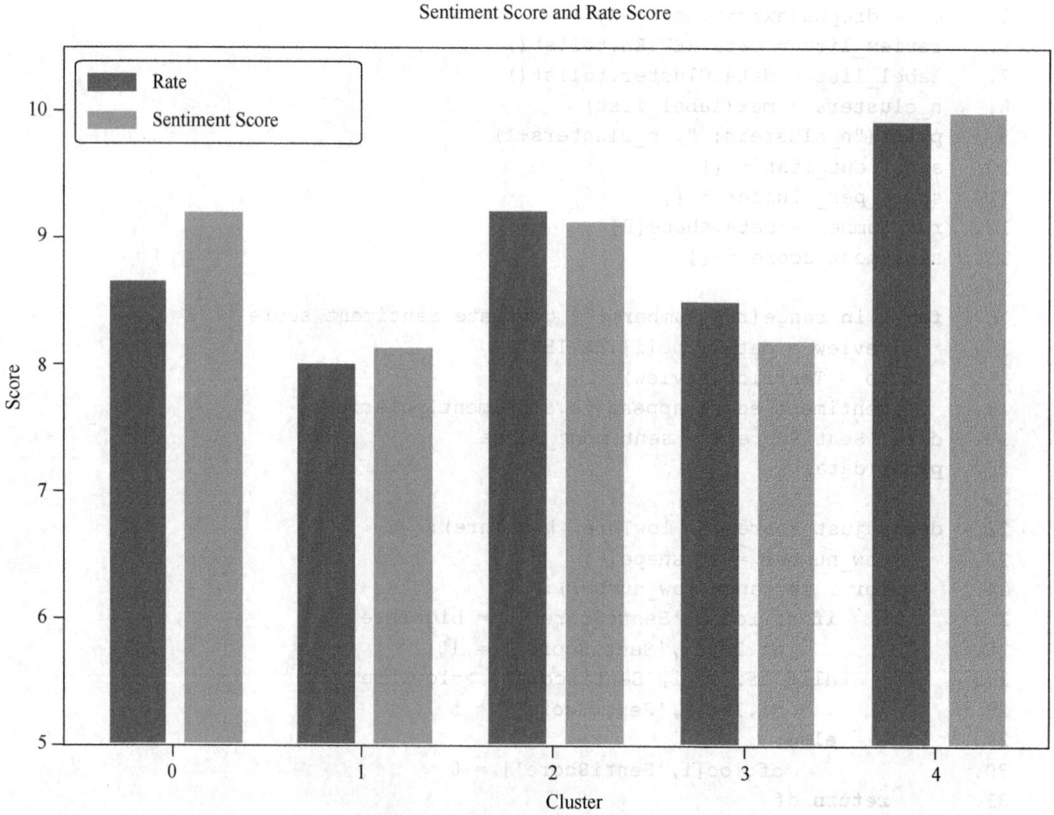

图 12- 20　用户实际评分与情感得分

从图 12-20 可以看到，用户实际评分与对这个手机的实际态度是比较吻合的。通过结合每类数据的评分以及情感得分，我们可以了解到用户普遍对手机电池性能不太满意。

12.5　本章小结

在本章中，我们从 Kaggle 网站上下载了数据，并对数据进行了清洗，获取到了易于使用的数据。随着对数据的深入研究，我们使用了不同的词向量化方法，如 Count Vectorizer、TF-IDF，同时也使用了不同的无监督学习算法，如 k 均值、BIRCH。

之后我们还对不同种类的手机进行了情感分析，最后分析出用户对这部手机的性价比感到满意，但对电池性能不太满意。

第13章 实战：基于 k 近邻模型预测葡萄酒种类的数据分析与可视化

本章通过一个基于 k 近邻模型预测葡萄酒种类的案例来介绍 Python 在机器学习领域的应用。选择葡萄酒种类预测作为实战课题，引领读者从自行建立模型到使用 NumPy 等专业库，引领读者学习如何运用 Python 进行数据分析与可视化并实现 k 近邻模型的建立、训练与预测。本章涉及一些机器学习相关的专业库，例如 NumPy、SciPy、Matplotlib 等，读者学习本章时可通过案例了解机器学习的工作原理与这些专业库的使用方法。

13.1 机器学习的模型和数据

本章涉及的 k 近邻模型属于机器学习模型的一种，在读者学习 k 近邻模型之前，有必要对机器学习有一个整体的了解。机器学习是一门多领域交叉学科，涉及概率论、统计学等多门学科，它的实现是通过建立模型使计算机从已有的数据中学习，然后对新的数据做出判断、预测。机器学习是人工智能（Artificial Intelligence，AI）的核心，是使计算机具有智能的根本途径。举一个简单的例子，计算机收到一堆数据(1,2)、(2,4)、(3,6)（实际中的机器学习的数据规模要比这个大得多）后将输入的数据拟合成了一个模型 $y=2x$，然后输入 4 时计算机预测输出为 8。实际的工程研究中数据要复杂得多，数据之间的规律不像上面那么明显，这时候通过计算机建立的模型，我们就可能发现数据之间很多隐藏的规律，然后将这些规律运用于预测评估。通过计算发现事物的内在联系，这就是机器学习的魅力所在。

机器学习对已有数据进行模拟计算的过程是，首先建立模型，然后使用已有数据对模型进行优化，最后将输入数据通过模型得到一个预测值。在实际研究中，通常需要把源数据集进行加工，处理成计算机便于操作的格式。之后对数据进行分析，综合数据的维度大小、数据的质量、数据的特征属性、计算资源和计算时间耗费等选择合适的模型。经典的模型有 k 近邻、决策树、回归模型和支持向量机等。

13.2　k 近邻模型的介绍与初步建立

k 近邻由 Cover T 和 Hart P 于 1967 年提出，它的工作原理是：存在一组数据集，也称为训练样本集，并且样本数据都有标签，对于要预测的对象，计算机通过计算来求出数据集中与它最“相似”的 K 个数据，然后统计这 K 个数据的标签，最后把出现次数最多的标签作为预测结果。描述“相似”程度的是距离度量，计算方法也有多种，比较常用的是欧氏距离和曼哈顿距离等。欧氏距离计算公式如图 13-1 所示。请读者自行了解其他的距离计算方法。

$$d=\sqrt{(x_1-x_2)^2+(y_1-y_2)^2+(z_1-z_2)^2}$$

图 13-1　欧氏距离计算公式

注意

不同的数据集采用不同的距离计算方式训练出的分类器的准确率不同，采用何种距离计算方式并不是一成不变的。

13.2.1　k 近邻模型的初步建立

之所以称该过程为初步建立，是因为在接下来的代码中未使用专业工具来建模，所以代码可能看起来比较“笨”，但是这也能帮助读者更好地理解 k 近邻模型的原理，为读者使用专业工具操作数据奠定基础。

首先说明数据的相关信息，案例的数据集来源于 UCI Machine Learning Repository，选取的数据集是在 Most Popular Date Sets 排第 3 位的 Wine 数据集，部分数据如图 13-2 所示。

```
1,13.16,2.36,2.67,18.6,101,2.8,3.24,.3,2.81,5.68,1.03,3.17,1185
1,14.37,1.95,2.5,16.8,113,3.85,3.49,.24,2.18,7.8,.86,3.45,1480
1,13.24,2.59,2.87,21,118,2.8,2.69,.39,1.82,4.32,1.04,2.93,735
1,14.2,1.76,2.45,15.2,112,3.27,3.39,.34,1.97,6.75,1.05,2.85,1450
1,14.39,1.87,2.45,14.6,96,2.5,2.52,.3,1.98,5.25,1.02,3.58,1290
1,14.06,2.15,2.61,17.6,121,2.6,2.51,.31,1.25,5.05,1.06,3.58,1295
1,14.83,1.64,2.17,14,97,2.8,2.98,.29,1.98,5.2,1.08,2.85,1045
1,13.86,1.35,2.27,16,98,2.98,3.15,.22,1.85,7.22,1.01,3.55,1045
1,14.1,2.16,2.3,18,105,2.95,3.32,.22,2.38,5.75,1.25,3.17,1510
1,14.12,1.48,2.32,16.8,95,2.2,2.43,.26,1.57,5,1.17,2.82,1280
1,13.75,1.73,2.41,16,89,2.6,2.76,.29,1.81,5.6,1.15,2.9,1320
```

图 13-2　部分数据

每个数据单元的内容只有一行，共 178 个数据，这里只截取了一部分。数据记录了 3 类葡萄酒的各种成分信息，第 1～59 个数据为第 1 类葡萄酒的成分信息，第 60～130 个数据为第 2 类葡萄酒的成分信息，第 131～178 个数据为第 3 类葡萄酒的成分信息。每个数据单元是 14 维的，第 1 维数据为类别，第 2～14 维数据的描述如图 13-3 所示。

```
1) Alcohol
2) Malic acid
3) Ash
4) Alcalinity of ash
5) Magnesium
6) Total phenols
7) Flavanoids
8) Nonflavanoid phenols
9) Proanthocyanins
10)Color intensity
11)Hue
12)OD280/OD315 of diluted wines
13)Proline
```

图 13-3 不同维度数据的含义

首先编写处理源数据的函数，将文本中的数据读入，如 Code 13-1 所示。

Code 13-1 使用 Python 的文件操作读取数据

```
"""
函数说明：加载文本中的数据
Parameters:
    filename —— 文件路径
Returns:
    lines —— 二维列表，用于存放数据
    linesNum —— 数据个数
"""
def data_generate(filename):
    #打开文件
    fr = open(filename)
    #将文件内容读入 lines
    lines = fr.readlines()
    #获取文件行数
    linesNum = len(lines)
    #对每一行的数据进行分割，最后返回二维列表和数据个数
    for (i,line) in enumerate(lines):
        line = line.split(',')
        tempLine = []
        for number in line:
            tempLine.append(float(number))
        lines[i] = tempLine

    return lines,linesNum
```

接下来对源数据进行归一化处理。什么是数据归一化呢？在解释之前请看图 13-2 中的第一个数据单元，也就是第一行。可以看到，如果不对数据加以处理，按照欧氏距离公式计算，最后一维数据（即 1185）对计算结果的“决定程度”远远超过了其他维度的数据，这显然是不公平的。不同指标往往具有不同的量纲和量纲单位，这样的情况会影响数据分析的结果。为了消除指标之间的量纲影响，需要进行数据标准化处理，以解决指标之间的可比性。原始数据经过数据标准化处理后，各指标处于同一数量级，适合进行综合对比评价。将有量纲的表达式经过

变换，化为无量纲的表达式以成为纯量，这就是数据归一化。数据归一化的计算方法有多种，这里我们采用 min-max 标准化计算方法，计算公式如图 13-4 所示。

$$X_{\text{norm}} = \frac{X - X_{\min}}{X_{\max} - X_{\min}}$$

图 13-4　计算公式

计算公式中的 $X_{\max}$ 向量指的是所有数据各个维度的最大值，$X_{\min}$ 向量指的是所有数据各个维度的最小值，X 为待归一化的向量。

Code 13-2 演示了如何进行数据归一化。

Code 13-2　数据归一化

```
"""
函数说明：数据归一化
Parameters:
    lines —— 从文本文件加载的原始数据
Returns:
    lines —— 归一化后的数据
"""
def data_normalization(lines):
    #max 和 min 列表存储着当前每一维数据的最大值与最小值
    max=lines[0][:]
    min=lines[0][:]
    #遍历所有 line，动态更新最大值与最小值
    for line in lines:
        for (i,item) in enumerate(line):
            if i > 0:
                if item > max[i]:
                    max[i] = item
                if item < min[i]:
                    min[i] = item
    #根据 max 和 min 列表，对数据进行归一化并返回归一化后的数据
    for line in lines:
        for (i,item) in enumerate(line):
            if i > 0:
                line[i] = (line[i] - min[i])/(max[i] - min[i])
    return lines
```

然后将数据分为训练集和测试集。机器学习算法一个很重要的工作就是评估算法的正确率，通常用已有数据的 90%作为训练集来训练分类器，而使用其余的 10%作为测试集来测试分类器，检测分类器的正确率。10%的测试集原则上是随机选取的。这个数据集的数据是按照类别放置的，所以我们需要用随机的方法选取其中 10%的数据。具体代码如 Code 13-3 所示。

Code 13-3　将数据分为训练集和测试集

```
"""
函数说明：将数据分为训练集与测试集
Parameters:
```

```
    lines —— 归一化后的数据
Returns:
    TestingSet —— 测试集
    lines —— 训练集
"""
def data_classification(lines):
    #测试集
    TestingSet = []
    #按照比例选取数据，并返回测试集，剩余数据作为训练集
    #class 1 59
    #class 2 71
    #class 3 48
    for i in range(0,6):
        TestingSet.append(lines.pop(random.randint(0,58-i)))
    for i in range(0,7):
        TestingSet.append(lines.pop(random.randint(53,123-i)))
    for i in range(0,5):
        TestingSet.append(lines.pop(random.randint(117,164-i)))
    return TestingSet,lines
```

提示

这里采用按比例选取数据的方法来“模拟”完全随机抽取。

最后测试分类器的正确率。Code 13-4 演示了对分类器正确率的测试。

Code 13-4　测试分类器的正确率

```
"""
函数说明：测试分类器的正确率
Parameters:
    TestingSet —— 测试集
    TrainingSet —— 训练集
    k —— 参数，决定选取最近数据的个数
Returns:
    correctRatio —— 正确率
"""
def KNN_Test(TestingSet,TrainingSet,k):
    #分类正确的数量
    correctNum = 0
    #对测试集中的每个数据计算距离最近的 k 个数据
    for TestingUnit in TestingSet:
        #存放距离 TestingUnit 最近的 k 个数据的类别与距离
        shortest=[]
        #计算出 k 个最近的数据
        for (i,TrainingUnit) in enumerate(TrainingSet):
            if len(shortest) < k:
                shortest.append([TrainingUnit[0],
                get_Euclidean_distance(TestingUnit,TrainingUnit)])
            else :
                distance = \
                get_Euclidean_distance(TestingUnit,TrainingUnit)
```

```
            for j in range(0,k):
                if shortest[j][1] > distance:
                shortest.pop(j)
                shortest.insert(j,[TrainingUnit[0],distance])
                break
        #统计种类
        r0 = []
        for i in shortest:
            r0.append(i[0])
        r = []
        for i in range(1,4):
            r.append([i,r0.count(i)])
        #选取数量最多的类别
        result = []
        max = 0
        for item in r:
            if len(result) == 0:
                result.append(item)
                max = item[1]
            else:
                if item[1] > max:
                    result.clear()
                    result.append(item)
            elif item[1] == max:
                    result.append(item)
        #对于数量最多类别大于一个的情况，随机选取一个类别
        item = result[random.randrange(0,len(result))]
        #如果预测结果正确，correctNum 加 1
        if item[0] == TestingUnit[0]:
            correctNum+=1
    #计算正确率
    correctRatio = 100 * correctNum/len(TestingSet)
    return correctRatio
```

请读者根据欧氏距离的计算公式完成 get_Euclidean_distance 函数的编写。

请读者尝试其他距离计算方法，例如曼哈顿距离等，看一看其对正确率有何影响。

如图 13-5 所示，分类器经过测试集的测试，达到了 83.33%的正确率。

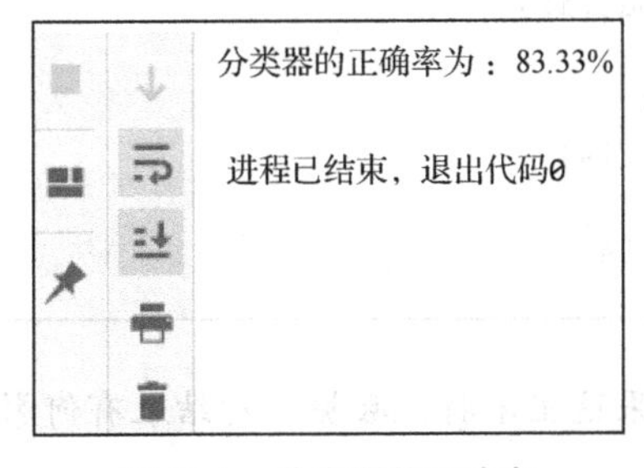

图 13-5　分类器的正确率

13.2.2 使用专业库建立 *k* 近邻模型

在实际的研究中，研究人员通常借助一些专业库，例如 NumPy、SciPy 等，提高对数据的处理效率，这些专业库能帮助我们进行对矩阵、最优化、线性代数、积分、插值、特殊函数等的快速计算。请读者综合代码和官方的 API 文档来完成本小节的学习。

首先数据读取，如 Code 13-5 所示。

Code 13-5 使用 Python 的文件操作读取数据并使用 NumPy 加工

```
from matplotlib.font_manager import FontProperties
import matplotlib.lines as mlines
import matplotlib.pyplot as plt
import numpy as np

"""
函数说明：数据读取
Parameters:
   filename —— 文件路径
Returns:
   Matrix —— 数据矩阵
   labels —— 数据标签列表
"""
def dataGenerate(filename):
    #打开文件
     file = open(filename)
    #读取数据
     lines = file.readlines()
    #获取数据个数
     linesNum = len(lines)
    #根据数据初始化矩阵
     Matrix = np.zeros((linesNum,14))
    #初始化标签列表
     labels = []
    #将数据读入矩阵
     for (i,line) in enumerate(lines):
         line = line.strip()
         line_data = line.split(',')
         Matrix[i,:] = line_data[0:14]
    #打乱数据，为随机选取测试集做准备
     np.random.shuffle(Matrix)

     labels = Matrix[:,0]
     Matrix = Matrix[:,1:14]

     return Matrix, labels
```

请读者思考，如果这里不打乱数据，对结果有何影响？

然后进行数据归一化。这里请读者注意，代码中出现了很多包内函数和数据结构，只靠注释不能很好地理解代码的工作原理，建议使用 IDE 的断点调试功能亲自实践。Code 13-6 演示了如何使用 NumPy 进行快速的数据归一化。

Code 13-6　使用 NumPy 进行快速的数据归一化

```
    """
函数说明：数据归一化
Parameters:
    dataMatrix —— 数据矩阵
Returns:
    matNormalized —— 归一化后的数据矩阵
    ranges —— 每一维数据 max-min 的值
    mins —— 1*14 矩阵，用于存储数据对应维的最小值
"""
def dataNormalization(dataMatrix):
    #获取列最小值（参数为 1 表示获取行最小值）
    mins = dataMatrix.min(0)
    #获取列最大值（参数为 1 表示获取行最大值）
    maxs = dataMatrix.max(0)
    #计算每一维数据 max-min 的值
    ranges = maxs - mins
    #根据数据矩阵行和列数初始化归一化矩阵
    matNormalized = np.zeros(np.shape(dataMatrix))
    #获取数据矩阵行数
    m = dataMatrix.shape[0]
    #归一化计算
    matNormalized = dataMatrix - np.tile(mins, (m, 1))
    matNormalized = matNormalized / np.tile(ranges, (m, 1))
    return matNormalized, ranges, mins
```

tile(matrix,(x,y))函数会将矩阵在行方向上重复 x 次、在列方向上重复 y 次。

数据归一化完成后，我们需要编写对单条数据分类的分类器代码，其逻辑与 13.2.1 小节相同，不同的是这里统一使用矩阵处理。请读者借助调试与 NumPy 的 API 文档来理解。Code 13-7 演示了如何构建对单条数据分类的分类器。

Code 13-7　构建对单条数据分类的分类器

```
    """
函数说明：构建对单条数据分类的分类器
Parameters:
    testUnit —— 1*14 矩阵，用于测试单条数据
    traingSet —— 训练集
    labels —— 标签列表
    k —— k 近邻参数 k
Returns:
```

```
    sortedClassCountDict[0][0] —— 预测分类结果
    """
    def unitclassify(testUnit, traingSet, labels, k):
        #获得训练集数据个数
        traingSetSize = traingSet.shape[0]
        #初始化距离矩阵并计算与训练集的差值
        diffMatrix = np.tile(testUnit, (traingSetSize, 1)) - traingSet
        #矩阵每个数据的平方值
        sqMatrix = diffMatrix**2
        #矩阵每一行加总（axis 为 0 代表列加总）
        distanceMatrix = sqMatrix.sum(axis=1)
        #矩阵每一行开方，此时每一行数据代表测试数据与训练集中每个数据的距离
        distances = distanceMatrix**0.5
        #距离按从小到大排序，并返回排序后数据对应索引值的列表
        sortedLabels = distances.argsort()
        #根据索引取前 k 个最近数据的标签存入字典
        classCountDict = {}
        for i in range(k):
            label = labels[sortedLabels[i]]
            classCountDict[label] = classCountDict.get(label,0) + 1
        #根据字典元素的值进行排序
        sortedClassCountDict = sorted(classCountDict.items(),key=lambda unit:unit[1],
reverse=True)
        #返回出现次数最多的类别
        return sortedClassCountDict[0][0]
```

argsort 函数使数据、索引对应起来，为标签计数提供便利。

sorted 函数的 key 参数可以接受一个函数来指定根据什么进行排序。

Code 13-8 演示了如何对整个测试集进行分类并统计分类器的正确率。

Code 13-8 对整个测试集进行分类并统计分类器的正确率

```
    """
    函数说明：对整个测试集进行分类并统计分类器的正确率
    Parameters:

    Returns:

    """
    def modelTest():
        filename = "wine.data"
        #生成数据
        Matrix, labels = dataGenerate(filename)

        #showdatas(Matrix,labels)
```

```
    #测试集占比，这里取 10%的数据作为测试集
    randomRatio = 0.10
    #数据归一化
    matNormalized, ranges, mins = dataNormalization(Matrix)
    #根据比例与数据总数计算测试集数据量
    m = matNormalized.shape[0]
    numTest = int(m * randomRatio)
    correctCount = 0.0
    #取前 numTest 个数据依次作为测试数据单元
    for i in range(numTest):
        #将下标从 numTest 到 m-1 的数据作为训练集，标签取对应部分
        result = unitclassify(matNormalized[i,:],
                 matNormalized[numTest:m,:], labels[numTest:m], 5)
        print("分类结果:%s\t 真实类别:%s" % (result, labels[i]))
        if result == labels[i]:
            correctCount += 1.0
    #输出正确率
    print("正确率:%.2f%%" %(correctCount/float(numTest)*100))
```

函数中未对数据矩阵进行分割，而是在传入时传入了数据矩阵的不同部分。

最后我们编写数据输入预测函数，接受用户输入的数据，并返回预测结果。Code 13-9 演示了如何构建完整的预测系统。

Code 13-9　构建完整的预测系统

```
"""
函数说明：构建完整的预测系统
Parameters:

Returns:

"""
def sampleTest():
    #接受用户输入的数据
    property1 = float(input("property1:"))
    property2 = float(input("property2:"))
    property3 = float(input("property3:"))
    property4 = float(input("property4:"))
    property5 = float(input("property5:"))
    property6 = float(input("property6:"))
    property7 = float(input("property7:"))
    property8 = float(input("property8:"))
    property9 = float(input("property9:"))
    property10 = float(input("property10:"))
    property11 = float(input("property11:"))
    property12 = float(input("property12:"))
    property13 = float(input("property13:"))
    filename = "wine.data"
    #从文本中获取数据
```

```
    Matrix, labels = dataGenerate(filename)
    #数据归一化
    matNormalized, ranges, mins = dataNormalization(Matrix)
    #构建测试数据单元
    testUnit = np.array([property1, property2, property3,
                         property4, property5, property6,
                         property7, property8,property9,
                         property10, property11, property12,
                         property13])
    #对测试数据归一化
    testUnit_normalized = (testUnit - mins) / ranges
    #获取数据分类结果
    result = unitclassify(testUnit_normalized, matNormalized, labels, 5)
    print("这可能是第%d类酒" % result)
```

至此，NumPy 建立 k 近邻模型工作完成，实际分类效果如图 13-6 所示（由于选择测试集是完全随机的，因此模型的正确率是不固定的）。

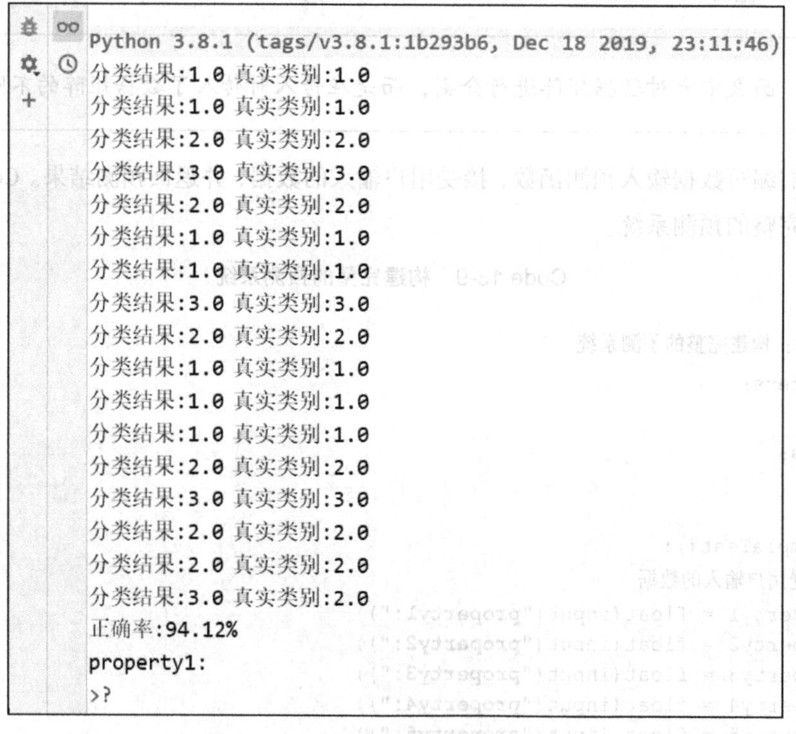

图 13-6　分类效果

13.2.3　使用 scikit-learn

scikit-learn，作为机器学习领域中最知名的 Python 库之一，它包含很多机器学习的方式，比如回归、数据降维、分类等。回归和数据降维的每个方法用 scikit-learn 实现只需要调用几行 API 即可。使用 scikit-learn 能大大缩短任务耗时。

13.3　数据可视化

使用 Python 进行机器学习研究时，数据可视化有助于更直观地观察数据特征和数据之间的关系。在本章中，我们使用 Matplotlib 来进行数据可视化工作，在更直观地观察数据的同时，体会 Python 的灵活与强大之处。细心的读者肯定注意到，在 Code 13-8 的 modelTest 函数中有一行注释：showdatas(Matrix,labels)。这实则在调用数据可视化函数，以对数据进行展示。具体代码如 Code 13-10 所示。

Code 13-10　使用 Matplotlib 进行数据可视化

```
    """
    函数说明：数据可视化
    Parameters:
        dataMatrix —— 数据矩阵
        labels —— 数据标签
    Returns:

    """
    def showdatas(dataMatrix, labels):
        #设置画布为 13×8 并设置其为 2×2 布局
        fig, axs = plt.subplots(nrows=2, ncols=2,sharex=False, sharey=False,
figsize=(13,8))
        #初始化颜色标签列表
        colorLabels = []
        #根据数据标签设置散点图颜色标签
        #种类 1 为蓝色，种类 2 为橙色，种类 3 为红色
        for i in labels:
            if i == 1:
                colorLabels.append('blue')
            if i == 2:
                colorLabels.append('orange')
            if i == 3:
                colorLabels.append('red')
        #画布第一部分中 x 轴为所有数据的第一维，y 轴为所有数据的第二维
        #根据颜色标签列表染色并设置散点大小和透明度
        axs[0][0].scatter(x=dataMatrix[:,0], y=dataMatrix[:,1], color=colorLabels,s=15,
alpha=.5)
        #设置标题和 x、y 轴标签
        axs0_title = axs[0][0].set_title('Alcohol and Malic acid')
        axs0_x = axs[0][0].set_xlabel('Alcohol')
        axs0_y = axs[0][0].set_ylabel('Malic acid')
        #设置标题和标签的字体大小、颜色
        plt.setp(axs0_title, size=9, weight='bold', color='black')
        plt.setp(axs0_x, size=7, color='black')
```

```
    plt.setp(axs0_y, size=7, color='black')

    axs[0][1].scatter(x=dataMatrix[:,2], y=dataMatrix[:,3], color=colorLabels,s=15,
alpha=.5)
    axs1_title = axs[0][1].set_title('Ash and Alcalinity of ash')
    axs1_x = axs[0][1].set_xlabel('Ash')
    axs1_y = axs[0][1].set_ylabel('Alcalinity of ash')
    plt.setp(axs1_title, size=9, weight='bold', color='black')
    plt.setp(axs1_x, size=7, color='black')
    plt.setp(axs1_y, size=7, color='black')

    axs[1][0].scatter(x=dataMatrix[:,4], y=dataMatrix[:,5], color=colorLabels,s=15,
alpha=.5)
    axs2_title = axs[1][0].set_title('Magnesium and Total phenols')
    axs2_x = axs[1][0].set_xlabel('Magnesium')
    axs2_y = axs[1][0].set_ylabel('Total phenols')
    plt.setp(axs2_title, size=9, weight='bold', color='black')
    plt.setp(axs2_x, size=7, color='black')
    plt.setp(axs2_y, size=7, color='black')

    axs[1][1].scatter(x=dataMatrix[:,6], y=dataMatrix[:,7], color=colorLabels,s=15,
alpha=.5)
    axs3_title = axs[1][1].set_title('Flavanoids and Nonflavanoid phenols')
    axs3_x = axs[1][1].set_xlabel('Flavanoids')
    axs3_y = axs[1][1].set_ylabel('Nonflavanoid phenols')
    plt.setp(axs3_title, size=9, weight='bold', color='black')
    plt.setp(axs3_x, size=7, color='black')
    plt.setp(axs3_y, size=7, color='black')
    #生成图例
    class1 = mlines.Line2D([], [], color='blue', marker='.', markersize=6, label='1')
    class2 = mlines.Line2D([], [], color='orange', marker='.', markersize=6, label='2')
    class3 = mlines.Line2D([], [], color='red', marker='.', markersize=6, label='3')
    #将图例设置到 4 个图中
    axs[0][0].legend(handles=[class1, class2, class3])
    axs[0][1].legend(handles=[class1, class2, class3])
    axs[1][0].legend(handles=[class1, class2, class3])
    axs[1][1].legend(handles=[class1, class2, class3])
    #绘图
    plt.show()
```

请读者阅读 Matplotlib 的 API 文档并结合注释来理解代码中的陌生函数。

请读者修改代码探究其他维度数据之间的关系。

数据可视化效果如图 13-7 所示。可以看到，数据的可视化帮助我们更直观地观察数据，它对实际工作中的模型选择、参数调整等都有很大帮助。

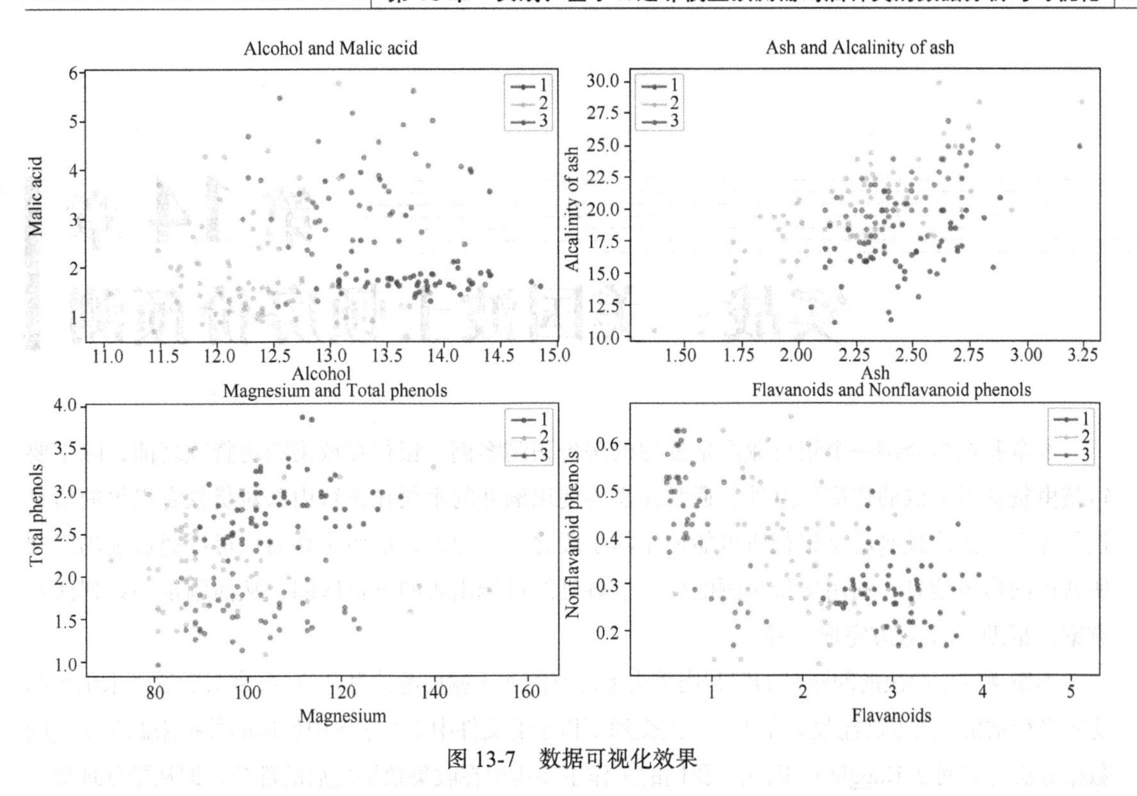

图 13-7　数据可视化效果

13.4　本章小结

本章通过一个基于 k 近邻模型预测葡萄酒种类的案例，介绍了使用 Python 进行机器学习研究的方法。首先对数据进行分析，根据数据特征选择合适的方法进行加工处理；然后从不借助专业库到使用 NumPy，对 k 近邻模型的原理、建立和使用进行了演示和讲解；最后对数据进行可视化处理。对于代码中出现的很多陌生函数，读者还需举一反三，对与之相关的函数或工具结合官方 API 文档进行研读学习。从分析数据到选择模型，再到模型建立与训练优化，这是学习 Python 机器学习的一般途径。

第 14 章 实战：美国波士顿房价预测

本章我们将介绍一个银行业经常处理的房价预测案例。银行在放出购房贷款之前，除了要审核由贷款者提供的住房信息外，通常还需要使用额外的手段在银行内部对贷款者提供的信息进行评定。房价预测就是银行所可能使用的手段之一。此外，房屋中介商也可以通过现场勘测所获得的房屋信息，利用房价预测的模型了解最终可能出售的价格区间，从而制定一系列谈判方案，帮助买/卖双方完成交易。

本案例需要解决的问题是如何利用手头上已有的波士顿房源信息和房价，来对后续尚未出售的房屋进行估价。数据已经收集完毕，并提交到了指定的文件中（本案例中使用的数据来源于知名的数据分析竞赛网站 Kaggle）。因此，我们的工作主要集中在收集数据之后的部分，即从预处理数据步骤开始。在对数据进行清洗之后，利用这一步骤中对数据获取的认识选用合适的模型来对数据进行建模，最后用测试数据来对生成的模型进行评估。

数据分析中人们通常使用 Jupyter Notebook 来运行 Python 代码，它是一个基于网页的交互式笔记本。利用 Jupyter Notebook，开发者可以完成计算的全过程，即开发、文档编写、运行代码和展示结果。同时，由于 Jupyter Notebook 基于 Web 技术开发，开发者还可以通过它使用另一台远程计算机的计算资源完成运算。很多公司都开放了免费的 Jupyter Notebook 计算实例，如 Google Colab 就为开发者提供了免费的图形处理器（Graphics Processing Unit，GPU）计算资源。图 14-1 所示为一个 Jupyter Notebook 示例。

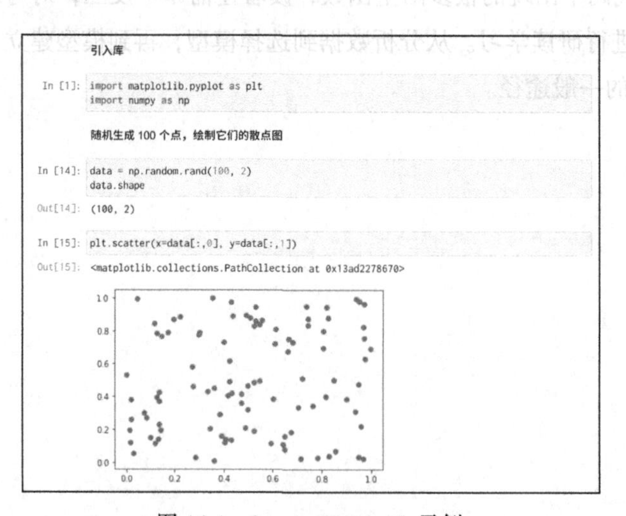

图 14-1 Jupyter Notebook 示例

安装 Jupyter Notebook，并创建一个笔记本文件，在这个笔记本文件中仿照图 14-1 编写一段代码，生成两组各 100 个随机数，以第一组为横坐标、第二组为纵坐标，绘制出这些数据的散点图。

14.1　数据清洗

要使模型能够正确地处理数据，必须先对数据做一定的预处理，对特征以及特征的值进行变换。下面依次介绍对此数据集进行预处理的各个步骤。

在 Python 数据分析中，通常使用 pandas 库来对数据进行管理，它能够实现类似数据库管理系统（Database Management System，DBMS）的数据操作，如对两个表进行拼接、条件检索等。公开数据集通常以 CSV 的格式提供，使用 pandas 的 pandas.read_csv 方法就能够将它们引入。首先将训练集从本地文件引入，引入的数据在代码中体现为 train 变量引用的一个 pandas 的 DataFrame 对象，如 Code 14-1 所示。

Code 14-1　从本地文件引入数据集

```
In[1]: INPUT_PATH =
           './input/house-prices-advanced-regression-techniques'
       train = pd.read_csv(f'{INPUT_PATH}/train.csv')
```

在开始其他工作之前，应当先对要处理的数据建立一个感性认识。本数据集提供了一个描述文件 data_description.txt，其中描述了每一特征具体的含义及可能的值。另外，我们还可以使用 DataFrame.head 输出前 n 个数据点，使用 DataFrame.describe 来查看所有特征的各个统计学特性。Code 14-2 展示了用这两种方法描述当前数据集的效果。

Code 14-2　描述当前的数据集

```
In  [2]:  train.head(10)
Out [2]:
```

	Id	MSSubClass	MSZoning	LotFrontage	LotArea	Street	Alley	LotShape
0	1	60	RL	65.0	8450	Pave	NaN	Reg
1	2	20	RL	80.0	9600	Pave	NaN	Reg
2	3	60	RL	68.0	11250	Pave	NaN	IR1
3	4	70	RL	60.0	9550	Pave	NaN	IR1
4	5	60	RL	84.0	14260	Pave	NaN	IR1
5	6	50	RL	85.0	14115	Pave	NaN	IR1
6	7	20	RL	75.0	10084	Pave	NaN	Reg
7	8	60	RL	NaN	10382	Pave	NaN	IR1
8	9	50	RM	51.0	6120	Pave	NaN	Reg
9	10	190	RL	50.0	7420	Pave	NaN	Reg

```
In  [3]:  df.describe(include='all')
Out [3]:
```

	Id	MSSubClass	MSZoning	LotFrontage	LotArea
count	1460.000000	1460.000000	1460	1201.000000	1460.000000
unique	NaN	NaN	5	NaN	NaN
top	NaN	NaN	RL	NaN	NaN
freq	NaN	NaN	1151	NaN	NaN
mean	730.500000	56.897260	NaN	70.049958	10516.828082
std	421.610009	42.300571	NaN	24.284752	9981.264932
min	1.000000	20.000000	NaN	21.000000	1300.000000
25%	365.750000	20.000000	NaN	59.000000	7553.500000
50%	730.500000	50.000000	NaN	69.000000	9478.500000
75%	1095.250000	70.000000	NaN	80.000000	11601.500000
max	1460.000000	190.000000	NaN	313.000000	215245.000000

通过这两个函数，我们可以了解 DataFrame 对象的大致特征，这在数据清洗的过程中非常重要，因此实践时这两个函数在后续的分析过程中还会被大量使用。

可以使用类似于词典索引的方法来对 DataFrame 对象的数据进行条件检索。例如，可以使用 DataFrame[condition]来检索出所有 condition == True 的数据点，使用 DataFrame[list]来选取出所有列名存在于列表中的数据子集。Code 14-3 展示了使用这两种方法来对当前数据集进行条件检索的效果。

Code 14-3 对当前数据集进行条件检索

```
In  [4]:  train[['Id', 'SalePrice']].head(5)
Out [4]:
```

	Id	SalePrice
0	1	208500
1	2	181500
2	3	223500
3	4	140000
4	5	250000

```
In  [5]:  train[(train.SalePrice < 200000) & (train.Id < 10)]
Out [5]:
```

	Id	MSSubClass	MSZoning	LotFrontage	LotArea	Street	Alley
1	2	20	RL	80.0	9600	Pave	NaN
3	4	70	RL	60.0	9550	Pave	NaN
5	6	50	RL	85.0	14115	Pave	NaN
8	9	50	RM	51.0	6120	Pave	NaN

观察输出结果不难发现，某些数据点的一部分特征中存在着 NaN 值。由于数据收集中存在的各种问题，如收集方案的变更、内容涉及调查对象隐私等，数据集中的数据并不总是完整的。它们可能在某些特征上有缺失，这些缺失的部分不能参与后续的模型计算。因此必须先通过某种手段对数据进行一定的预处理，使得数据集中不存在任何缺失。具体的手段主要有三种，一是移除缺失某种特征的所有数据点，二是移除所有数据点中的某一特征，三是对缺失的数据进行填充，这些手段分别适用于不同的场景。

首先分析哪些特征有缺失。Code 14-4 展示了如何按照列计算存在对应特征缺失的样本数量，其产生的结果 miss_cnt 也是一个 DataFrame 对象。

Code 14-4 计算各个特征中存在缺失情况的样本数量

```
In  [6]:  print('数据总条数：', train.shape[0])
          miss_cnt = train.isna().sum()
          miss_cnt = miss_cnt[miss_cnt != 0].sort_values(ascending=False)
          print(miss_cnt)
Out [6]:
          数据总条数： 1460
          PoolQC          1453
          MiscFeature     1406
          Alley           1369
          Fence           1179
          FireplaceQu      690
          LotFrontage      259
          GarageYrBlt       81
          GarageType        81
          GarageFinish      81
          GarageQual        81
          GarageCond        81
          BsmtFinType2      38
          BsmtExposure      38
          BsmtFinType1      37
          BsmtCond          37
          BsmtQual          37
          MasVnrArea         8
          MasVnrType         8
          Electrical         1
          dtype: int64
```

可以发现，这些数据特征存在着不同程度的缺失。查看 data_description.txt 可以得知，PoolQC 特征指的是房屋游泳池的品质，是一个分类特征，即其值是离散的、不具有数学意义的。例如，常用的分类评价指标包含 4 个值：“优秀”“良好”“中等” 和 “差”。由于这一特征缺失的比例过高（99.5%），我们直接丢弃此特征。剩余的特征中，MiscFeature、Alley、Fence、FireplaceQu、BsmtQual 也是分类特征，但由于它们都有一个 NA 类来代表没有此特征，例如 FireplaceQu 特征的 NA 表示这个房屋没有壁炉，因此直接使用 NA 类来对缺失值进行填充即可。另一些特征，如 LotFrontage、BsmtExposure 等，它们是数值特征，即其值是连续的、具有数学意义的。这些数值缺失的比例并不高，可以根据特征具体含义，采取填充平均值或填充 0 的方式来进行填充。

查阅 pandas 的文档，使用 DataFrame.drop、DataFrame.dropna 和 DataFrame.fillna 3 个方法完成上述数据处理操作。

用于训练的数学模型大多数容易受到异常值的影响，因此最好在训练之前先将这些异常值从训练集中移除。Code 14-5 展示了一种发现异常值的方法。可以看到，GrLivArea 和 SalePrice 大致有箭头所展示的线性关系，然而方框标注的两个样本却严重偏移了，因此应当将它们从训练集中移除。

Code 14-5　选定特征与目标特征之间的散点图

```
In  [7]:   plt.scatter(train['GrLivArea'], train['SalePrice'])
Out [7]:
```

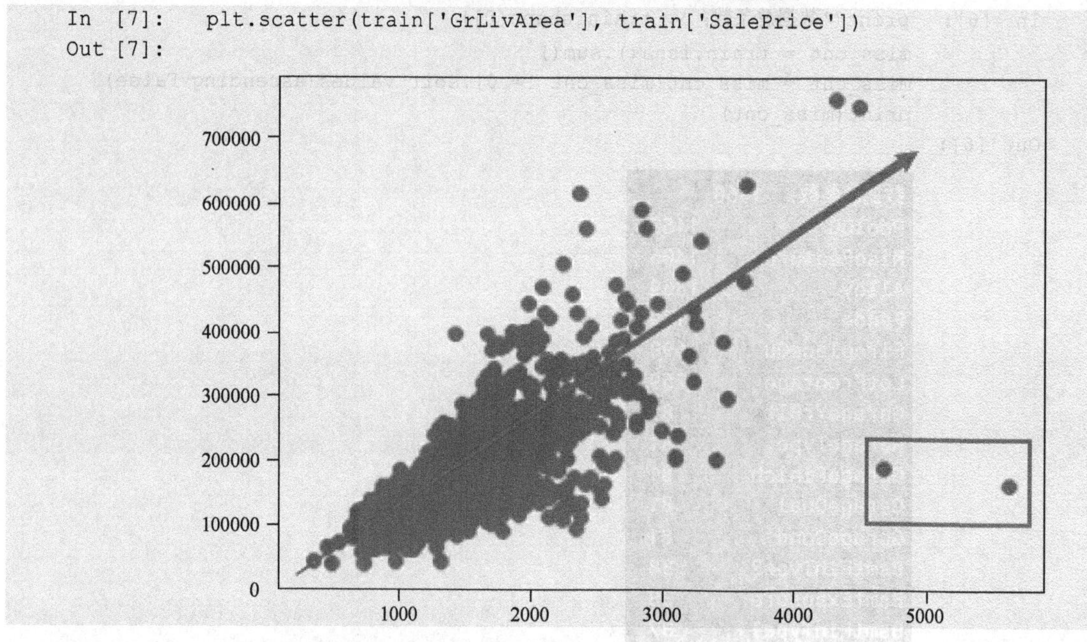

Code 14-6 展示了如何移除这两个异常值。

Code 14-6　移除相关异常值

```
In  [8]:   outliers = train[(train['GrLivArea'] > 4000)
               & (train['SalePrice'] < 200000)]
           train.drop(index=outliers.index, inplace=True)
```

除逐个特征手工绘制图表以外，我们还可以使用 seaborn.pairplot 绘制矩阵图，它能够根据横、纵坐标的数据类型自动选择绘制直方图或散点图。Code 14-7 中对选定的几个特征绘制了成对矩阵图。可以注意到，其中第 1 行第 3 列的子图实际上就是 Code 14-5 的运行结果。

Code 14-7　绘制成对矩阵图

```
In  [9]:   sns.pairplot(train[[
               'SalePrice', 'OverallQual', 'GrLivArea',
               'GarageCars'
           ]])
Out [9]:
```

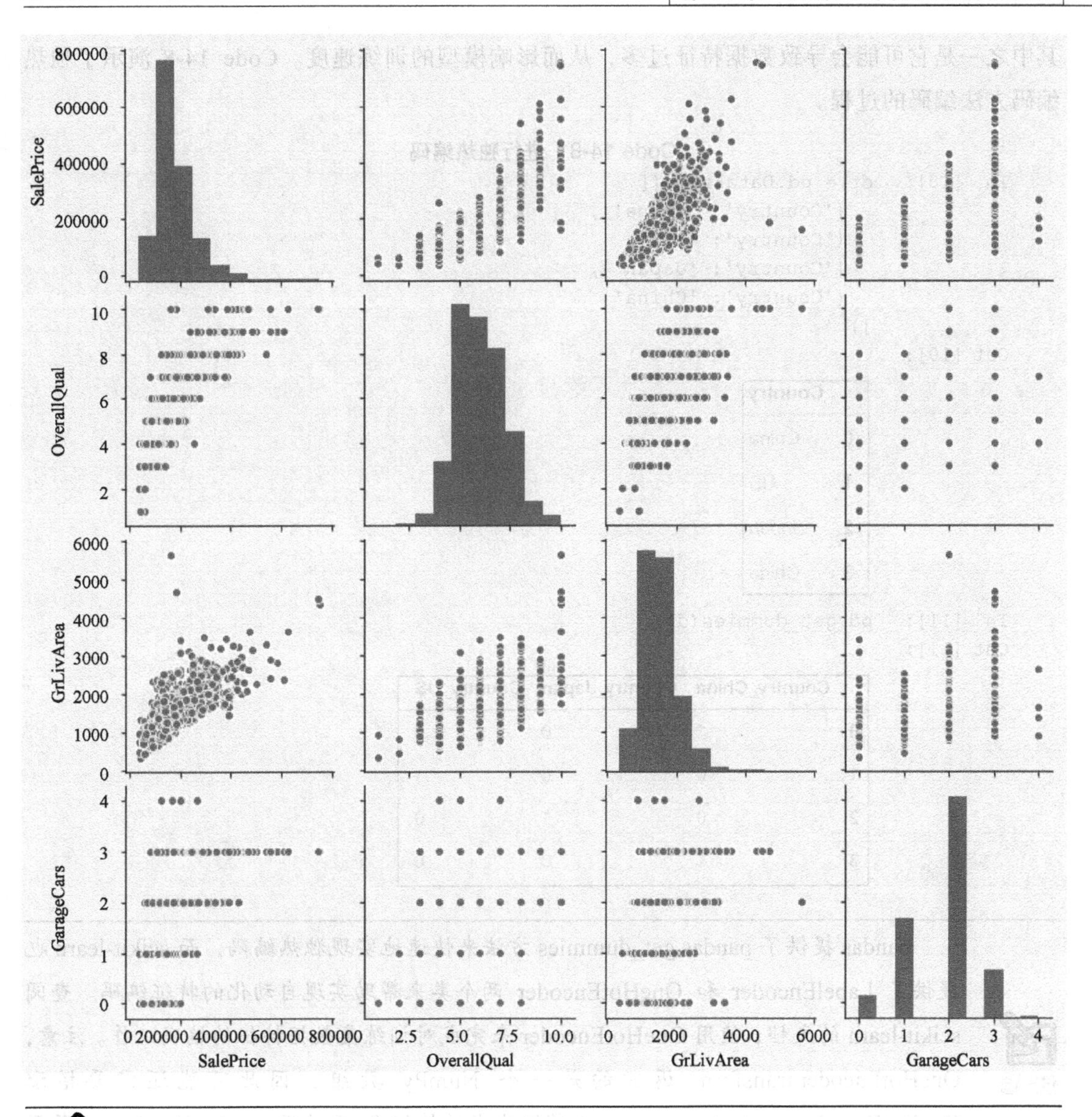

试一试

继续寻找其他的异常值，并将它们从训练集中移除。剩余的异常值数量不多，但移除它们能够显著改善模型的表现。

由于数据分析模型采用数学的方法来对各个特征进行运算操作，且分类特征的值无法参与数学运算，因此需要将分类特征转化为数值特征。主要方法有两种，第一种是标签编码，即对一个特征下的所有已知离散值建立一个到整数的映射，如“中国”“美国”“德国”和“日本”分别映射到 0、1、2、3。但这种方法并不常用。首先这一映射可能不是满射，如果此时出现了未知的离散值，这一编码方式将无法有效地处理（例如在前文的分类特征中出现了一个值为“法国”的数据点）。另外，这些离散值本身可能是不可比的，但其映射之后的数值却存在着大小关系。例如“中国”和“美国”并不存在大小关系，但其映射值 0 小于 1，这有可能会影响模型的表现。因此，人们通常采用另一种方法独热编码，即将一个离散值转换为一个二元值域的新特征。独热编码避免了标签编码的缺陷，但也带来了一些新的问题，其中之一是它可能会导致数据特征过多，从而影响模型的训练速度。Code 14-8 演示了独热编码方法编码的过程。

Code 14-8 进行独热编码

```
In  [10]:  dt = pd.DataFrame([
              {'Country': 'China'},
              {'Country': 'US'},
              {'Country': 'Japan'},
              {'Country': 'China'}
           ])
Out [10]:
```

	Country
0	China
1	US
2	Japan
3	China

```
In  [11]:  pd.get_dummies(dt)
Out [11]:
```

	Country_China	Country_Japan	Country_US
0	1	0	0
1	0	0	1
2	0	1	0
3	1	0	0

pandas 提供了 pandas.get_dummies 方法来快速地实现独热编码，而 scikit-learn 也提供了 LabelEncoder 和 OneHotEncoder 两个类来帮助实现自动化的特征编码。查阅 scikit-learn 的文档，使用 OneHotEncoder 来完成对训练集数据特征的编码工作。注意，OneHotEncoder.transform 返回的是一个 NumPy 数组，因此可能还需要搭配 OneHotEncoder.get_feature_names 来获取生成的特征名，再使用 pandas.DataFrame 复原出一个 DataFrame 对象。

除通过特征编码来生成新的特征之外，还可以通过人工分析生成一些更有效的特征。例如，数据集中的两个特征 YearRemodAdd 和 YrSold 分别表示房屋上一次重新装修的年份和房屋出售的年份，我们可以将两个特征相减得到一个新的特征 YrSinceRemod，即房屋重新装修了多久，这一特征显然对于房价会有更直接、更显著的影响。例如，我们可以将房屋里的浴室面积按照公式 df['TotalBath']=df['FullBath']+df['BsmtFullBath']+0.5*(df['HalfBath']+df['BsmtHalfBath']) 相加，生成 TotalBath 这一新的特征。

仔细阅读 data_description.txt，分析还能生成哪些特征。

在回归问题中，数据的特征非常重要，更多的特征能够使模型更好地拟合，但同时也更容易使模型遇到过拟合的问题，即模型一味贴合训练数据，导致其泛化能力变差。一种避免这一问题的手段是通过分析数据各个特征之间的相关度来去除一些冗余的特征。可以使用 DataFrame.corr 来计算各个特征之间的相关度，再使用 seaborn.heatmap 来生成相关度的热力图。如 Code 14-9 所示，可以发现选定的特征与房价之间均有非常高的相关度，而 GrLivArea 和 TotRmsAbvGrd 两个特征之间也具有非常高的相关度。如果后续训练模型的过程中发现可能存在过拟合的问题，可以返回这一步，将高相关度的特征去除一部分，再进行尝试。

Code 14-9　绘制相关度的热力图

```
In  [12]:  selected_columns = [
               'OverallQual', 'TotalBsmtSF', 'GrLivArea',
               'TotRmsAbvGrd', 'Fireplaces', 'GarageCars', 'SalePrice'
           ]
           corr = train[selected_columns].corr()
           sns.heatmap(corr)
Out [12]:
```

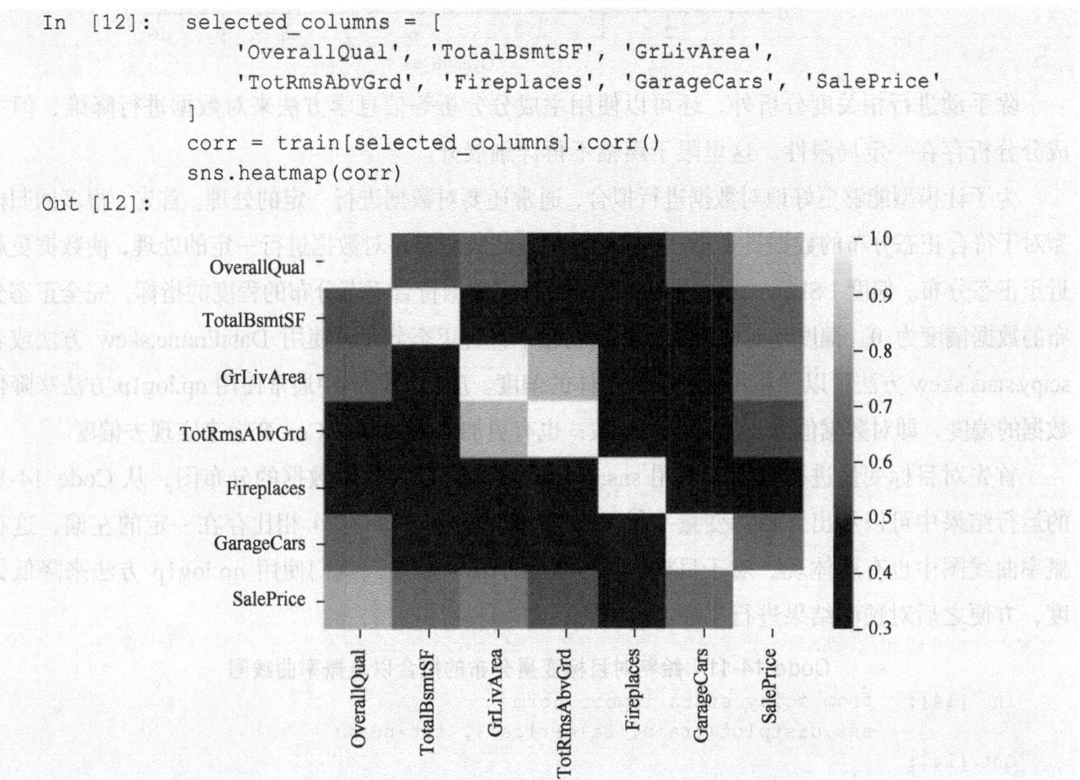

为了进一步了解各个特征和目标变量之间的关系，可以绘制箱线图。箱线图的“箱”的上界为 Q3（第三四分位，即数据排序后 75%的位置），“箱”的下界为 Q1（第一四分位，即数据排序后 25%的位置），Q3-Q1 的值称为四分位距（Interquartile Range，IQR）；“线”的上界为 Q3+1.5×IQR，“线”的下界为 Q1-1.5×IQR，位于线外的点均为可能的异常值。Code 14-10 展示了如何使用 seaborn 库绘制箱线图来描述 OverallQual（房屋总体质量）和房价之间的关系。可以发现两者大致存在正相关的关系，因此最好保留 OverallQual 特征。但其中存在比较多的异常值，因此可能需要对这一特征进行进一步的变换。

Code 14-10　绘制箱线图

```
In  [13]:  sns.boxplot(data=train, x='OverallQual', y='SalePrice')
Out [13]:
```

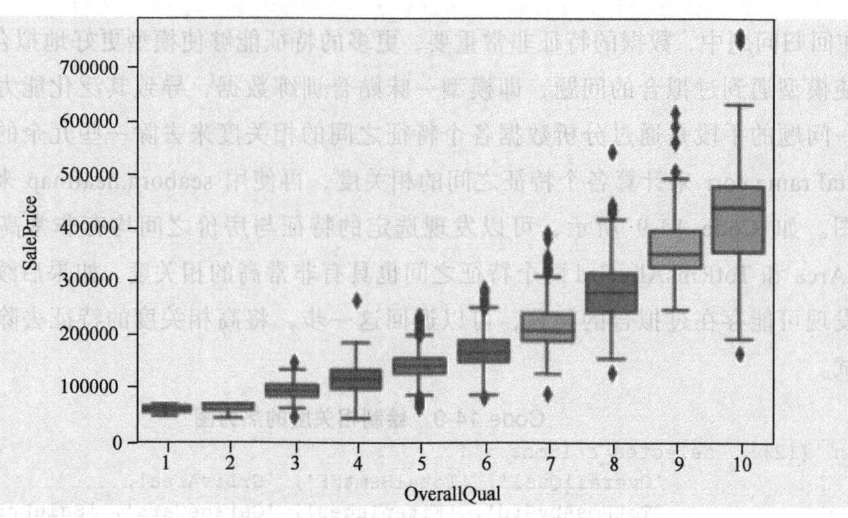

除手动进行相关度分析外，还可以使用主成分分析等信息学方法来对数据进行降维，但主成分分析存在一定局限性，这里限于篇幅不再详细展开。

为了让模型能够更好地对数据进行拟合，通常还要对数据进行一定的处理。首先，很多回归模型对于符合正态分布的数据具有更好的拟合度，因此我们需要对数据进行一定的处理，使数据更趋近于正态分布。偏度（Skewness）是用来描绘一系列数据符合正态分布的程度的指标，完全正态分布的数据偏度为 0。偏度绝对值越大，数据就越不符合正态分布。使用 DataFrame.skew 方法或者 scipy.stats.skew 方法可以计算每一类特征总体的偏度。应用统计学中通常使用 np.log1p 方法来降低数据的偏度，即对数据值加 1 后求自然对数；也有更加通用的 Box-Cox 变换来实现去偏度。

首先对目标变量进行分析。使用 sns.displot 方法可以绘制出数据的分布图，从 Code 14-11 的运行结果中可以看出，目标变量（①）与拟合的正态分布（②）相比存在一定的左偏，这在概率曲线图中也有所体现。对于目标变量（SalePrice）来说，我们使用 np.log1p 方法来降低偏度，方便之后对预测结果进行复原。

Code 14-11　绘制对目标变量分布的拟合以及概率曲线图

```
In  [14]:   from scipy.stats import norm
            sns.distplot(train['SalePrice'], fit=norm)
Out [14]:
```

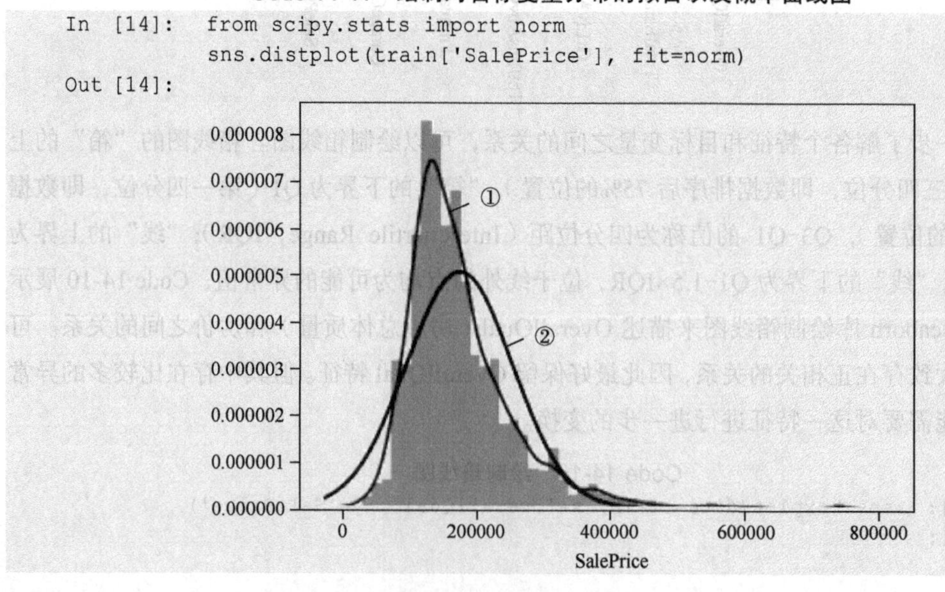

```
In  [15]:  from scipy import stats
           res = stats.probplot(train['SalePrice'], plot=plt)
Out [15]:
```

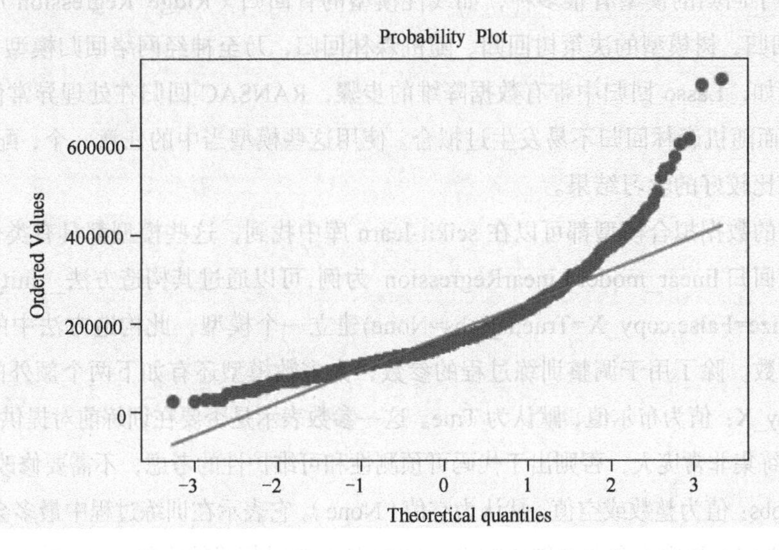

对于剩余的特征，可以对偏度较高的特征进行 Box-Cox 变换来完成去偏度处理，如 Code 14-12 所示。

Code 14-12　在剩余特征中去偏度

```
In  [16]:  from scipy.special import boxcox1p
           from scipy.stats import boxcox_normmax
           skewness = dt.skew().abs()
           skewed_columns = skewness[skewness >= 0.5].index
           for column in skewed_columns:
               dt[column] = boxcox1p(dt[column],
                   boxcox_normmax(dt[column] + 1))
```

除了去偏度之外，还可以对变量的值域进行限定。scikit-learn 提供了 preprocessing.MinMaxScaler 方法来将所有数据转换到[0,1]的值域内，提供了 preprocessing.StandardScaler 方法来将数据的均值置 0 且将方差置 1，它们都有助于改善模型的表现。

注意

使用的数据预处理方法并不总是越多越好。例如，scikit-learn 提供了 feature_selection. SelectKBest 接口，它可以选择与目标变量有最高相关度的特征子集。然而在本章回归问题中，由于特征的数量并不是特别多，而且后续使用了其他的方法来避免模型过拟合，因此使用它反而会导致模型最终的表现变差。

到这一步，能够影响房源价格的信息就已经基本预处理完成了。仍然需要注意的是，数据清洗和后续的分析并不是一个线性的关系，往往在分析数据的过程中还会发现数据清洗存在一部分缺陷，这个时候可以再回过头来，继续修正。

14.2　数据分析

在完成了对数据的预处理之后，即可开始建模拟合。在建模过程中，主要的工作集中在两个部分，即模型的选择以及参数的调整。

可以用于回归的模型有很多种，如线性模型的脊回归（Ridge Regression）、Lasso 回归、RANSAC 回归，树模型的决策树回归、随机森林回归，乃至神经网络回归模型，等等。它们各有优点，例如，Lasso 回归中带有数据降维的步骤，RANSAC 回归在处理异常值时仍能有较好的鲁棒性，而随机森林回归不易发生过拟合。使用这些模型当中的任意一个，配合合理的参数，都能够得到比较好的学习结果。

大多数的数据拟合模型都可以在 scikit-learn 库中找到，这些模型都具有类似的 API。以最简单的线性回归 linear_model.LinearRegression 为例，可以通过其构造方法__init__(fit_intercept=True,normalize=False,copy_X=True,n_jobs=None)建立一个模型，此构造方法中的各个参数是调整模型的参数。除了用于调整训练过程的参数，大多数模型还有如下两个额外的参数。

- copy_X：值为布尔值，默认为 True。这一参数表示是否要在训练前对提供的训练集进行复制。除非训练集非常庞大，否则出于代码可预测性和可维护性的考虑，不需要修改这一参数。
- n_jobs：值为整数或空值，默认为空值（None）。它表示在训练过程中最多会创建几个线程，若它被设置为-1，程序将会自动创建数量和 CPU 核心数量相等的线程。默认的 None 表示只使用 1 个线程，除非 joblib 的上下文另有说明。官方的说明为，除非数据集足够大，否则修改这一参数不会带来特别大的速度提升。对于本章的数据集以及模型来说，将这个参数修改为-1 更为合理。

对于所有 scikit-learn 模型的构造方法，其返回的模型对象永远都会有两个方法：fit 和 predict。

fit(self,X,y,sample_weight)：用于训练拟合模型，返回值为 self（用于链式调用）。

- X：可迭代对象，表示训练集数据。
- y：可迭代对象，在无监督学习的模型中为可选参数，表示与训练集数据相对应的目标变量集。
- sample_weight：表示各个样本的权重，默认为 None。本案例中不需要对这个参数进行调整。

predict(self,X)：使用此模型给出对应的预测，返回值为一个 NumPy 数组，表示预测值。

- X：可迭代对象，表示需要给定预测的样本集合。

这些方法实际上形成了一个编程接口，这使得任何调用模型的代码都可以通过更换提供的对象来实现对模型本身的更换。同时，其他的库可以通过采用此接口来实现与 scikit-learn 模型的互换性（Interchangeability）。一个典型的例子是同样在数据分析社区中非常受欢迎的 XGBoost 库，任何 scikit-learn 的优化器都可以不加修改地直接套用在 XGBoost 提供的模型上。

为了避免样本抽样给模型拟合带来的消极影响，我们通常会使用交叉验证（Cross Validation）的方法将数据分为多个折（Fold），分多次使用这些折对模型进行训练与验证，从而增强模型的健壮性。但手动实现交叉验证需要考虑对模型抽样的记录，比较烦琐。与此同时，模型训练参数的调整也是一件比较烦琐的事情，需要手动编写代码不断地生成新的模型对象并对它们的结果进行比较。幸运的是，scikit-learn 提供了 GridSearchCV 类，它是一个宏模型（Meta Model），它在自动生成新的模型的同时对每个模型进行交叉验证，并自动将结果最好的一组参数设置为当前模型的参数。Code 14-13 展示了如何使用 GridSearchCV 类来对 XGBRegressor 参数进行自动选择。

Code 14-13　对 XGBRegressor 进行自动的训练与交叉验证

```
In  [17]: from sklearn.ensemble import GridSearchCV
          from xgboost import XGBRegressor

          tuned_parameters = [{
              'alpha': [1e-3, 0.01, 0.1, 0.2],
              'learning_rate': [1e-3, 0.01, 0.1, 0.5],
              'n_estimators': [50, 100, 150]
          }, {
              'alpha': [1e-5],
              'n_estimators': [200]
          }]
          gridcv_xgb = GridSearchCV(XGBRegressor(), tuned_parameters,
              n_jobs=-1)
          gridcv_xgb.fit(train, target)
          print(gridcv_xgb.cv_results_)
```

tuned_parameters 是一个列表，其中的每一个对象是一个字典，字典的键为需要测试的模型参数名，字典的值是一个可迭代对象；其中的每一个值是需要测试的参数值。Code 14-13 一共会生成 4×4×3+1×1=49 个模型，并自动对这些模型进行训练、测试，从所有模型中选择得分最高的一个。

提示　Code 14-13 最终输出的 gridcv_xgb.cv_results_包含各组参数生成模型的决定系数 R^2，它反映了模型预测结果的好坏，其值域为$(-\infty,1]$，越接近于 1，模型表现越好。

为了追求更好的学习效果，这里将使用集成学习的方法，采用投票（Voting）或堆叠（Stacking）的方式将多个模型的学习结果进行综合。其中，由于堆叠能够在有效结合各个模型优点的同时避免各个模型的缺点，它更广泛地在数据分析的各类比赛中被使用。堆叠的大致原理为：对每个模型进行交叉验证训练，将训练集的预测结果共同送入下一层模型中继续训练，如图 14-2 所示。

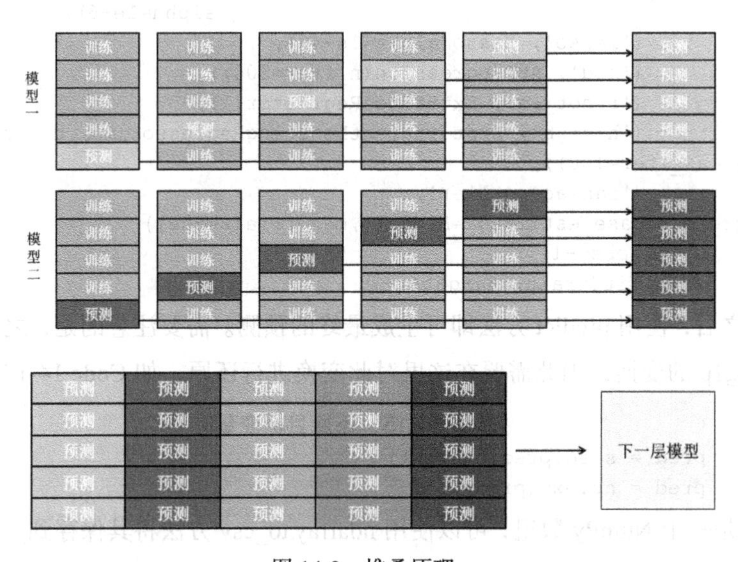

图 14-2　堆叠原理

scikit-learn 同样提供了自动实现堆叠训练的类 ensemble.StackingRegressor，它与其他的模型具有相同的 API。Code 14-14 使用 StackingRegressor 完成了最终模型的建立与训练。为了节省时间，避免单个 Cell 执行时间太长，其中各个子模型的参数都由先前的 GridSearchCV 得到并固定。

使用 GridSearchCV 定义一些模型，并将它们替换至 StackingRegressor 的构造方法调用中，使得参数不再是固定的。

Code 14-14　建立最终模型

```
In  [18]:  from sklearn.gaussian_process import GaussianProcessRegressor
           from sklearn.gaussian_process.kernels import
           RationalQuadratic,
              WhiteKernel, RBF
           from sklearn.experimental import enable_hist_gradient_boosting
           from sklearn.ensemble import StackingRegressor,
            HistGradientBoostingRegressor
           from sklearn.linear_model import Lasso, ARDRegression,
            RANSACRegressor, Ridge
           from sklearn.tree import ExtraTreeRegressor
           from xgboost import XGBRegressor

           kernel = RBF() + WhiteKernel() + RationalQuadratic()

           sreg = StackingRegressor([
               ('adaboost', XGBRegressor(objective='reg:squarederror',
                                         alpha=0.1,
                                         colsample_bytree=0.35,
                                         learning_rate=0.1,
                                         max_depth=5,
                                         n_estimators=100)),
               ('guassian', GaussianProcessRegressor(kernel=kernel,
                                                n_restarts_optimizer=3,
                                                alpha=1e-6)),
               ('lasso', Lasso(alpha=1e-4)),
               ('ard', ARDRegression(n_iter=300)),
               ('randtree', ExtraTreeRegressor()),
               ('histgb', HistGradientBoostingRegressor(max_depth=25, max_leaf_
    nodes=10, max_iter=100)),
               ('ransac-outlier',
    RANSACRegressor(base_estimator=Ridge(),max_trials=500))
           ], n_jobs=-1)
           sreg.fit(train, target)
```

训练结束之后，使用 predict 方法即可生成最终的预测。需要注意的是，之前我们对目标变量进行了 np.log1p 的变换，因此需要在这里对此变换进行还原，如 Code 14-15 所示。

Code 14-15　还原目标变量

```
In  [19]:  pred = sreg.predict(test)
           pred = np.exp(pred) - 1
```

预测 pred 是一个 NumPy 数组，可以使用 ndarray.to_csv 方法将其保存到一个 CSV 文件中。

14.3　分析结果

在很多数据分析问题中，测试集是通过对原训练集分割划定出来的，此时可以通过 auc 来对预测结果进行评估。auc 的值域为[0.5,1]，auc 越接近 1，检测方法的真实程度越高。scikit-learn 同样提供了一系列用于评估模型表现的指标实现，可以使用 metrics.auc 方法来计算 auc。Code 14-16 给出了计算 auc 的具体方法。

Code 14-16　计算 auc 的值

```
In  [20]:   from sklearn import metrics
            # y 为真实值，pred 为预测值
            # fpr 为计算出的 false positive rate
            # tpr 为计算出的 true positive rate
            fpr, tpr, thresholds = metrics.roc_curve(y, pred, pos_label=2)
            metrics.auc(fpr, tpr)
```

在本案例中，由于数据来自数据分析比赛，测试集的目标值并不公开，但可以通过 kaggle 提交预测结果文件来获得模型最终的评估得分，分数越接近 0 表示与真实值的差异越小。本案例中的预测结果最终获得了 0.109 的评分，这表明我们的模型表现非常优异，已经能够很好地对波士顿房价做出较为精准的预测。

14.4　本章小结

本章结合一个完整的数据集训练出一个回归模型来对波士顿房价进行预测，介绍了 Python 数据分析中常用的各个库，同时在这个过程中展示了数据分析的大致流程。读者在阅读本章后应当对数据分析的基本方法有较为深刻的认识，并能够使用本章介绍的方法自己动手解决更多的问题，甚至举一反三，亲自尝试参加这方面的竞赛。